校企结合、双证融通的职业教育
电子信息类专业教学实施规范研究

江骏 曹静 著

中国水利水电出版社
www.waterpub.com.cn

内 容 提 要

　　"十二五"期间，中央提出加快转变经济发展方式的要求，我国经济社会发展即将进入一个新的历史阶段。加快转变经济发展方式需要职业教育为其提供强大的人力资源保障。这就要求电子类技能人才的培养要以服务为宗旨，以就业为导向，主动适应经济发展方式转变和经济结构调整的要求，更多、更好地培养地方经济社会发展急需的、高素质的技能型人才。

　　校企合作是职业教育与培训的永恒主题，双证融通日益成为我国职业教育的特点所在。本书就是在上述背景下开展选题论证的，重点关注校企合作中的微观问题，旨在探索高职院校电子信息类专业建设中的校企合作途径，探索推进教育与产业、学校与企业、专业设置与职业岗位、课程教材与职业标准、教学过程与生产过程深度对接的解决路径。构建实用性与发展性相统一的高职电子信息类专业课程体系，进行规范化的电子信息类专业课程资源建设。

图书在版编目（ＣＩＰ）数据

　　校企结合、双证融通的职业教育电子信息类专业教学
实施规范研究 / 江骏，曹静著. -- 北京 : 中国水利水
电出版社，2015.1（2022.9重印）
　　ISBN 978-7-5170-2878-9

　　Ⅰ．①校… Ⅱ．①江… ②曹… Ⅲ．①电子信息－职
业教育－教学研究 Ⅳ．①G203

　　中国版本图书馆CIP数据核字（2015）第014239号

策划编辑：祝智敏　　责任编辑：陈洁　　加工编辑：谌艳艳　　封面设计：李佳

书　　名	校企结合、双证融通的职业教育电子信息类专业教学实施规范研究
作　　者	江骏 曹静 著
出版发行	中国水利水电出版社
	（北京市海淀区玉渊潭南路1号D座　100038）
	网址：www.waterpub.com.cn
	E-mail：mchannel@263.net（万水）
	sales@mwr.gov.cn
	电话：（010）68545888（营销中心）、82562819（万水）
经　　售	北京科水图书销售有限公司
	电话：（010）63202643、68545874
	全国各地新华书店和相关出版物销售网点
排　　版	北京万水电子信息有限公司
印　　刷	天津光之彩印刷有限公司
规　　格	170mm×240mm　16开本　18.25印张　321千字
版　　次	2015年4月第1版　2022年9月第2次印刷
印　　数	3001—4001册
定　　价	58.00元

凡购买我社图书，如有缺页、倒页、脱页的，本社发行部负责调换

前　言

在"十二五"期间，中央提出加快转变经济发展方式的要求，我国经济社会发展即将进入一个新的历史阶段。改革开放以来，我国电子信息产业实现了持续快速发展，特别是进入 21 世纪以来，产业规模、产业结构、技术水平得到大幅提升。我国已成为全球最大的电子信息产品制造基地，在通信、高性能计算机、数字电视等领域也取得一系列重大技术突破。但是，受国际金融危机影响，2008 年下半年以来，电子信息产品出口增速不断下滑，销售收入增速大幅下降，重点领域和骨干企业经营出现困难，利用外资额明显减少，电子信息产业发展面临严峻挑战。同时，我国电子信息产业深层次问题仍很突出。必须采取有效措施，加快产业结构调整，推动产业优化升级，加强技术创新，促进电子信息产业持续稳定发展，为经济平稳较快发展作出贡献。

加快转变经济发展方式需要职业教育为其提供强大的人力资源保障。这就要求电子类技能人才的培养要以服务为宗旨，以就业为导向，主动适应经济发展方式转变和经济结构调整的要求，更多、更好地培养地方经济社会发展急需的、高素质的技能型人才。

从国内情况来看，目前该领域的技能人才培养工作存在与行业、企业的市场需求严重脱节的问题。造成上述问题的原因：一是职业院校在专业设置中无法把握国际先进的技术标准，甚至也无法把握国内行业的平均先进水平标准。二是近年来电子信息行业没有组织全国范围内的岗位和职业能力需求调查。三是电子信息类国家职业技能标准要求中的部分内容不符合电子行业企业的现状需求。因此，在当前形式下研究电子信息类技能人才的校企合作的专业建设模式，并开发出适用于该类技能人才的专业教学方案及其实施规范是当务之急。

为此，在中国职业技术教育学会的支持下，通过一年多的努力，在全国 20余所高职院校的支持与配合下，我们完成了"校企结合、双证融通的职业教育电子信息类专业教学实施规范研究"课题的研究。通过探索、研究与实践，取得了一系列的研究成果，本书即是这些成果的集中体现。

本书对电子信息类专业教学实施规范的建立和实施进行了探讨。开发较为科学合理的基于校企合作、双证融通的职业教育电子信息类专业教学实施规范，作为贯彻落实专业教学标准的"抓手"。从而进一步探索推进教育与产业、学校与企业、专业设置与职业岗位、课程教材与职业标准、教学过程与生产过程深度对接的解决路径。本书第一部分对高等职业教育电子信息类专业"校企合作、双证融通"的方式、方法，难点问题的解决方案进行了探讨，并给出了支持"校企合作、双证融通"的教学实施方案标准。第二部分列举了 5 个极具代表性的电子信息类专业的教学实施规范案例。第三部分列举了 2 个极具代表性专业的主要课程标准。这些范例都已在相关专业中实施，这些规范和课程标准通过在实际人才培养过程中的实践，具备了相当的应用适应性和推广价值。但这些实践还是探索性质的，给出的目的在于抛砖引玉，引起更多思考，进行更多有益的探索。

　　本书由江骏、曹静合著完成，由江骏统筹全稿。由于编者水平有限，书中不妥或错误之处在所难免，恳请广大读者批评指正。

作　者

2014 年 12 月

目　　录

第三部分 电子信息类专业课程标准案例

第一部分

校企合作、双证融通的教学

实施规范研究

第 1 章　校企合作

长期以来，我国高等教育运行机制采用的是与高度集中的计划经济相适应的政府集权管理模式。随着社会主义市场经济体制的建立，特别是知识经济的到来和高等教育大众化的推进，这种运行机制已经不适应高等教育快速发展的要求，客观上限制着高等学校功能的有效发挥，不利于高等学校实现办学的社会效益的最大化追求。校企合作是高职教育不可缺少的建设环节，就目前而言，校企合作既需要国家的倡导、支持、激励和保障，也需要合作各方的共同努力和互动行为。

1.1　加强并发挥政府的宏观调控职能

社会主义市场经济体制的建立，打破了我国政府对一切社会事务"包揽式"的管理模式，政府也由以行政命令式管理向以行政、法律、经济等手段为主的间接管理转变，由直接管理向宏观调控管理过渡。从中央到地方各级政府都应有这种意识和行为，为高职院校与行业、企业合作营造良好的氛围，提供必要的支持与保障。

1.1.1　创建良好的校企合作氛围

发展我国高等职业技术教育，关键是培养全社会的"共同体意识"，无论是"专业教育"还是"行业实体"，都必须积极探索相互间的科学共建，对相关优质资源开发和利用。只有这样才能加大合作教育的力度与效应。我国社会"重仕途、轻技术，重学术，轻运用"的观念相当严重，无论是对高职教育的社会地位，还是对高职教育的招生及学生的就业，都存在不同程度的偏颇，校企的合作也是雷声大，雨点小。这些因素直接制约了高职教育的进一步发展。

政府应花大力气去引导和纠正这种偏向：一方面，政府应承担向社会宣传高等职业技术教育的责任，加强正确的舆论引导，大力弘扬和普及工业文化、劳动文化、创业文化，通过这种方法在社会主义精神文明建设中增加高等职业技术教育的社会文化基础；另一方面，建立高等职业技术教育与普通高等教育等值的使用、对待观念，进而在观念和制度上促使社会以"学力社会"取代"学历社会"。再者，政府可以通过抓典型、树典型，宣传典型、推广典型的方式，营造出良好的校企合作氛围。

1.1.2 建立健全相应的法律法规，保障校企合作的顺利进行

自 20 世纪 80 年代起，高职教育以其特有的社会作用逐渐吸引了我国各级政府的目光，得到了国家的极大重视，并相继颁发《高等教育法》、《职业教育法》等法律以及一系列政策文件，这些法律法规与政策都涉及高职教育的内容，也为高职教育的更快发展起到了积极的作用，但总的来说，这方面的建设还落后于高职教育的发展，尤其是内容更为详尽、针对性更强的法律法规还仍未出台。这对于我国经济建设快速发展大量高级技术应用型人才、对于充当着我国高等教育大众化主力军——高职教育的发展、对于我国即将要打造的"世界制造中心"是极为不利的。

综观西方发达国家，他们历来非常注重通过制定法律、法规和政策来支持职业教育的发展。德国联邦政府除了颁布堪称西方国家最严密、最详细的《职业教育法》为其职业基本法外，在此基础上还先后发布了针对手工业的《手工业法》，旨在明确规定企业在职业教育中权利和义务的《企业基本法》，为了保证职业教育质量和数量上稳定而持续发展的《职业教育促进法》，为保障青少年享有接受职业培训和完成法律规定的职业义务教育权利的《青少年劳动保护法》。美国、英国等职业教育发达的国家无不是通过法律等手段来维护和促进职业教育发展的。他们也在职业教育中获得了极大的利益。

因此，政府要加大专门法律法规的建设力度，建立与社会主义市场经济体制、与国际相接轨的法律体系。如政府应尽早出台一部与时俱进的、与国际职业教育发展趋势相接轨的《中国高等职业教育法》，对高职的性质、任务、培养规格、管理职责及其各部门分工细则、主办渠道、投资机制、教师类型和素质水平等条款用法律形式规定下来，创造教育需求，建立与 WTO 环境相适应的现代教育制度体系。同时，建议制定《校企合作教育法》，进一步明确和规范政府、学校、企业在校企合作教育中的责任和义务；建立各级校企合作教育委员会，加强对合作教育的指导和协调；建议国家制定优惠政策，调动合作教育单位的积极性。对于校企合作教育，不仅学校要增加资金投入，而且参与合作教育的单位也需要有投入，这些都需要政府在学校收费、企业纳税等方面制定相应的政策法规，例如，学校可以自主确定收费标准，对校企结合在资金、人力、设备使用等方面有一定付出的企业，在税收上给以相应的减免，对成绩卓著者予以奖励等。

1.1.3 严格实施就业准入制度，加强职业教育与劳动就业的联系

职业教育的发展除了需要产业的发展驱动外，还必须由劳动力市场的限制即

实行就业准入制度来推动，只有使职业资格证书逐步具有与普通高等教育学历文凭类似的"硬通货"性质，职业教育才能从产业和劳动力市场两方面得到强大驱动。严格执行劳动者在就业或上岗前接受必要的职业教育的制度。用人单位招收录用职工，从事国家规定实行就业准入控制的职业，必须从取得相应学历证书并获得相应职业资格证书的人员中录用；从事一般职业（工种）的，必须从取得相应的职业学校学历证书、职业培训证书的人员中优先录用；加强职业学校学历教育与职业标准的衔接，充分发挥职业学校在推进职业资格证书制度和就业准入制度工作中的作用；切实加强职业指导和就业服务，拓宽毕业生就业渠道。

实行就业准入制度，既可促进高职教育人才培养质量的提高，也可较有效地规范劳动力市场；更为重要的是，实行就业准入制度，在很大程度上可以推动校企合作自觉开展。

1.2　应切实加大对高职教育的投入

高等职业教育是投入成本较大的教育模式，离职生对实践、实习的需要决定了高职院校必须投入比普通高校高得多的费用，尤其是一些工科专业的实习实训，需要大量的场地和设备投入。然而，一个不可争辩的事实是：资金短缺一直困扰着高职教育的发展。实事求是地说，我国经济还不算发达，国家财政性教育经费支出占国民生产总值依然偏低，与世界其他国家相比则差距更大。"穷国办大教育"便是现实的写照，同时也表达了我们的信心和勇气。但长期以来，国家对高职院校的拨款方式和拨款标准却不能与普通高校一视同仁，这不仅制约了高职教育的发展，而且在一定程度上助长了社会对高职教育的偏见，无形之中强化了企业等用人单位对高职毕业生的"抵触"心理，直接影响了企业与高职院校相合作的愿望与自信。在缺少必要投入的情况下，高职自然而然地走向低成本的理论教育，成为普通高校本科教育的压缩型，培养应用型人才的目标也就难以真正实现。

要从根本上根治高职教育这一"顽症"，我国各级政府一方面要保证高等职业技术教育办学经费在国家财政预算中应有的比例，加大对高职教育的经费投入；另一方面要帮助职业技术院校开拓向社会筹资办学的渠道，在增强学校自身"造血"能力的同时，激发社会参与高等教育的积极性。此外，政府部门可利用财政、税收等手段引导、激励企业参与高职院校的办学活动，积极开展校企的各方面合作。如对与高职院校有合作关系的企业，国家可免征教育附加税，也可给予一定数量的补贴，或以奖代补。

此外，可借鉴德国的经费筹集模式以解决投入不足的问题。

（1）企业直接资助。企业投资建立职业培训中心，购置培训设备并负担实训教师的工资和学徒的培训津贴。采用这种模式的主要是制造业的大中型企业及经营服务性产业。这种企业由于对技术工人需要量大，可依靠自身的培训中心或培训部培养后备力量。小型企业如手工业企业，一般没有培训中心，学徒须到跨企业的培训中心培训，所以，小型企业除支付实训教师的工资和学徒的津贴外，仍需为跨企业培训中心支付培训费用。

（2）企业外集资资助。企业外集资是为了防止培训企业和非培训企业之间的不平等竞争而引入的融资形式。按照集资对象的不同，企业外集资又以多种基金形式设立。主要有中央基金形式、劳资双方基金形式和特殊基金形式。

中央基金形式是由国家设立、以法律形式固定向国营和私营企业筹措经费的模式，即所有国营和私营企业，无论培训和非培训企业，在一定时期内都须向该基金缴纳一定数量资金，通常按企业员工工资总额的一定百分比提取。国家根据经济发展状况确定和不断调整比例，其值一般为 0.6%～9.2%。中央基金由国家统一分配和发放，并定有一套严格的分配制度和资金申请条件。如中央基金规定，只有培训企业和跨企业的培训中心才有资格获得培训资助。不同的培训职业、不同年限的培训、经济发展水平不同的区域和不同规模的企业，其所获经费资助的多少是有很大差别的。一般情况下，企业可获得其培训费用的 50%～80%的补助；如果所培训的职业前景好，企业可获得 100%的资助。由于参与培训的企业可得到这些资金，一方面可激发企业参与培训的积极性，另一方面可平衡企业的经济负担，一定程度上避免了可能由此而引起的不平等竞争。

劳资双方基金主要来源于实行劳资协定的企业。这些企业定期向基金会交纳一定数额的资金作为培训费用。这些资金主要用于企业外培训，特别是学徒培训第一学年在企业外培训中心的费用和建立企业外培训中心的投资费用。目前实行这种基金形式的有建筑、园林、石雕和烟道清扫业。以建筑行业为例，企业须向该基金交纳职工工资总额 0.5%的资金。这种基金可按照行业的特点，集中兴办企业共同需要的企业外培训中心。为了保证基金的稳定和不受经济状况变化的影响，企业交纳资金的比例是按照经济平均发展水平制定的。

特殊基金形式主要有行业基金和行业协会基金。行业基金是一种为了满足某个行业的特殊需要，为促进行业职业教育的发展而建立的基金形式。它要求行业内的所有企业向该基金交纳一定数额的资金作为本行业职业培训的共同经费。基金由行业自行管理并统一分配。行业协会基金是由行业协会向所辖企业征收，主要用于行业协会承办的跨企业培训中心和继续教育中心，不用于企业培训。

（3）混合经费资助。它是在企业直接资助和企业外集资形式的基础上，由国家对企业提供税收优惠政策而构成。简言之，培训企业用于培训或交纳给基金会的资金在一定情况下可从国家的税款中以一定比例扣除。

（4）国家资助。国家资助主要是通过州政府、联邦劳动局和联邦职业教育研究所向各类职业学校、跨企业培训中心和职业继续教育机构提供的。

1.3　行业协会是推动和维护校企合作的桥梁

高职教育是社会经济发展到一定程度的必然需求，与社会行业、企业有着最为密切的联系，这决定了行业协会在高职教育的办学活动中起着至关重要的作用，是推动和维护校企合作的中坚力量。这主要体现在以下几个方面。

1.3.1　职业资格标准的主要制定者

实施职业资格证书制度是我国深化劳动就业制度改革，规范劳动力市场，提高劳动者素质，推进素质教育的重要途径。职业资格证书是由政府指定的考核机构按照国家规定的职业技能任职标准，对劳动者的技能水平或职业资格进行客观、公正、公平的评价和鉴定后，颁布给劳动者证明其具备从事某种职业的资格证明。职业资格证书虽然是由国家政府部门颁发，但它的制定者则主要来自于相应的行业，因为只有他们才最熟悉岗位对劳动者技能和素质的规格与要求。高职教育的一项重要任务是实施非学历教育，其主要内容是依据职业资格标准，加强学生职业技能的教育与培训，使他们不仅获得学历证书，还要获得将来从事某一职业岗位的资格证书，增强就业能力。因此，高职院校实施职业资格证书制度，是推动校企合作的重要举措。首先，行业协会可以深层次地参与和指导高职院校的办学，也可以帮助学校成为职业资格鉴定中心；其次，学校可利用理论方面的优势，参与职业资格标准的制定，也可以为行业培训工作人员。学校参与职业资格证书考试内容的制订，具有理论性、宏观性、前瞻性等优势，而行业则更了解实际问题和实践操作，两者能很好地把理论和实践相结合。

1.3.2　市场信息的传播者

高职教育的培养目标是明确而具体的，即培养生产、管理、建设、服务第一线高级技术应用型人才，这决定着高职教育人才培养必须坚持面向市场、面向职业岗位的原则。而当今是一个知识"大爆炸"的社会，知识、技术的寿命日渐缩短。加之我国正处于社会转型时期，经济结构、产业结构正发生着深刻的变化。这些大大推动了企业发展战略的调整和技术升级，职业变换、岗位流动也随之加快。据资料统计，美国在过去 15 年中淘汰了 8000 种职业，同时也诞生了 6000 种新职业。在这一大背景下，高职院校要培养出贴近市场、贴近企业的"最先进"人才，关键是要及时而准确地捕捉到市场对人才需求、规格等的最新信息。高职院校一方面要勇敢地拆除高墙，走出"象牙塔"，主动走向社会、深入企业，了解和掌握第一手人才信息资料，另一方面，要积极与行业协会沟通，诉求他们的支持。

行业协会有责任和义务充当高职院校的市场信息传播者。高职院校人才培养的最大、最直接的收益方是行业和企业；行业、企业为了在国内外激烈的竞争环境中求生存、谋发展，也需要高职院校为他们提供真正能"下得去、用得上、留得住"的第一线技术应用型人才，这是双方利益的结合点。同时，行业协会也有能力充当高职院校的市场信息传播者。行业协会的大部分成员来自于企业，它主导着企业的发展方向和未来规划，对未来行业、企业所需的人才数量和规格都能作出准确的预测。行业协会把这些信息传输给学校，能极大地提高学校的人才培养质量和效率，行业、企业也能更好地满足自身发展要求，实现自己的发展目标。

1.3.3 学校培养目标制定的参与者

根据"消费者利益至上"的市场理论，对产品最有发言权的是消费者。行业与企业是高职院校"产品"的消费者，他们知道"产品"应达到的培养规格与质量。他们在培养目标的制定，职业分析、课程内容的确定，教学计划的安排以及教学质量评价等方面最有发言权，最具权威性。因此，高职院校应组织力量，深入行业和企业一线，广泛开展调查研究，对人才需求预测作充分地分析，与企业、行业共同寻求人才培养目标的准确定位，共同制订人才培养的具体方案，共同实施实用型高级技术人才的培养工程。

1.4 企业是校企合作的中坚力量

企业的主要功能是物质资料的生产和流通，教育的主要功能是育人，教育功能的充分实现有助于促进企业功能的充分实现。因此，企业应成为高职办学主体之一，增强企业对培养人才的使命感和责任感，也为企业全程参与办学活动提供方便。

1.4.1 成立校企合作董事会

学校与企业联合组成"校企合作教育董事会"，共同合作调查研究，制定符合企业需求的培养目标、课程设置和教学计划等，使企业深切感受到自己在职业教育中所应承担的重大责任，并在具体的教学活动中积极参与。校企合作办专业指导委员会由5~7人组成，行业专家占3~5位。

校企合作办专业指导委员会在七个方面充分发挥出校企合作的优势：①有计划地开展行业重点人才需求的调查，以保证高职专业一定时期内的方向性和有效性；②与企业合作进行高职人才培养目标和规格的研究，以保证人才培养的适应性；③对高职专业教育计划的制定和修正，以保证教学环节的针对性；④与企业合作编写高职教材和聘任兼职教师，以保证课堂教学的实用性；⑤校企合作进行技术的应用项目的开发，以保证师生技术应用能力的持续提高和技术的应用性、新颖性；⑥与企业合作落实培训、实习项目和基地，以保证高职教育的实践性；⑦与企业合作进行学生就业指导和聘用工作，以保证高职教育的稳定性。

1.4.2 校企共建实训基地，加强教学与生产、理论与实践相结合

江泽民同志在第三次全国教育工作会议上指出："从学校方面来说，校企合作可以及时反馈社会需求，增强专业的适用性，从企业方面来说，校企合作可以借助于学校的教学力量，提高教育层次，促进科技成果向现实生产力转变。"因此，学校和企业可本着"双赢"的目的，共建实训基地。基地既可建在企业内部，即让学生直接参与企业生产过程、管理过程及研发过程，熟悉企业运作流程和感受企业文化；也可建在校内，由企业向学校提供所需的实训设备，企业派出熟练技工人员进行指导等。

为保证实训的质量和"第一线"人才的有效产出，学校和企业可更深入、更全面地进行合作，首先，可成立实习指导小组。由企业专家、高级工程师和教师成立的实习指导小组，负责对实习小组活动的统筹安排，指导学生实际操作。督促计划的实施，并最后组织考核；其次也可实行顶岗实习制，即让学生在企业提供的真实生产情景中锻炼，获取直接经验和能力。这也与以课堂传授间接知识为主的学校教育相辅相成，互相辉映。在顶岗工作的同时，要注意加强学生的职业道德、安全操作知识的培养与教育，使学生在学中做，在做中学；再次，学校和企业共同把好学生毕业设计关。学校组织学生到企业中去进行毕业实习和毕业设计，采取"双师指导制"，使学生的课题能从生产实践中来，也能到生产实践中去。这样既能培养学生提出、分析、解决实际问题的能力，消除"后熟期"的现象，又能增强企业的经济效应，达到"三赢"目的。

1.4.3　成立校企教材建设委员会

教材是教学的基本依据，是经过价值选择的、权威的系统知识，是学校课程最具体的形式，是师生教与学共同依据和完成的对象。高等职业技术院校与普通高等院校在人才培养类型上的最大区别在于：前者是培养应用型人才，后者培养的是学术型人才。应用型人才不是指"大众型人才"，而是"专用型人才"，是为特定企业、行业培养的"专用型人才"。因此，教材的建设就应突出这种针对性和职业性的特点。为了达到这一培养目标，仅靠学校专业教师的"闭门造'书'"是远远不够的。学校和企业要携手并进，成立校企教材建设委员会，共同负责教材的开发、建设。委员会的成员主要由企业、学校的高级技术专家和教授等人员构成，一方面，企业紧贴社会、市场，是市场经济状况的晴雨表，企业专家更了解和熟悉经济发展的最新技术信息和市场需求，对经济、技术的未来走向有较深刻的预见。因此也就能把最新的技术信息和科研成果引入教材，避免书本知识与实际应用脱节，保证教材的先进性和针对性；另一方面，学校教师具有较强的理论研究和科研开发能力，懂得教育教学规律，能把社会最新发展的实际和人才的规格要求灵活地固化为教学内容，保证了教材的科学性和可接受性。校企教材建设委员会是学校与企业联系的桥梁，是实施校企合作、培养市场和企业所需人才的重要途径。

1.4.4　促进高职师资队伍向"双师型"转化

"双师型"师资队伍是保证高职教育质量，实现培养目标，办出高职高专院校的特色，提高专业教师队伍整体素质的有效途径。所谓"双师型"教师，是指既具有较扎实的理论基础知识，能够从事课堂理论教学，又具有较丰富的实践知识和较强的实践能力，熟悉企业实际运作方式的教师。由此可见，企业是高职师资个体和整体向"双师型"转化中不可或缺的力量。

促进高职师资队伍向"双师型"转化的具体做法：

（1）分期、分批安排专业教师到企业进行专业实践训练。开展行业或专业的社会调查，了解自己所从事专业目前的生产、技术、工艺、设备的现状和发展趋势，以便在教学中及时补充生产现场的新科技、新工艺；带着教学中的一些课题，到企业中向有丰富实践经验的工程技术人员请教，在他们的帮助下提高嫁接、推广和应用新技术以及进行科研开发的能力，提高教学质量。

（2）通过加强实践教学环节提高教师的专业技能。从事实践教学环节的指导教师，应取得中级以上的国家技能等级证书或本行业、领域具有权威的相关等级或水平认证证书；要求专业教师在指导课程实习和毕业实习时，结合实际，真题真做；对理论课程进行教学改革，加强理论教学的针对性、应用性和实践性。

（3）通过建立专业实验室、实训基地提高教师的技术开发能力。专业教师在参与专业实验室、实训基地的建设过程中，拓宽了专业知识面，搜集了大量专业前沿发展的信息资料，满足了在专业教学中及时更新知识的需要。也在项目设备的开发研制过程中，加深了对该类设备的原理、系统、性能、安装、维护、保养等方面的认识，提高了指导学生进行技术转化、推广和应用综合能力，使专业课程的教学效果明显提高。

（4）鼓励教师面向企业，面向生产，直接参与技术开发、技术转化与技术改造。经过多年的专业实践，一些专业教师积累了较为扎实的专业理论基础，并形成了一定的科研开发能力。学校可通过鼓励专业教师走出学校，面向企业，面向生产的方式，促使他们积极开展科技服务，承担科研项目。通过为相关单位提供技术咨询，开发产品，转化科研成果，让他们得到进一步的锻炼和提高。

（5）采取激励措施，促进"双师型"教师队伍的建设。为了巩固校企合作的成果，进一步激发教师参加校企合作的积极性和创造性，促进"双师型"师资队伍的建设。学校可结合自身实际情况，制定有关"双师型"教师队伍建设的规定和激励措施，从制度上、政策导向上向积极开展校企合作的"双师型"教师倾斜。如规定学校认定的学科带头人、骨干教师必须具有一年以上的企业或工程实践经验，有一至二项科研成果；"工程师"资格可按照"正高级工程师/高级工程师/工程师"进行认定，学校对获得"双师"资格的教师给予享受项目开发补贴等优惠待遇，被评聘为学校"双师型"的教师，按相应等级每月给予专项津贴以及书报资料费等。这些政策措施看得见、摸得着，对调动广大教师参与校企合作起到了促进和激励作用。

（6）聘请合作企业的科技、管理人员担任兼职教师。为使兼职教师正常开展教学工作，应该做到：建立组织，加强领导。校企双方人员共同组成校企合作教育领导小组、工作小组及联合教研室，从上层领导、中层责任部门到基层教学组织三级领导的管理体系保证兼职教师队伍建设的良好运作。对兼职教师的需求情况及能力素质规格提出要求，依据教学需要，用其所长的原则，在企业工程技术人员、管理人员、技师及岗位骨干中进行筛选，由学校聘任为兼职教师。由企业人事部、校教学督导组联合对兼职教师进行考核，不定时检查兼职教师的教学情况，给出指导意见，及时纠正、提高，以保证教学质量。结合联合教研室意见和学生的反映，对兼职教师进行综合考核，根据考核情况实施奖惩，不合格者解聘。

另外，政府对企业与高校的合作行为亦应有一定的约束。在校企合作教育中，企业和学校通过契约等形式确定各自在人才培养中的权利和义务。企业的本质是追逐利润，在合作过程中不可避免地会出现短视行为，为追求利益而背离学校引入企业的初衷，政府职能部门应发挥协调和约束作用，确保以学校为主体的利益，使学校在合作中对人才培养有充分的发言权和主动性，从而保证与企业的合作对人才培养的促进作用。

1.5 学校应主动加强与企业的联系，实现以服务求生存，以贡献求支持

高职院校积极开展与企业的多方位、全过程的合作，是由高职教育的性质、培养目标所决定的。联合国教科文组织在 1997 年颁布的《国际教育标准分类法》新版中第五级 B 类表述为："课程内容是面向实际的，是分具体职业的，主要目的是让学生获得从事某种职业或行业所需的实际技能和知识，完成这一级学业的学生一般具备进入劳务市场所需的能力和资格。"要实现这一目标，仅靠学校教育，靠书本、课堂、实验室及校内实训场是远远不够的，因为在校学习无论是在环境感受，还是在心理状态等方面都与实际工作现场环境有很大的差别。只有走校企结合之路，才能实现学校教育与社会需求的零距离接触，培养出第一线合格的技术型人才。

1.5.1 以市场需求为导向调整、规范专业建设

专业建设是学校教学工作主动、灵活地适应社会需求的关键环节。高职教育的专业设置具有较强的职业定向性和针对性，为此，专业设置与调整要主动适应区域产业结构的变化，要加强复合型专业设置，解决好专业口径宽与窄的关系，拓宽学生的就业适应面；专业的成长需要时间、人力、物力的保证，要处理好专业调整和相对稳定的关系。特别要注重专业内涵建设，既要考虑专业发展前景，也要考虑专业发展的基本条件，通过整合、交叉渗透等形式，实现对传统专业的提升和改造，使之更加符合经济发展和社会需要。专业设置与建设不仅要满足当前经济发展的需求，也要考虑到社会发展。只有设置适应市场需求的专业，才可能有较高的对口就业率和优质就业率。为确保学生就业，高校应开展市场需求分析、毕业生跟踪调查，适时调整人才培养结构，避免教育与社会需求脱节。这就要求学校要主动与企业携手，作好人才需求的预测、调整、规范专业建设。

1.5.2 以岗位技能为核心，构建高职教育课程体系

教育课程体系是保证培养目标实现的重要环节。高职教育课程体系的构建要以技术应用能力为核心，以终身教育为指导思想，兼顾学生的基本文化素养和综合素质来设计学生的知识、能力结构，把握好"打好基础，重视应用，强化能力，适当延伸"的方向。要编写高职自己的教材，而非本科教材的"压缩本"。

具体来说，专业的理论课设置应按照行业（职业）岗位需要进行课程综合化改革，优化基础课和专业课。公共基础课必须根据培养目标和需要，削枝留干，重在概念的引入、基本性质和背景应用的讲解；而专业课则要因需设课、模块组合，对相关课程的内容按需取精，并按内在逻辑和界面组成少学时、多模块的课程体系，而不应固守专业基础课、专业课、选修课的传统分类法则。在优化的过程中，要强调课程设置的系统性、实用性和创新性。

高等职业技术教育作为为特定岗位（群）服务的一种教育形式，要求其课程与职业有很好的整合度。然而国家某一措施的实施、政策的变更、国际形势的变化及行业变动、应用技术创新等都会直接影响到高职的人才培养目标，从而影响高职的课程甚至课程体系。企业资深技术和管理人员对科技发展变化以及现场工作环境对岗位人员知识、能力、态度的要求最清楚，高职院校应积极诚恳地邀请他们参与课程的开发与建设，以防止课程内容与实际需求出现"两张皮"现象。因此，高职课程体系应是一个由学校和企业双方合作建设的开放体系，课程建设的全过程必须依托企业。

1.5.3 建立校企合作的实践教学体系

实践能力是高职学生最为显著的特征，是他们在就业竞争中获胜的法宝。实践能力的培养离不开实践教学。高职院校通过整合理论教学、技术训练、实习操作，使学生学到书本上没有的知识，让学生在实训和实践中得到真知识，培养学生的动手能力，体会到创造的乐趣。然而，学生开展实践学习有很高的设备及环境要求，由于资金等各方面条件的限制，高等职业技术院校不可能把所有的模拟实验都放在学校的实验室里完成。而且，事实上，真正意义上的实践教学平台原本就应该来自于企业。因此，唯有企业肩负起实施实践教学的教学任务。才能有效地解决我国目前普遍存在于各高等职业技术院校中的实践教学的难题，真正提升实践教学的质量。另外，聘请企事业专家走上大学讲台，走进校内实验室，参与、指导校内实验实训教学，使校内、校外真正成为完整的合作教育体系。

1.5.4 改革考试方式，实行考教分离

高等职业教育的教学效果不仅体现在考试分数的高低上，更重要的是体现在动手操作能力和社会对毕业生的认可程度上。为此，学校可采取 1:2:3:4 的系列成绩评定办法，即平时成绩占 10%，期中考试占 20%，技能成绩占 30%，期末考试成绩占 40%。在评定中增加技能训练项目，并加大比例到 30%，促使学生加强平时的技能训练。改变传统的单一问卷考试方法，建立与高职教育相适应的考知识、考能力、考技能的灵活多样的考试方法，如开卷考、闭卷考、开闭卷结合、口试（演讲）、实验、实习、技能考核、撰写调查报告、综合大作业加答辩等考试方法。根据不同学科的特点，这些考试方法可以单独运用，也可以综合运用。

另外，重视职业资格考核。目前，我国此项工作已逐步展开，积极推行学历证书和职业资格证书并重的制度，并根据职业技能鉴定中心有关大学生职业技能考核的要求，组织学生参加职业技能培训与考核鉴定。学生经考核鉴定合格后由市劳动与社会保障局核发"中华人民共和国职业资格证书"。凡没有获得职业资格证书的学生学院不予颁发毕业证书。实行考教分离和职业资格考核，有效地保证了高职人才的培养质量，受到了企业的极大欢迎。

1.5.5 与企业合作建设科技研发中心

江泽民同志在第三次全国教育工作会议会上说："从学校方面来说，校企合作可以及时反馈社会需求，增强专业的适用性，从企业方面来说，校企合作可以借用学校的教学力量，提高教育层次，促进科技成果向现实生产力转变。"高职院校最大的优势在于人才结构齐全，知识密集度高。而企业经费充足，与世界前沿技术较为接近，对新技术、新工艺最为渴求。因而学校可充分发挥自身优势，与企业合作建设科技研发中心，使学校智力与企业生产要素紧密结合起来，为企业提供技术创新、技术咨询和技术服务。不可否认，学校也能从研发中心获得应有的利益。高职院校对于企业生存与发展相关程度越高，企业对高职院校开展"校企合作"的支持度就越高。

1.6 构筑校企合作保障体系，创新校企合作模式

校企合作是提高高职教育人才培养质量、办出高职教育特色的重要保证，也是企业双方"双赢"利益所在。为了使校企能长期、稳定、高效地进行合作，就有必要加强研究，构筑校企合作的保障体系。

1.6.1 找准双方利益的结合点，树立牢固的校企合作思想

要使校企合作转化为双方的自觉行为，关键是要找准双方利益的结合点。对于高职院校来说，实行校企结合有助于解决发展中普遍存在的资金投入不足，办学场所设施缺乏，教师队伍素质不高，"双师型"教师缺乏，缺少稳定的实训基地，人才培养模式和手段落后，教育质量不高，毕业生就业困难等问题。对于企业来说，实行校企结合，能够得到学校的智力和技术支持，为企业职工提供再教育与培训，而且校企合作还有利于企业良好社会形象的树立及企业的知名度与信誉度的提高，校企合作本身就是一种企业形象策略或广告宣传方式。找准了各自利益的结合点，学校和企业才能树立牢固的合作思想，才能本着互惠互利、共同发展的原则，才能由"自为"行为从容地向"自觉"行为转换。

1.6.2 建立健全校企合作的管理机制

（1）建立校企合作的组织保证。①可建立由学校、企业、政府等人员组成的学校规划发展委员会，负责大到学校发展战略，中到专业、课程建设，小到学生实习、毕业设计等方方面面的事务，并督促实施。同时，还可组织人员对校企合作成果进行评价，协调各方的关系。②成立科技研发小组。根据国家经济结构调整和世界技术发展的新动态，帮助企业进行技术的更新和升级；教师通过科研，不仅能够得到实践锻炼，提高实践动手能力，使自己朝着"双师"要求发展，而且还能够增强创新意识和创新能力，更为重要的是，能够把最新技术、方法等融入教学内容，从而有效地保证高职人才的"先进性"和"鲜活性"。③建立职业技能鉴定工作小组，根据国家职业资格证书制度的要求，校企双方设立专门小组，根据岗位职责和任务，按照行业相关标准，制定学生在不同培养阶段的能力指标，作为教学实施的目标和依据。

（2）建立校企合作的制度保证。对高职高专教育的校企合作，除了在思想上引起高度重视外，建立健全校企合作的各项奖励制度也是十分重要的。因此，应建立校企合作奖励政策，形成制度，营造校企合作的良好氛围。为使各项制度得到有效贯彻执行，奖励制度应与教科人员的职称评定挂钩，与经济利益挂钩，与岗位评聘挂钩。只有这样，校企合作制度才能落到实处，校企合作才能有效地进行。

1.6.3 加强研究，积极创新校企合作新模式

目前还没有全面、系统地阐述我国高职教育校企合作的理论。由于政策、环

境、资源的限制，校企合作实践的探索进展缓慢，没有适合不同地区、不同行业可以借鉴的校企合作模式。为此，学校和企业应立足于我国的实际，加强协商与研究，积极探索、实践校企合作的新模式。高职教育发达的西方国家在这方面比我们先迈出了一步，如美国在 1971 年就由产学研合作教育协会组织编写出了《美国合作教育手册》，在实践中也取得了较好的成效，我们可以对其进行研究、分析和借鉴。

第 2 章 双证融合

高等职业教育实行"双证书"制度是我国职业教育制度的重大改革，是一项极其复杂的系统工程。它既牵涉高等职业教育本身，也牵涉政府、教育、劳动、人事部门及行业主管部门，社会培训机构及用人单位。实行"双证书"制度，需要各方面通力合作，共同作出努力。高职院校作为落实"双证书"制度的基层单位，应进一步深化教育教学改革，全面加强学校教学建设，为"双证书"制度的实施创造坚实的内部条件；政府和社会应进一步加强相关政策、法规和制度方面建设，加强宏观管理与协调，为高等职业教育实行"双证书"制度营造良好的外部环境。

实行"双证书"制度是对传统职业教育的挑战，它不仅要求高等职业教育在教育观念、人才培养模式、教学内容及方法手段、管理方式等方面进行变革，而且需要有与之相配套的教学条件，如实验实习设施、实训基地建设及"双师型"教师队伍建设等。因此，实行"双证书"制度是高职院校教育教学的一次深刻的改革。改革的终极目的是建立起适应经济和社会发展要求的，符合职业人才成长规律，以职业标准为导向，以职业能力培养为核心，学历证书和职业资格证书相融通，具有高等职业教育特色的教育与培训体系，为我国现代化建设提供强有力的人才支撑。

2.1 转变教育观念，树立新型的职业教育观和人才观

树立全面的职业教育观。传统的职业教育观，是单一的以学历教育为主的狭隘观念。片面强调高等职业教育的"高等教育"属性，而忽视其"职业教育"属性，盲目效仿普通本科教育模式，以追求学历文凭为目的，偏重学科知识的系统性、完整性，忽视学生职业素质和职业能力的培养。重视学历教育，轻视职业培训，导致办学形式单一，办学功能不完善。而缺少职业培训的职业教育是不完整的职业教育。尤其是在我国经济高速增长、技术技能型人才极度匮乏的形势下，高等职业教育必须摒弃狭隘的职业教育观，树立全面的职业教育观，坚持学历教育与非学历教育结合，岗前教育与岗后教育并举，继续教育、成人教育及各种形式的短期培训相结合（包括下岗再就业培训、转岗培训、农村劳动力转移培训、

职业资格证书考试培训等），充分发挥高职院校在构建终身教育体系中的纽带作用，促进人力资源的开发和合理配置。这既是我国经济社会发展的需要，也是高等职业教育自身发展和自我完善的需要。

树立正确的人才观。传统的人才观是重文凭轻能力，鄙薄技能型人才的旧观念，是计划经济条件下单一的学历文凭制度的产物。中共中央召开的全国人才工作会议，把技能型人才纳入全党人才工作的视野，这是对传统人才观念的否定，是我国人力资源开发和管理的战略性调整，是我国社会主义市场经济体制逐步走向完善的表现。高等职业教育院校作为我国技术技能型人才培养的重要基地，必须克服轻视技能型人才的旧观念，树立技能型人才也是人才的观念。坚持学历证书教育与职业资格证书教育并重，肩负起培养和造就"数以亿计高素质的劳动者和数以千万计的专门人才"的重任，为提高我国的人力资源素质，促进经济社会的可持续发展作出应有的贡献。

树立科学的质量观。高等职业教育的人才培养质量不仅体现在其专业理论知识方面，更体现在其适应经济社会发展的职业素质和职业能力方面。高职高专教育要实现人才培养模式的变革，必须改变传统的教育教学质量评价观念，把学科本位的评价观念转变为能力本位的评价观念。树立技能也是质量的观念，坚持理论考核与技能考核并重，素质与能力并重，学校学业考核与社会技能鉴定并重。克服重理论、轻实践，重知识传授、轻能力培养，一张试卷定优劣的倾向，逐步建立起适应"双证书"制度实施的科学的质量评价体系。

2.2 以能力为本位，构建"双证融通"的人才培养方案

人才培养方案是对人才培养活动的总体设计，是人才培养目标与培养规格的具体化、实践化的形式，是实现专业培养目标和培养规格的中心环节。

传统教育观念下的高职人才培养方案是学科型教育的仿制品，没有吸纳国家职业标准和职业技能鉴定标准，也没有充分考虑企业生产实践中职业岗位（群）的实际需要。其人才培养方案偏重于学科理论教学，注重学科知识的系统性、完整性，忽视学生的技能培养，致使学历教育与职业资格教育相分离，职业技能培养被挤在狭小的范围，这不仅不利于"双证书"制度的实施，也影响了高等职业教育人才培养目标的实现。

高等职业教育实行"双证书"制度，关键是要建立起学历证书教育与职业资格证书教育二者内容相融合、目标相一致、教学过程相统一的人才培养方案，形成学历教育（以综合文化素质水平为标志）与职业资格证书教育（以职业技能水

平为标志）的沟通与衔接，从而构建起有效实施"双证书"制度的基本框架。

构建以能力为本位的高职教育人才培养方案，应重点抓好以下三个环节：

1. 以技术应用能力培养为主线设计教学体系和人才培养方案

合理地确定培养方案主线是构建一个整体优化的人才培养方案的首要环节。所谓培养方案主线是旨在使学生形成合理的知识、能力、素质结构而设计的一种发展线路或路径。选择以不同的主线设计培养方案会导致不同的人才培养结果。

高等职业教育的产生和发展，是高新技术发展和广泛应用的产物，它以培养适应生产、建设、管理、服务第一线需要的高等技术应用性人才为根本任务。较高的职业素质和较强的技术应用能力是高职人才培养的基本特征。技术应用能力是学生就业的资本，是一种生存发展的能力，是不断适应社会经济发展、不断创新的能力，它是一种综合职业能力（包括思维能力，综合能力，接受处理信息能力，表达能力，分析、解决问题能力，创造能力，社会交往能力等），不是单纯的动手能力。因此，高职人才培养方案理应以技术应用能力为主线来设计教学体系。

高职人才培养方案设计应改变普通高等教育学科本位强调理论性、系统性、完整性的思维方式，即按基础课→专业基础课→专业课顺序设计方法而采取逆向思维方法，应围绕高职专业的培养目标，从人才的社会需求调查和职业岗位（群）分析入手，分解出从事职业岗位（群）工作所必需的知识和能力，然后按照专业课与实践环节→专业基础课→基础课的顺序，对专业教学进行全面系统的规划。

这是一种以满足职业需求为目标、以技术应用能力培养为主线的人才培养方案的设计方法，它体现了高等职业教育的特色，体现了"双证书"制度的要求。

2. 加强课程整合与重组，建立合理的课程体系

课程体系是保证高职培养目标的重要环节。原有的高职课程体系片面追求学科的系统性和完整性，忽视课程的整合与重组，学生学到的只是一门门具体课程知识的堆砌，当运用所学知识去解决工作具体问题时，又显得力不从心。为此，构建课程体系应从三个方面入手：

一是打破以学科知识为本位的课程体系，建立以能力为本位、"双证融通"的课程体系。要以职业标准为导向，以能力培养为核心，合理设置课程，改变过分强调学科知识的系统性、完整性，忽略实用性的倾向，把职业资格标准纳入课程教学体系，实现学历证书教育与职业资格证书教育内涵上的沟通与衔接。

二是要根据职业岗位需要和学生就业的需要，对课程进行开发、重组和调配，逐步实现课程的综合化、模块化。增加选修课，使课程具有相应的弹性，以适应

市场的需要。课程设置要注意"双证"的衔接。课程内容应涵盖相关职业资格标准中所要求的知识和技能，并通过学分或课程模块的方式建立起双证沟通的桥梁和纽带。

三是围绕高职培养目标，形成两个相对独立的教学体系（理论教学、实践教学）。实践教学体系是高职教学体系的重要组成部分，是实现人才培养目标的关键环节。实践教学体系由实践教学文件、实训基地、实践教学师资队伍、实践教学管理文件四部分组成，是一个与理论教学并重、相辅相承的教学体系。

3. 按照双证融通的原则，修订专业教学计划

专业教学计划是人才培养方案的具体实施模式，也是高等职业教育实行"双证书"制度的保证。应以高职专业培养目标与培养规格为基点，根据培养学生技术应用能力和综合素质的要求，对理论教学体系和实践教学体系及其教学内容进行整体优化，形成具有科学性、规范性的教学文件。专业教学计划的修订要体现以职业标准为导向，以能力培养为核心，"双证融通"的改革思路。

高职专业教学计划应具有以下特点：①培养目标体现面向生产、建设、管理和服务第一线高等技术应用性人才的要求；②体现"双证融通"的原则，课程设置和教学内容涵盖职业技能标准；③基础课按专业学习要求，以"必须够用"为度，并兼顾未来发展的需要；④专业教学内容以成熟的技术与管理规范为主，突出实用性和针对性，并注意将行业发展前沿的新知识、新技术和职业技能标准纳入教学计划；⑤加强实践教学环节，实践教学应占全部教学时数40%以上；注重职业能力培养，技能训练课程列入教学计划；⑥加强德育，注重政治思想、职业道德、身心素质、创新意识和艰苦奋斗精神的培养；⑦改革教学方法和考试考核方法，坚持科学的质量评价标准，认真组织好双证考核。

2.3 工学结合，搭建技能型人才培养平台

实行"双证书"制度对高职学生的职业素质和职业能力提出了更高的要求，而学生良好的职业素质和职业能力的培养，单纯依靠学校的条件是培养不出来的。解决这一问题的根本途径是工学结合，校企合作，共同搭建人才培养的平台。

所谓工学结合是在互利双赢的前提下，共享的育人平台，以培养学生的全面素质，发挥企业、学校各自的优势，打造一个以资源综合能力和就业竞争力为重点，利用学校和企业两种不同的教育环境和教育资源，采取课堂教学与学生参加实际工作相结合的方式，培养适合社会需求的技术应用性人才的教育模式。

2.3.1 工学结合对实行"双证书"制度的意义

1. 工学结合有助于改变人才培养模式，加强技能培养

高等职业教育人才培养的职业性、技术性，决定其教育教学活动不能脱离企业生产实践孤立地进行。工学结合有利于加强学校与企业的联系，使高职院校办学更加贴近社会，人才培养工作更加符合经济社会发展需要。有利于职业院校更新观念、调整培养目标，改变培养模式，加强对学生职业素质和职业能力的培养。这正是实施"双证书"制度所要达到的目的。

2. 工学结合，是实现高职人才培养目标的有效途径

高等职业教育所培养的是具有良好的职业素质和职业能力的高等技术应用性人才。实践证明，这样的人才只有在工学结合的培养模式和教育环境中才能培养出来，学生的职业道德、职业意识、职业行为等只有在生产经营实践中，在与企业职工的相互合作中才能形成，学生的职业技能也只有在真实的现场环境中经过反复训练才能掌握。可见，企业在培养学生职业素质和职业能力方面具有不可替代的作用。

3. 工学结合是消除制约"双证书"制度实施的不利因素的根本措施

实行"双证书"制度要求加强学生的职业技能训练，而目前高职院校普遍存在着资金投入不足，办学场地、基础设施缺乏，教师队伍素质不高，"双师型"教师匮乏，缺少稳定的实训基地，人才培养模式和手段落后等问题。这些问题不解决，"双证书"制度难以实施。实行工学结合，校企双方本着"优势互补、互利互惠"的原则，实现了资源共享。学校可以充分利用企业的生产车间、经营场地和设备进行生产实习，不仅可以解决实训基地不足、基本设施短缺的问题，而且还可以使学生接受到高新技术教育。教师可以到企业进行专业实践，参与企业技术攻关或产品研发，提高教师的专业水平和实践能力，培养教师的"双师"素质。实行工学结合，企业参与人才培养过程，促进了学校人才培养模式的改革，加强了实践教学环节，使"双证书"制度的实施有了可靠的保证。

2.3.2 工学结合，校企合作，搭建人才培养平台

多年来，职业院校在办学实践中创造了许多工学结合的有效模式，如订单式培养模式、校企合作教育模式、"工学交替"模式、"2+1"合作教育模式、"教学－实训－就业"一体化合作教育模式等。上述工学结合的人才培养模式，虽然是在部分学校、部分专业中实行的，而且实行中不可避免地会存在这样或那样的问题，但是它却代表了高职教育人才培养模式改革的方向，是实行"双证书"制度

的必然要求和基本途径。

当前推进工学结合的关键是要建立工学结合的互动机制和运行机制。在市场经济条件下，企业和学校的关系本质上是一种利益关系。所谓互动机制就是要找准校企双方合作的利益共同点，本着"互利互惠，优势互补，利益共享，风险共担"的原则，充分调动校企双方合作办学的积极性，尤其是企业的积极性，建立起长期、稳定的合作关系。所谓运行机制，就是要建立起保证学校教学科研活动和企业生产经营活动顺畅、有效运转的机制，把完成教学、科研、生产任务统一于一个过程之中，有机地结合起来。工学双方要认真签好合作办学协议，制定必要的规章制度。明确双方的权利、义务及相关责任。为推动工学结合，校企合作，应尽快建立国家相关法规，进一步明确企业参与职业教育的责任，以及实施工学结合、校企合作教育的途径、方式等，促进工学结合的教学模式走向成熟。此外，校企双方还应建立统一的工学结合的领导和协调机构，并根据教学和生产的需要，共同研究制定工学结合一体化的培训计划和培训大纲，并妥善地解决实训指导教师及其他相关问题。

2.4 改善实训条件，加强职业技能训练与考核

改善实训条件，加强职业技能训练与考核，是实行"双证书"制度的重要基础条件。我国高等职业教育经过数年的努力，实践教学条件有了明显的改善，对提高人才培养质量发挥了积极的作用。但从总体上看，高职院校的实践教学仍然是一个薄弱环节。尤其是随着我国经济结构和产业结构调整的加快，新技术、新工艺、新设备不断出现，经济社会的发展对高职人才的技术应用能力的要求越来越高。而高职院校的实训条件远远落后于经济发展和科学技术的发展的要求。实践教学条件差，技术装备落后，实践教学体系不完善，实训效果差，已经成为影响高职人才培养质量，制约高等职业教育发展的瓶颈。实行"双证书"制度，要求高职毕业生在达到高等职业教育学历文凭所要求的必备的专业知识、能力的同时，还应取得与本专业相对应的高级职业资格证书，没有技术先进、设备一流的实训条件，不经过长期的、严格的实际训练和操作是难以达到这个要求的。因此，为了有效地实施"双证书"制度，高职院校要高度重视实训条件建设，把改善实训条件，加强技能训练与考核作为实现高职培养目标，提高人才培养质量的关键环节，纳入学校建设总体规划，统筹安排，多方筹集资金，力争在尽短时间内使高职院校实训条件有明显改观。

1. 要加强校内实训基地建设

各专业都要建立能够满足实训教学和职业技能鉴定的需要，具有真实或仿真职业氛围、装备先进、软硬件配套的校内实训基地。要根据高职高专教育教学特点和地区及行业的技术特点和发展趋势，不断更新教学仪器设备，提高仪器设备的现代科技含量，形成教学、科研、生产相结合的多功能实验室和实习、实训基地。校内实训基地应涵盖从基础到专业各阶段的实践教学内容，要满足大部分专业校内岗位仿真模拟实训要求。

2. 要建设好校外实训基地

根据专业教学计划和实训教学大纲规定的教学内容和要求，在社会上选择技术先进、管理规范、符合实训要求的企业作为实训基地。校外实训基地是学生直接参加生产和实际工作，进行顶岗实习的场所，是对校内实训基地设备和场所不足的有效补充。

3. 制定与职业技能标准相衔接的实训计划和实训大纲

要根据实行"双证书"制度的要求，健全各项技能的考核标准，组织编写实训教材，加强实训教学的组织和管理工作。建立和完善各项实训管理制度和技能考核制度，成立专门的职业技能考核鉴定机构，加强对学生参加技能考试的组织、管理和服务工作，明确各专业学生应考取的职业资格证书的种类和级别要求，确保实训计划、大纲的落实和有效实施，确保职业技能训练与考核鉴定工作的质量。

2.5 加强"双师型"教师队伍建设

加强"双师型"教师队伍建设，是实行"双证书"制度的重要保证。所谓"双师型"教师，是指具有讲师（或以上）教师职称，又具有本专业实际工作的中级（或以上）技术职称（含行业特许的资格证书），及具有专业资格或专业技能考评员资格者；近五年中有两年以上（可累计计算）在企业第一线本专业实际工作经历，或参加教育部组织的教师专业技能培训获得合格证书，能全面指导学生专业实践实训活动的教师。

实行"双证书"制度要求毕业生既要具备较高的综合文化素质又要具备较强的技术应用能力，毕业时要持"双证"（毕业证书、职业资格证书）走上工作岗位。这就要求高职院校的教师必须具备"双师"素质，尤其是专业教师应全面了解国家职业资格证书制度的发展动态，熟悉与本专业相关的职业资格标准，并具备相应的职业资格，必须具有较强的技术应用能力和生产一线解决有关技术问题的能力，能在生产现场动手示范，指导学生掌握生产技能，并具有开发新项目、技术攻关以及从事科研、技术服务的能力。高职院校的教师应成为既能讲授专业理论，又能指导实践和技能训练，既是专业理论方面的名师，又是生产实践的行家里手，只有这样才能担负起培养高级技术应用性人才的重任，同时也为实行"双证书"制度提供有力的支撑。

高职院校要把"双师型"教师队伍建设作为推行"双证书"制度的一件大事来抓。要制定相关政策和措施，采取必要的激励手段，建立有利于"双师型"教师队伍建设的运行机制，逐步建立起一支具有高等职业教育自身特色的师资队伍。

1. 加强现有教师的培养和培训

有计划地组织专业教师深入生产一线开展调查研究。进行业务实践，或参与企业技术攻关、科研课题研究。选派骨干教师到相关企业挂职，边实践，边学习，掌握最新技术和管理信息，提高实践能力和动手能力，并把行业和技术领域的最新成果引入课堂教学。

2. 扩大"双师型"教师比例

招聘和引进具有"双师"素质的高级专业技术人员和能工巧匠到学校担任专、兼职教师，承担专业课教学或实践教学任务，以促进教学改革，加强实践教学环节。

制定相关的激励措施，调动"双师型"教师的积极性，在评优、评先、教师进修培养、职务晋升、工资福利待遇等方面向"双师型"教师倾斜，最大限度地调动其工作积极性。

3. 聘请有实践经验的高级技术人才担任兼职教师，定期授课或进行现场教学

吸纳社会上的专家、学者和企业家担任客座教授，既可以增强学校的学术氛围，开阔师生的视野，又可以掌握行业和专业前沿的科学技术知识，了解最新的科技成果。

2.6 创造有利于"双证书"制度实施的外部条件

高职院校实行"双证书"制度依赖于良好的社会环境和正确的政策、舆论导向，依赖于科学的管理机制和全社会的支持。

1. 加大对实行"双证书"制度的宣传力度，提高全社会对"双证书"制度的认识

坚持正确的舆论导向，努力营造重视能力，尊重技能型人才的社会氛围。各级政府部门、行业主管部门、社会培训机构和职业技能鉴定机构要从加快我国技能型人才培养、提高我国综合国力的全局出发，高度负责地做好服务与管理工作，

为高职院校实行"双证书"制度排忧解难。

2. 进一步健全和完善"双证书"制度法规和制度体系

发达国家的经验表明，职业院校实行"双证书"制度，要靠一套体系完整、相互配套的法规制度来支撑。当前我国高职院校实行"双证书"制度，一是要规范"双证书"运行机制的相关法规，如在保障"双证书"制度有效运行方面制定若干具体规定等；二是要完善就业市场的相关法规，严格实行就业准入制度和职业资格证书制度，凡国家规定实行就业准入的职业，必须从取得相应的职业院校毕业证书并获得相应职业资格证书的人员中录用职工，一般职业或工种也必须优先录用取得相应职业院校毕业证书和职业培训资格证书的人员；三是建立全国统一的职业资格证书协调机制，在劳动保障部门、教育部门的统筹协调下建立联席会议制度，改变政出多门、各自为政、互相牵制的现象。

3. 继续完善职业资格证书体系

建议加强职业标准开发，完善职业资格标准，健全相关管理制度，完善职业技能鉴定质量保证体系，简化考核、认证程序，降低培训和考证收费标准。针对高职专业主要面向的职业岗位群，逐步开发与之相适应的综合性国家职业标准，以及面向专业核心技能的职业资格标准，以利于两种证书的对接与融通。要建立一套严格的职业资格标准的制订、复核和更新的制度，保证职业资格标准的先进性、科学性，使职业资格标准真正发挥"龙头"和"导向"作用。要积极引进国外职业资格证书及其培训模式，建立与国际接轨的职业资格质量标准、认证制度及认证机构，使职业资格培训内容和人才培养规格国际化。

4. 开展"双证互通"试点，逐步建立起"双证互通"的桥梁

"双证互通"是指符合条件的高等职业学校毕业生在获得学历证书的同时，可取得相应的职业资格证书；符合条件的技工学校的学生在毕业时也可获得中等职业学校的毕业生证书。在职业学校推行"双证互通"，是落实党中央关于"在全社会实行学业证书、职业资格证书并重制度"的重要举措，是适应经济社会发展、培养大量高素质劳动者的需要。

真正意义上的"双证互通"，不是两种证书的简单互认，而是两种证书在知识结构与职业能力特征等方面的互通与融合，是两类证书内涵的衔接与对应。

但目前的"双证互通"往往是高职院校自发的，尚停留在表面形式上的互通，而从我国职业教育体系与国家职业资格证书制度体系来看，真正的"双证互通"应当是自上而下的。根据教育部和人事部《关于进一步推动职业学校实施职业资格证书制度的意见》中关于"选择部分具备条件的高等职业院校的主体专业，推行在学生取得学历证书的同时，直接取得职业资格证书的试点工作"文件的精神，

建议由劳动部门、教育部门和相关行业主管部门共同组织专家，研究确定进行试点的高职专业及其教学标准的总体框架，以确保高职院校的专业教学内容能够涵盖相应的国家职业资格标准，并设立专门的高职院校职业资格认证管理机构。积极开展试点工作，探索学历证书与职业资格证书互通互认办法，不同类型的职业学校在同一层次内实行理论知识测试互认、互通。学历证书与职业资格证书所需要的理论知识和相关知识测试实行一考多用，互认、互通，条件成熟后逐步推广，使学生在校学习期间就能取得相应的职业资格证书，避免重复培训，减轻其考证负担。

5. 加大对高等职业教育经费的投入

高等职业教育实践性教学比重大，对师资培训要求高，职业技能训练必须的实验实训场所、设备投入较大，办学成本相对较高。由于受经费制约，目前高职院校的实训条件、师资队伍相对比较薄弱，很大程度上影响了职业教育质量的提高。建议政府部门继续加大对职业院校的经费投入和政策扶持力度。以改善高职院校办学条件，保证"双证书"制度的顺利实施。

第 3 章　校企合作、双证融通的专业教学实施规范

教学实施规范首先是结构上的规范，规范的制定，必须包含专业人才培养过程中的校企合作、双证融通、师资队伍、课程体系等一系列必要元素。专业教学实施规范的主要结构包含以下内容。

3.1　专业概览

专业概览包括专业名称、专业代码、招生对象、标准学制四个方面的严谨描述，是专业内容的规范性描述。

专业名称必须与《中国普通高等学校高职高专教育指导性专业目录》相符合。

专业代码是指大学（包括专科学校）所开设的专业的代码，也需与《中国普通高等学校高职高专教育指导性专业目录》相符合。

招生对象确定了专业教学实施规范所针对的学生对象，不同类型的学生来源将直接影响到专业教学实施规范的制定。

标准学制确定了人才培养的时间周期，是人才培养过程的时间标准。

3.2　就业面向

就业面向包括就业面向岗位、岗位工作任务与内容以及岗位能力要求。

就业面向岗位必须明确指出该专业培养学生所服务的企业工作岗位，岗位必须描述准确、真实存在。

岗位工作任务与内容必须清晰地描述就业岗位所定义的工作任务，并对工作任务的具体内容给出清晰的描述。岗位工作任务与内容通过表格形式描述，表格结构如表 3.1 所示。

表 3.1　**专业相关职业岗位与工作任务、工作内容对应表

序号	岗位名称	工作任务	工作内容
1			

续表

序号	岗位名称	工作任务	工作内容
...			

岗位能力要求包含学生从事具体岗位所需要的知识能力、操作能力、素质能力，具体包括其掌握的理论能力、技能性能力、操作具体工具的能力，沟通交流、执行力等素质能力。岗位能力要求通过表格形式描述，表格结构如表 3.2 所示。

表 3.2　**专业相关职业岗位及能力要求

序号	职业岗位	能力要求
1		
...		

3.3　专业目标与规格

专业目标与规格包括专业培养目标、专业培养规格以及毕业资格与要求。

专业培养目标应全面描述专业培养人才所服务的地域、区域和行业、企业类型，人才基本道德要求，人才层次，就业岗位类型等内容。

专业培养规格包括人才的素质结构、知识结构以及专业能力。素质结构包含人才的思想政治素质，如科学的世界观、人生观和价值观，践行社会主义荣辱观、具有爱国主义精神，具有责任心和社会责任感，具有法律意识等；文化科技素质如合理的知识结构和一定的知识储备，具有不断更新知识和自我完善的能力，具有持续学习和终身学习的能力，具有一定的创新意识、创新精神及创新能力，具有一定的人文和艺术修养，具有良好的人际沟通能力等；专业素质；职业素质如良好的职业道德与职业操守；具备较强的组织观念和集体意识等；身心素质如健康的体魄和良好的身体素质，拥有积极的人生态度和良好的心理调适能力等。知识结构包括人才的工具性知识如外语、计算机基础等；人文社会科学知识如政治学、社会学、法学、思想道德、职业道德、沟通与演讲等；自然科学知识；专业技术基础知识；专业知识等。专业能力包括职业基本能力；专业核心能力；方法能力；工程实践能力；组织管理能力等。

毕业资格与要求包括学分、外语、实习实践等方面的要求，职业教育专业人才培养十分重视学生的技能，因此在实施规范的毕业资格与要求中应该涵盖职业资格证书的要求。

3.4 职业证书

职业资格证书是劳动就业制度的一项重要内容，也是一种特殊形式的国家考试制度。它是指按照国家制定的职业技能标准或任职资格条件，通过政府认定的考核鉴定机构，对劳动者的技能水平或职业资格进行客观公正、科学规范的评价和鉴定，对合格者授予相应的国家职业资格证书。

职业资格证书是表明劳动者具有从事某一职业所必备的学识和技能的证明。它是劳动者求职、任职、开业的资格凭证，是用人单位招聘、录用劳动者的主要依据，也是境外就业、对外劳务合作人员办理技能水平公证的有效证件。职业资格证书与职业劳动活动密切相关，反映特定职业的实际工作标准和规范。

实施规范中应根据人才培养的目标，人才的就业岗位，根据学生在学习过程中学习效果的不同，设置不同等级的证书要求。职业证书通过表格形式描述，表格结构如表 3.3 所示。

表 3.3 **级职业资格证书

序号	职业资格（证书）名称	颁证单位	等级
1			
2			
…			
…			
…			

3.5 课程体系与核心课程

课程体系与核心课程包括课程体系与核心课程的建设思路、课程设计、主干课程知识点设计、教学计划。

课程体系与核心课程的建设思路首先应该进行"岗位→能力→课程"反推，专业课程体系的设计应面向职业岗位，由职业岗位分析并得到本专业职业岗位群中每一个岗位所需要的岗位能力。在此基础上进行能力的组合或分解，得出本专业的主要课程。"岗位→能力→课程"表结构如表 3.4 所示。

表 3.4　"岗位→能力→课程"表

职业岗位	能力要求与编号	课程名称
…	C1-1: C1-2:	…

　　建设思路应强调"理论与实践教学一体化"，首先体现基础知识的系统性培养，在学制中统筹安排、课内外结合，对思想政治、就业指导等课程的课程内容、教育形式进行确定。基础性课程需围绕专业能力、服务于专业教学，对于电子信息类专业普遍开设的课程，如数学、外语等课程的课程内容、组织形式、教学方法给出描述。同时建立实践动手能力培养系统，进一步强化学生动手能力的培养，突出以实践为重点，实现培训高素质技能型专门人才的目标，应建立相对独立的实践教学体系。实践体系结构表如表 3.5 所示。

表 3.5　**专业实践体系

序号	实践名称	设计目的	开设时间	主要培养能力
1	…			
2	…			
3	…			

　　建设思路必须涉及双证书课程的设计、开发，根据毕业资格要求，毕业生需具备两个证明学生能力和水平的证书：一是学历证，二是职业资格证。它们既反映学生的基础理论知识的掌握程度，又能反映学生实践技能的熟练程度。建议高校通过专业课程，结合专业选修课，将相关企业认证融入课程内容。

　　课程设置根据"岗位→能力→课程"的基本过程，以培养学生编程能力为中心，进行职业基本素质课程的系统化设计，在技能培养过程中融入职业资格证书课程。在此基础上，明确各课程模块对应的主要课程，构建专业课程体系。专业课程体系应包括基础课程、专业基础课程、专业核心课程、实践实训课程的分类描述。

　　主干课程知识点设计中描述本专业 20 门左右的主干课程的知识点和技能点，应重点突出实训课程和双证课程。

教学计划是专业课程实施的规范化、标准化描述，是教学活动实际执行的指挥棒。教学计划应以表格形式制定，表格结构如表 3.6 所示。

表 3.6 　**专业参考教学计划

课程类别	课程性质	序号	课程名称	总学分	总学时	其中				建议修读学期与学时分配						备注
						课内		课外		第一学年		第二学年		第三学年		
						理论	实践	理论	实践	1	2	3	4	5	6	
必修课程	公共基础课程															
	小　计															
	职业平台课程															
	职业能力课程															
	实践实训课程															
	小　计															
选修课程	专业选修课															
	公共选修课															
	小　计															

3.6　人才培养模式改革

人才培养模式改革包含教学模式以及教学方法、教学过程的考核与评价、教学质量监控三个方面的改革举措。

教学模式设计的核心标准是强化学生的技能培养，可使用工学结合，如课堂与项目部一体化教学模式、理论实践一体化教学模式、项目式教学模式、"产学"结合教学模式。针对各专业的不同特点有针对性的使用。

教学方法应针对课程类型的不同、学生特点的不同进行设计和选用。建议的教学方法包括项目教学法、任务驱动法、角色扮演法、分组讨论法、启发式教学法、探究式教学法、鼓励教学法等。

教学过程的考核与评价标准要以对学生的知识、能力、素质综合考核为目标，积极开展考核改革，建立科学合理的考核评价体系，能够全面客观地反映学生学习业绩，从而引导学生自主学习，不断探索，提高自身综合运用知识的能力和创新能力。教学过程考核与评价标准应集知识、能力、素质考核于一体，同时引入网上评分等新颖的考核评价方式，开发考核评分系统，将学生的课外项目成果进行网上评分，由学生自评、互评，校内校外学生、教师和其他任何人员均可进行评价，随时可以统计出评分和排名情况，通过展示项目成果并将成果作为回报奖励给学生，使之有一种成就感。

教学质量监控应描述如何监控人才培养目标的实现情况、人才培养过程的实施情况、人才培养质量的高低情况。实施规范中需提出具体有效的监控方法。

3.7　专业办学基本条件

专业办学基本条件包括教材建设、网络资源建设、教学团队配置、实训基地建设四个方面。

教材建设方面，目前电子信息类专业的教学中，不仅需要适合市场和行业需求的前沿课程体系，也需要制定课程体系中各门课程的课程标准，以规范课程的前后序关系和课程的主要教学内容、实训内容、考核机制以及教学方法等。除了这些教学文件外，教师和教材是良好教学质量保证的重要因素。其中教师作为教学的主体，肩负着引导学生，激发学生的学习兴趣，将课程内容有效地传授给学生的任务。而教材作为教学内容的载体，可以呈现课程标准的内容，同时也可以体现教学方法。一门课程除了需要优秀的教师外，内容适度、结构合理的教材也是十分重要的。建议可以从"理论实践一体化"教材的建设、基于"课程群"进行系列教材的系统开发、打造精品教材、贴合学生特点自编特色教材四个方面加强教材建设。

网络资源建设方面，为了构筑开放的专业教学资源环境，最大限度地满足学生自主学习的需要，进一步深化专业教学内容、教学方法和教学手段的改革，各专业可以配合国家级教学资源库的建设，构建体系完善、资源丰富、开放共享式的专业教学资源库。网络资源建设应以表格形式描述，表格结构如表 3.7 所示。

表 3.7 专业教学资源库的配置与要求

大类	资源条目	说明	备注
专业建设方案库	职业标准		专业基本配置
	专业简介		
	人才培养方案		
	课程标准		
	执行计划		
	教学文件		
优质核心课程库	电子教案		专业基本配置
	网络课程		
	多媒体课件		
	案例库（情境库）		
	试题库或试卷库		
	实验实训项目		
	教学指南		
	学习指南		
	录像库		
	学生作品		
素材库	文献库		专业特色选配
	竞赛项目库		
	视频库		
	友情链接		
自主学习型课程库	自主学习网络资源		
开放式学习平台	开放式学习平台		

教学团队配置方面，师资队伍是在学科、专业发展和教学工作中的核心资源。师资队伍的质量对学科、专业的长远发展和教学质量的提高有直接影响。高职院校人才的培养要体现知识、能力、素质协调发展的原则，因此，要建立一支整体素质高、结构合理、业务过硬、具有实践能力和创新精神的师资队伍。专业教学团队配置应包括师资队伍的数量与结构，教师知识、能力与素质，师资队伍建设途径三个方面。师资队伍的数量与结构应描述师资队伍的数量、师资队伍结构两个方面；教师知识、能力与素质应包含对教师的知识要求、能力要求、素质要求三个方面。师资队伍建设途径应从专业带头人培养、骨干教师培养、兼职教师队伍建设三个方面描述。

实训基地建设方面，各专业应从教学环境、教学平台、教学目标方面分析本专业的实训室建设要求。实训基地建设从空间上应包括校内实训（实验）基地建设、校外实训基地建设两个方面。校内实训（实验）基地应建设成具有企业氛围的"理实一体"专业实训室，引企入校共建实训室及生产型教学公司。校内实训基地建设方案应以表格形式描述，表格结构如表 3.8 所示。

表 3.8　**专业各实训室建议方案

序号	实训室名称	设备名称	数量	实训内容	备注
1	...				
2	...				

校外实训基地是指具有一定规模并相对稳定的，能够提供学生参加校外教学实习和社会实践的重要实训场所。校外实训基地是高职院校实训基地的重要组成部分，是对校内实训的重要补充和扩充，是"工学交替、校企合作"的重要形式。校外实习基地可以给学生提供真实的工作环境，使学生直接体验将来的职业或工

作岗位，校外实训基地建设要体现"校外实习实训与学校教学活动融为一体"、"校外实习实训基地与就业基地融为一体"、"学生校外实习实训提高技能与企业选拔人才过程融为一体"、"学生校外实习实训基地建设与学生的创新能力和创业能力培养融为一体"。

3.8 校企合作

校企合作是以学校和企业紧密合作为手段的现代教育模式。职业技术院校通过校企合作，能够使学生在理论和实践相结合的基础上获得更多的实用技术和专业技能。要保证职业教育的校企合作走稳定、持久、和谐之路，关键在于校企合作机制的建设。校企合作包括合作机制和合作内容两个方面。

合作机制方面专业规范需描述校企合作的政策机制、效益机制以及评价机制三个方面的内容。合作内容方面需要体现人才培养方案、实习实训基地建设、开发建设教学资源、教学团队培养、为企业提供社会服务等方面的内容。

3.9 技能竞赛

技能竞赛是专业教学的必要内容，是提高学生学习兴趣、检验学生学习效果、鼓励学生自主学习的有效手段。专业实施规范应将专业技能竞赛的内容包含在内。技能竞赛应描述包括竞赛设计思想、竞赛目的、竞赛内容、竞赛形式三个方面的内容。有条件的专业应在设计实施规范时将该专业学生可以参加的省、市、国家级赛事涵盖其中。并对比赛人员的筛选方式、培训内容及培训形式进行描述。比赛内容部分应以表格形式描述，表格结构如表 3.9 所示。

表 3.9 "**"竞赛评分细则

评分项目	技术要求	分数	评分标准	扣分标准

第二部分

电子信息类专业教学

实施规范案例

第4章 计算机网络技术专业教学实施规范

4.1 专业概览

1. 专业名称：计算机网络技术
2. 专业代码：590102
3. 招生对象：普通高中（或中职）毕业生和同等学历者
4. 标准学制：三年

4.2 就业面向

1. 就业面向岗位

本专业毕业生的就业主要面向 IT 企业、政府机关和企事业单位，适应生产、建设、管理和服务第一线需要的计算机网络管理员、网站管理员、网络工程师。

2. 岗位工作任务与内容

计算机网络技术专业相关职业岗位与工作任务、工作内容的对应关系如表 4.1 所示。

表 4.1　计算机网络技术专业相关职业岗位与工作任务、工作内容对应表

序号	岗位名称	工作任务	工作内容
1	计算机网络管理员	网络管理	监视网络运行状况，判断网络设备是否工作正常，保障网络的正常可靠高速运行，合理调度、分配网络带宽，合理区域划分
		网络设备的使用及网络系统维护	网络设备的安装、配置与维护，能够使用网络实用工具程序和网络管理工具进行网络的监控和管理，网络系统性能分析、优化及故障排除
		服务器系统维护	服务器系统的安装与配置，网络应用服务器的安装与配置
		网络安全	能够进行网络安全维护与网络攻击防范，保障系统连续可靠正常地运行，网络服务不中断，网络系统的硬件、软件及其系统中的数据受到保护

续表

序号	岗位名称	工作任务	工作内容
2	网络工程师	网络规划	设计与搭建各种类型不同规模、不同需求的网络
		网络组建与配置	熟悉网络设备的功能，网络设备的配置与调试，根据网络规划书搭建网络以及进行网络集成
		网络综合布线	网络综合布线、网络施工
		网络验收	网络验收的设计和组织
3	网站管理员	网站设计与开发	网页设计与制作，网站设计、网站建设与维护
		数据库管理	数据库系统的配置与优化，数据的备份与恢复
		系统维护	网站的信息发布和日常维护，企业 B/S 结构的电子商务和管理信息系统的应用
		编写文档	完成网站系统详细设计说明书、开发日志和测试用例等相关文档的编写

3. 岗位能力要求

计算机网络技术专业相关职业岗位及能力要求如表 4.2 所示。

表 4.2　计算机网络技术专业相关职业岗位及能力要求

序号	职业岗位	能力要求
1	计算机网络管理员	1. 能保障网络的正常可靠高速运行 2. 能运用网络工具进行网络的监控和管理 3. 能按照网络拓扑图进行网络设备的安装、配置与维护 4. 能正确进行服务器系统的安装与配置 5. 能根据需求进行网络应用服务器的安装与配置 6. 能进行网络安全维护与网络攻击防范 7. 能进行网络系统性能分析、优化及故障排除 8. 能与客户和团队成员进行友好沟通交流
2	网络工程师	1. 能根据需求进行网络规划 2. 能正确进行网络搭建 3. 能按要求进行网络设备的配置与调试 4. 能按照网络工程图进行网络综合布线 5. 能进行网络验收的设计和组织 6. 能与客户和团队成员友好沟通交流
3	网站管理员	1. 能进行网页设计与制作 2. 能进行网站设计、网站建设与维护 3. 能进行网站的信息发布和日常维护 4. 能进行数据库的维护、数据备份与恢复 5. 能规范地书写网站设计、开发、测试文档 6. 能与客户和团队成员友好沟通交流

4.3 专业目标与规格

4.3.1 专业培养目标

本专业主要服务信息技术企业，培养与社会主义现代化建设要求相适应的、德、智、体、美全面发展的，适应生产、建设、管理和服务第一线需要的，具有良好的职业道德和敬业精神的，掌握网络搭建、网络配置、网站开发相关基础知识和具备网络管理、网络搭建、综合布线、网站维护等动手能力强的高素质技能型专门人才。

4.3.2 专业培养规格

1. 素质结构

（1）思想政治素质。

具有科学的世界观、人生观和价值观，践行社会主义荣辱观；具有爱国主义精神；具有责任心和社会责任感；具有法律意识。

（2）文化科技素质。

具有合理的知识结构和一定的知识储备；具有不断更新知识和自我完善的能力；具有持续学习和终身学习的能力；具有一定的创新意识、创新精神及创新能力；具有一定的人文和艺术修养；具有良好的人际沟通能力。

（3）专业素质。

掌握网络搭建、网络配置、网站开发系统基础知识和具备网络管理、网络搭建、综合布线、网站维护等系统动手能力的高素质技能型专门人才。

（4）职业素质。

具有良好的职业道德与职业操守；具备较强的组织观念和集体意识。

（5）身心素质。

具有健康的体魄和良好的身体素质；拥有积极的人生态度和良好的心理调适能力。

2. 知识结构

（1）工具性知识。

外语、计算机基础等。

（2）人文社会科学知识。

政治学、社会学、法学、思想道德、职业道德、沟通与演讲等。

（3）自然科学知识。

数学等。

（4）专业技术基础知识。

- 策划、组织和气撰写技术报告及文档写作技巧与方法；
- 本专业技术资料的阅读；
- 基本的编程思想、程序设计基础知识及编程规范；
- 计算机组装与维护，计算机硬件故障的检测与维护，简单服务器架设；
- 产品推销的方式和技巧，基本的市场营销知识。

（5）专业知识。

- 网络的监控和管理；
- 网络设备的安装、配置与维护；
- 服务器系统的安装与配置；
- 网络应用服务器的安装与配置；
- 网络安全维护与网络攻击防范；
- 网络综合布线；
- 网站设计与开发。

3. 专业能力

（1）职业基本能力。

- 良好的沟通表达能力；
- 计算机软硬件系统的安装、调试、操作与维护能力；
- 利用 Office 工具进行项目开发文档的整理（Word）、报告的演示（PowerPoint）、表格的绘制与数据的处理（Excel），利用 Visio 绘制网络拓扑图的能力；
- 阅读并正确理解需求分析报告和网络建设方案的能力；
- 阅读本专业相关中英文技术文献、资料的能力；
- 熟练查阅各种资料，并加以整理、分析与处理，进行文档管理的能力；
- 通过系统帮助、网络搜索、专业书籍等途径获取专业技术帮助的能力。

（2）专业核心能力。

- 监视网络运行状况的能力；
- 网络系统需求分析能力；
- 网络系统配置与规划能力；
- 服务器系统的安装与配置能力；
- 网络应用服务器的安装与配置能力；
- 网络拓扑图绘制的能力；

- 主流关系数据库管理能力；
- 中小型 Web 应用程序开发能力；
- 网络安全维护与网络攻击防范能力；
- 网站的建设与维护能力；
- 网络综合布线能力；
- 相关工程文档的编写能力。

4．其他能力

（1）方法能力：分析问题与解决问题的能力；应用知识的能力；创新能力。

（2）工程实践能力：人员管理、时间管理、技术管理、流程管理等能力。

（3）组织管理能力。

4.3.3　毕业资格与要求

（1）学分：获得本专业培养方案所规定的学分。

（2）职业资格（证书）：至少取得一项初级或中级职业资格（证书）。

（3）外语：通过高等学校英语应用能力等级考试，获得 B 级（或以上）证书（其他语种参考此标准）。

（4）顶岗实习：参加半年以上的顶岗实习并成绩合格。

4.4　职业证书

实施"双证制"教育，即学生在取得学历证书的同时，需要获得计算机网络技术相关职业资格证书。本专业学生可以获得的初级职业资格证书如表 4.3 所示。

表 4.3　初级职业资格证书

序号	职业资格（证书）名称	颁证单位	等级
1	网络管理员	人力资源和社会保障部、工业和信息化部	初级
2	网页制作员	人力资源和社会保障部、工业和信息化部	初级
3	计算机网络管理工程师技术水平证书	工业和信息化部	初级
4	计算机网络组建工程师技术水平证书	工业和信息化部	初级
5	计算机网络信息安全工程师技术水平证书	工业和信息化部	初级
6	计算机程序设计工程师技术水平证书	工业和信息化部	初级

对于本专业的毕业生要求必须获取以上初级职业资格证书之一，并鼓励和支持学生努力获取中级职业资格证书。本专业学生可以获得的中级职业资格证书如表 4.4 所示。

表 4.4　中级职业资格证书

序号	职业资格（证书）名称	颁证单位	等级
1	网络工程师	人力资源和社会保障部、工业和信息化部	中级
2	信息安全工程师	人力资源和社会保障部、工业和信息化部	中级
3	信息技术支持工程师	人力资源和社会保障部、工业和信息化部	中级
4	信息系统管理工程师	人力资源和社会保障部、工业和信息化部	中级
5	Cisco 认证证书或华为认证证书	Cisco 公司或华为公司	中级

4.5　课程体系与核心课程

4.5.1　建设思路

1. "岗位→能力→课程"的建设步骤

计算机网络技术专业课程体系的设计面向职业岗位，由职业岗位分析得到本专业职业岗位群中每一个岗位所需要的岗位能力。在此基础上进行能力的组合或分解，得出本专业的主要课程。具体内容如表 4.5 所示。

表 4.5　"岗位→能力→课程"表

职业岗位	能力要求与编号	课程名称
网络管理员	C1-1：能够使用一种网络管理软件进行网络监控和管理 C1-2：能够识别基本网络互联协议 C1-3：能能够正确连接网络设备 C1-4：能够进行基本的网络配置 C1-5：能够绘制网络拓扑图 C1-6：能够在服务器上进行一种操作系统的安装、配置和性能优化 C1-7：能够在一种操作系统上进行网络应用服务器的安装与配置 C1-8：能进行网络安全维护与网络攻击防范 C1-9：能与客户和团队成员进行友好沟通和交流	微机组装与维护 计算机网络基础 网络操作系统 网络互联技术 网络架构与活动目录 网络安全 Linux 操作系统

续表

职业岗位	能力要求与编号	课程名称
网络工程师	C2-1：能根据需求进行网络规划 C2-2：能正确进行网络搭建 C2-3：能按要求进行网络设备的配置与调试 C2-4：能按照网络工程图进行网络综合布线 C2-5：能够进行网络系统故障定位和排除 C2-6：能进行网络验收的设计和组织 C2-7：能阅读和编写规范的工程文档 C2-8：能与客户和团队成员友好沟通和交流	网络互联技术 高级路由交换技术 网络综合布线技术 计算机网络工程
网站管理员	C3-1：能熟练搭建 Web 软件开发和测试环境 C3-2：能按照软件工程规范完成详细设计 C3-3：能设计和实现数据库 C3-4：能设计简单页面 C3-5：能利用 ASP.NET 编程实现系统功能 C3-6：能优化和改善用户体验 C3-7：能阅读和编写规范的软件文档 C3-8：能与客户和团队成员友好沟通和交流	程序设计基础 C#程序设计 数据库原理及应用 网页制作技术 网页综合 Windows 程序设计-C# Web 程序设计 应用软件开发
上述所有职业岗位	C0-1：具有良好的组织观念与集体意识 C0-2：具有工程管理能力 C0-3：具有较强的信息搜索与分析能力 C0-4：具备较好的文档处理和管理能力 C0-5：具备一定的英文阅读能力 C0-6：具备新知识、新技术的学习能力 C0-7：具备自我职业生涯规划能力	计算机应用基础 认知实习（企业） 应用写作 英语 专业英语 应用软件开发 职业指导

2. 理论与实践教学一体化

依托信息产业优势，强化工学结合，实施"工学交替、课堂与项目部一体化"的人才培养模式，实现"理论实践一体化"教学，就是要将培养学生实践动手能力的系统，与培养学生可持续发展能力的基础知识系统灵活、交叉地进行应用，构建与实践教学相融合的基础知识培养系统，在强调以实践能力为重点的基础之上，也要重视理论知识的学习，真正为实现专业人才培养目标服务。

（1）基础知识培养系统。

● 三年统筹安排、课内外结合。

思想政治课教学从高职学生的实际出发，建议全部采用案例教学，以增强教学的针对性、实效性，将社会实践、竞赛、主题班会等纳入课程模块。教学形式上采用主题演讲、辩论赛、案例讨论、实地调研、专家讲座、观看电视片、拍摄校园内热点难点问题等方式。改革教学考核评价，课程成绩由任课教师、辅导员、班主任、团委共同评价，将学生日常行为和实习表现作为课程考核的一部分。

职业指导课程设计应体现全面素质发展与专业能力培养相结合，按照学习知识、具备能力、发展自己、发展社会的多层次培养目标进行设计。课程内容建议通过三个学年的多个模块（如专业教育、岗位体验指导、职业指导课、专业技术应用指导、预就业顶岗实习指导、预就业指导）全程化服务于学生就业和创业教育，服务于专业人才培养目标。

● 围绕专业能力、服务于专业教学。

英语课教学可以进行情境教学和分层教学，通过开放语音室、建立英语角、举办英语剧比赛、播放英语广播等方式，培养学生听、说、读、写、译的能力。计算机专业英语则直接用企业的技术资料（如帮助文档、技术手册）作为教学材料。计算机应用基础可以通过求职简历、学生毕业设计等作为案例贯穿整个教学过程。

（2）实践动手能力培养系统。

为进一步强化学生动手能力的培养，突出以实践为重点，实现培训高素质技能型专门人才的目标，应建立相对独立的实践教学体系。建议设计的计算机网络技术专业实践体系如表 4.6 所示。

表 4.6　计算机网络技术专业实践体系

序号	实践名称	设计目的	开设时间	主要培养能力
1	入学军训	培养吃苦耐劳的精神，锻炼健康的体魄	第 1 学期	社会能力
2	社会实践	尽早接触社会，坚定为社会主义服务的理想，培养沟通和表达能力	第 1 学期暑期	社会能力
3	认知实习（企业）	将职业精神和企业文化教育融入实践教学环节，培养学生的综合职业能力	第 2 学期	社会能力、专业能力
4	高级路由交换技术实训	培养网络规划、大型企业级路由、交换的高级配置和网络安全配置能力	第 4 学期	专业能力
5	网络安全实训	培养网络安全维护与网络攻击防范能力	第 4 学期	专业能力
6	职业技能鉴定实训	获得相关职业技能鉴定证书	一年 1 期和三年 1 期	专业能力

序号	实践名称	设计目的	开设时间	主要培养能力
7	毕业设计	综合应用专业知识，强化项目开发能力、工程实践能力，提升分析问题和解决问题能力	第5学期	专业能力
8	顶岗实习	锻炼意志、感受企业文化，进一步培养良好的职业习惯并遵循良好的规范	第6学期	专业能力、社会能力

3. 双证书课程

根据毕业资格要求，本专业毕业生需具备两个证明学生能力和水平的证书：一是学历证，二是职业资格证。它们既反映学生基础理论知识的掌握程度，又反映实践技能的熟练程度。建议计算机网络技术专业通过"计算机网络基础"、"网络互联技术"等专业基础，结合专业选修课，将相关企业认证融入课程内容。

4.5.2　课程设置

根据"岗位→能力→课程"的基本过程，以培养学生岗位职业能力为中心，进行职业基本素质课程的系统化设计，在技能培养过程中融入职业资格证书课程。在此基础上明确各课程模块对应的主要课程，构建计算机网络技术专业的课程体系。

1. 基础课程

思想道德修养与法律基础，毛泽东思想、邓小平理论和"三个代表"重要思想概论，形势与政策，军事理论，英语，数学，体育与健康，职业道德与就业指导。

2. 专业基础课程

微机组装与维护、计算机网络基础、网络操作系统、C#程序设计、Windows程序设计——C#、网页制作技术、数据库原理及应用、网络互联技术、网络综合布线技术。

3. 专业核心课程

高级路由交换技术、网络安全、计算机网络工程、网络架构与活动目录、Web程序设计。

4. 实践实训课程

入学军训、社会实践、认知实习（企业）、高级路由交换技术实训、网络安全实训、职业技能鉴定实训、毕业设计、顶岗实习。

4.5.3 主干课程知识点设计

计算机网络技术专业主干课程知识点说明如下：

1. 微机组装与维护

计算机的基本组成、计算机硬件的安装、计算机系统软件的安装、计算机软件系统的维护、计算机系统硬件的故障检测、常用工具软件的应用等。

2. 计算机网络基础

计算机网络的定义、计算机网络的分类、计算机局域网的组建、主流网络操作系统、简单网络管理、Internet 及其应用、计算机网络安全、无线网等。

3. 网络操作系统

通过该门课程学习，让学生具备使用、维护网络操作系统，搭建各种网络服务，进行网络管理的能力。

4. C#程序设计

C#语言基础、数据类型、变量和常量、运算符和表达式、程序控制语句、数组、函数等。

5. Windows 程序设计——C#

Windows 应用程序的开发步骤及方法、常用控件的使用、ADO.NET、数据库编程、文件操作、系统的打包和布署等。

6. 网页制作与设计

安装配置 IIS、创建站点、基础网页制作、使用表格布局页面、使用框架布局页面、层的应用、浮动框架的应用、代码片断的应用、库项目的应用、模板的应用、图像的应用、多媒体元素的应用、网站上传、网站维护和更新等。

7. 数据库原理及应用

数据库技术基础、数据库操作、表的管理、数据查询、索引和视图操作、T-SQL基础和存储过程、数据库完整性、数据库安全性、数据管理、事务和锁、数据库设计、SQL Server 数据库应用程序开发等。

8. 网络互联技术

网络互联基础、TCP/IP 协议、路由器基础、路由协议、HDLC 和 PPP、帧中继、访问控制列表、网络地址转换、ISDN 以及局域网交换、利用网络设备（路由器和交换机）设计、构建和维护中小型的企业网络。

9. 网络综合布线技术

综合布线系统的标准、技术和产品，综合布线系统的规划、设计、实施、连接、管理、测试、验收和监理等内容。

10. 高级路由交换技术

组建和配置大型计算机网络、配置路由器和交换机。

11. 网络安全

安全体系结构与模型、网络中存在的安全威胁及防范措施，掌握黑客攻击的防御技术，包括密码知识和应用，身份认证技术，网络防火墙技术，入侵检测系统、服务器系统的安全防护技术等。

12. 计算机网络工程

以太网和无线局域网技术、广域网和接入网技术、Internet 和网络互联技术、网络服务器的建立和管理、网络安全技术、网络需求与规划、网络设计、网络管理和维护等。

13. 网络架构与活动目录

使用、维护活动目录，对企业网络部设计布署合理的活动目录网络结构以及通过用活动目录的组策略管理网络资源的能力。

14. Web 程序设计

配置 ASP.NET 开发环境，常用 Web 服务器控件、服务器对象、数据验证控件、ADO.NET 数据库连接技术、数据控件、高级应用、安全配置和部署等。

15. 高级路由交换技术实训

需求确认、大型网络规划和配置核心知识、模块化网络的搭建配置与测试等操作技术。

16. 网络安全实训

网络安全体系设计、安全产品的选择和实施能力，以及利用工具软件对企业网络安全性分析、测试、评价和故障排除的能力。

4.5.4 参考教学计划

计算机网络技术专业参考教学计划如表 4.7 所示。

表 4.7 计算机网络技术专业参考教学计划

课程类别	课程性质	序号	课程名称	总学分	总学时	其中				建议修读学期与学时分配						备注
						课内		课外		第一学年		第二学年		第三学年		
						理论	实践	理论	实践	1	2	3	4	5	6	
必修课程	公共基础课程	1	公共英语	7	144											
		2	思想道德修养与法律基础	3	54	42			12	54						
		3	毛泽东思想和中国特色社会主义理念体系概论	4	72	60			12		72					

续表

课程类别	课程性质	序号	课程名称	总学分	总学时	其中				建议修读学期与学时分配						备注
						课内		课外		第一学年		第二学年		第三学年		
						理论	实践	理论	实践	1	2	3	4	5	6	
	公共基础课程	4	形势与政策	1	20			20		4	4	4	4	4		
		5	体育	4	72		72			36	36					
		6	应用写作	2	36	36						36				
		7	职业指导	2	36	36							36			
		8	心理健康教育	2	36	36							36			
	小　计			25	470	354	92		24	166	184	76	40	4		
必修课程	职业平台课程	9	微机组装与维护	2	36	20	16				36					
		10	计算机应用基础	3	54	28	26			54						
		11	数据库原理及应用	4	72	36	36			72						
		12	计算机网络基础	4	72	36	36			72						
		13	程序设计基础	4	72	36	36			72						
		14	网络操作系统	4	72	36	36					72				
	职业能力课程	15	网络互联技术	4	72	24	48					72				
		16	C#程序设计	6	108	54	54				108					
		17	网页制作技术	4	72	24	48					72				
		18	Windows 程序设计——C#	4	72	24	48					72				
		19	网络架构与活动目录	6	108	36	72					108				
		20	高级路由交换技术	5	82	34	48						82			
		21	Web 程序设计	6	108	36	72						108			
		22	网络综合布线技术	4	72	36	36						72			
		23	网络安全	5	82	34	48						82			
		24	计算机网络工程	4	72	24	48							72		
	实践实训课程	25	军训与入学教育	3	78				78	78						3w
		26	认知实习（企业）	1	26				26		26					
		27	高级路由交换技术实训	1	26				26				26			
		28	网络安全实训	1	26				26				26			
		29	顶岗实习	24	624				624						624	24w
		30	毕业设计	4	104				104					104		4w
	小　计			103	2110	518	864		728	348	242	324	396	176	624	

续表

课程类别	课程性质	序号	课程名称	总学分	总学时	其中				建议修读学期与学时分配						备注
						课内		课外		第一学年		第二学年		第三学年		
						理论	实践	理论	实践	1	2	3	4	5	6	
选修课程	专业选修课程	31	网页综合	4	72	24	48							72		
		32	Linux 操作系统	4	72	24	48							72		
	公共选修课程	33	人文素质类	6	108	108					36	36	36			
	小　计			10	180	132	48				36	36	36	72		
必修学时总计										2580						
学时总计										2760						
学分总计										138						

4.6　人才培养模式改革

4.6.1　教学模式和教学方法

1. 教学模式

（1）工学结合，课堂与项目部一体。

将学生的学业进展、职业定位和事业目标进行全盘考虑，以"将创新教育渗透在高职教育课程体系中"为原则，挖掘和培养学生的创造潜力，将"课堂学习"与"项目实训"融合，实现"PTLF"的教学模式。

（2）理论实践一体化教学模式。

教学过程要突出对学生职业能力和实践技能的培养，坚持理论教学为职业技能训练服务的原则，构建强化职业技能训练、重点培养和提高学生日后走向工作岗位所需的基本专业技能和综合职业素质的实践教学体系。

打破原来理论课程和实践教学分开的模式，充分利用实训环境和多媒体教学设备进行教学。教学过程中讲解与实践并行，讲解的目的是使实践教学成功开展，从而提高教学效果和学生的学习兴趣。一般"理论实践一体化"教学建议以 4 个课时为一个教学单元，实现"做、学、教"三位一体。

（3）项目式教学模式。

从学生出发，以学生为本，强调创设问题情境，引导学生感悟、理解知识，创造和发现知识的方法，加强学生能力的培养，注重学生的合作，提高学生解决实际问题的能力，进行项目式教学改革。

根据项目实施要求，引导学生利用课程网络学习平台丰富的资源、专业网站、工具书籍等方法进行技能训练、项目实施。通过让学生亲自动手实践完成任务，从实践中汲取经验和技能。

（4）"产学"结合教学模式。

积极探索与行业、企业和科研单位的合作模式，大力加强校外实训基地建设。根据互惠互利、优势互补原则，加强人才培养的"产学"结合，有计划地安排学生参加校外实践教学，聘请校外有经验的工程技术人员到学校和现场进行教学，同时推荐品学兼优的学生到企业就业。

邀请企业技术、管理骨干组成专业实习指导委员会，参与实践教学计划的制定，并担任学生实习指导老师。对实习中的学生进行指导和管理，结合行业技术要求和标准对实习学生进行考核，并对学校的实践教学进行指导和评价。

2. 教学方法

转换师生角色，全面实施 PTLF 教学法，注重教学方法的开放性，即知识内容的开放性——课本知识和企业的生产实践有机结合，强调学生的经验、体验；人际关系的开放性——师生、生生之间的多边互动交流；教学气氛的开放性——活跃、民主、融洽、平等。构建第二课堂学习平台，将教学活动由课上延伸至课外，提供校内和企业各类课题，学生自主选择，提高学生自我学习和管理能力。主要可采用下列教学方法：

（1）项目教学法。

根据不同行业背景，选择工作项目，并将工作项目转换成教学项目。按照 APDCA（分析—计划—实施—检查—调整）项目运行流程，团队配合完成整个项目。项目实施参考流程如图 4.1 所示。

（2）任务驱动法。

以项目为载体设计学习情境，将项目按照工作流程分解成不同的任务。以学生为主体，通过工作任务驱动加强学生主动探究和自主学习能力的培养，让学生能够在"学中做、做中学"的过程中得到职业能力和职业素质的锻炼。

（3）角色扮演法。

在教学实施过程中，创建虚拟企业，拟设企业化教学情境，教师扮演项目总监/客户角色，既提出项目制作要求，又从技术和知识上对学生进行引导点拨；学生扮演企业员工，一方面学生能够按照公司员工的规范来严格要求自己，另一方面组织学生成立项目组，各项目组提供不同角色的素质要求和技能要求，可以使每个学生根据兴趣爱好、能力特长选择自己最适合的角色，参与到项目组工作中，这样既能让学生充分发挥个人所长，又能体会到团队互补合作的重要性。

项目实施流程	项目实施内容	项目资料	
		项目开发文档	教学资料
Analy-sis 项目分析与方案确认	1.技术总监（教师）与客户沟通洽谈； 2.明确项目开发背景、要求； 3.各项目组填写客户需求调研表； 4.客户提供已有的项目制作素材。	项目背景 项目素材 需求调研表	单元设计 教学课件 知技要点 实施素材 双语精髓 参考资料
Plan 项目计划制定	1.各项目组根据项目制作要求和项目组讨论结果形成项目建设方案和项目实施计划表； 2.客户项目建设方案和项目实施计划表； 3.双方签订协议书； 4.进行任务过程考核。	项目建设方案 项目实施计划表	
Do 项目实施	1.技术总监下达任务单； 2.项目经理组织小组设计师讨论，根据任务单的要求和6W1H原则制定任务实施方案； 3.各项目组完成全景图片拍摄任务，项目工作周报； 4.各项目组进行任务过程考核。	任务单 任务实施方案 项目工作周报 任务过程评价表 全景图片作品	
Check 项目检查	1.项目经理组织设计师完善项目作品； 2.汇报展示； 3.技术总监进行项目验收评价； 4.技术总监对项目提出改进意见。	汇报PPT 项目验收评价表	
Adjust 项目调整	1.项目经理组织设计师根据修改意见对作品进行修改和完善； 2.完成最终项目成品； 3.完成项目总结报告。	项目作品 项目总结报告	

图 4.1 项目实施参考流程

（4）分组讨论法。

各项目组推选一名学生作为项目经理，项目组实行学生自我管理，在小组讨论中成员可以彼此分享个人意见和见解，并鼓励性格内向的同学多表现，多沟通，通过分组讨论培养学生的沟通能力、团队精神、创新精神。

（5）启发式教学法。

在教学实施过程中，适当地创设"问题情境"，提出疑问以引起学生的注意和积极思维，激发学生强烈的探索、追求的兴趣，引导学生积极地找寻解决问题的方法，促进学生独立思考和独立解决问题的能力。

（6）探究式教学法。

构建第二课堂学习平台，将教学活动由课上延伸至课外，通过提供校内和企业各类课题，使学生自主选择；采用探究式教学法，提高学生自我学习和管理能力；同时教师提供项目实施要求等，引导学生利用虚拟机，仿真器，本课程网络学习平台丰富的资源、参考专业网站、工具书籍等方法进行技能的学习。教师在整个过程中担任专业技术顾问工作，协助学生分析任务完成的步骤和技术要点，做到课前引导学生自学探索，课后协助学生巩固拓展，让学生通过自我动手实践完成任务，从实践中汲取经验和技能。

（7）鼓励教学法。

把企业的项目汇报和晨会等环节引入教学，安排一定课时用于学生工作成果汇报。教师站在项目总监或客户的角度进行鼓励性评价，激发学生表达欲望，让他们感受到工作成果获得认可的喜悦和成就感。在展示评价的过程中，不同项目组之间、师生之间也能进行思维碰撞，拓展思维空间和眼界。

4.6.2　教学过程考核与评价

课程的考核标准要以对学生的知识、能力、素质综合考核为目标，积极开展考核改革，建立科学合理的考核评价体系，能够全面客观地反映学生学习成绩，从而引导学生自主学习，不断探索，提高自身综合运用知识的能力和创新能力。

1. 知识、能力、素质考核于一体

在教学实施过程中要明确考核标准，并根据课程特点制定合理的评价标准，考核评价由过去单纯的卷面考试逐步改为多种方式并举，建议在考核过程中采用"四结合"原则，对学生进行多层次、多角度、全方位的职业技能和素质考核。

（1）把教学考核方法和企业工作效能考核方法相结合。

在项目实施中采用企业实战情景模拟，在考核上把企业中对员工的效能考核方式引入教学考核中，两者结合，设计基于教学、源于企业的考核标准。

（2）把教师考核和学生评价相结合。

项目实施中一方面由项目总监（教师）对项目组各位员工的工作进行评价；另一方面，每个项目组成员（学生）对自己的各阶段工作任务完成情况进行自评，再由项目组经理（组长）对其组员进行考核，通过三个不同的视角对学生进行更全面，更准确的评价。

（3）把技能考核和综合素质考核相结合。

在考核项目的设置中，不仅要注重对技术技能的考核，也加大了对于企业员工必要的基本职业素养，例如沟通表达能力、团队协作能力等方面考核的力度和比例。

（4）形成性评价和总结性评价相结合。

在每个项目实施过程中的每个任务都设置相应的任务考核表，每次任务考核的累积直接影响最终的课程考核，每个项目完成后，还通过项目验收的方式对项目完成情况进行考核，这使总结性考核有理有据，而且能更好地监测每个阶段的教学效果和学生各项能力的提升情况。

在过程考核时，还应对学生在项目实施过程中所体现出的企业规范化文档的编制能力、工程的管理能力、工程实施的规范性、知识应用能力、与人合作能力、吃苦耐劳精神、信息资料整理处理能力、自我学习能力等综合素质进行考核。

2. 项目成果和成员贡献评分

为了调动学生参与项目的积极性，激发学生的竞争意识，可以对各个项目组的成果进行评分，并对每个项目组成员在项目中的贡献进行评分，由学生自评、互评，教师和企业人员进行评价，统计出每个项目的评分和排名情况，以及对项目有突出贡献的学生排名，通过展示项目成果并将成果作为回报奖励给学生，使之有一种成就感。

4.6.3 教学质量监控

通过建立院、系（部、处）、教研室三级教学质量监控体系，不断完善各教育教学环节的质量标准，建立科学、合理、易于操作的质量监控、考核评价体系与相应的奖惩制度。形成教育教学质量的动态管理，促进合理、高效地利用各种教育教学资源，促进人才培养质量的不断提高，全面提升教育教学质量和人才培养工作的整体水平。

明确教学质量监控的目标体系：

（1）人才培养目标系统。其主要监控点为人才培养目标定位、人才培养模式、人才培养方案、专业改造和发展方向等；

（2）人才培养过程系统。其主要监控点为课程标准的制定和实施、教材的选用、师资的配备、课堂教学质量、实践性环节教学质量；

（3）人才培养质量系统。其主要监控点为课量、教学内容和手段的改革、考核方式和试卷质量等，制定相关的质量标准；课程合格率、各项竞赛获奖率、创新能力和科研能力、毕业率、就业率、就业层次、用人单位评价等。

按照 PDCA 模型建立相应的教学质量监控体系，如图 4.2 所示。

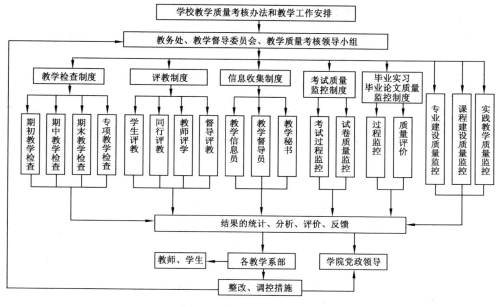

图 4.2　教学质量监控体系

4.7　专业办学基本条件和教学建议

4.7.1　教材建设

目前，在计算机网络技术专业的教学中，不仅需要适合市场和行业需求的前沿课程体系，也需要制定课程体系中各门课程的课程标准，以规范课程的前后序关系和课程的主要教学内容、实训内容、考核机制以及教学方法等。除了这些教学文件外，教师和教材是良好教学质量保证的重要因素。其中教师作为教学的主体，肩负着引导学生，激发学生的学习兴趣，将课程内容有效地传授给学生的任务。而教材作为教学内容的载体，可以呈现课程标准的内容，同时也可以体现教学方法。一门课程除了需要优秀的教师外，内容适度、结构合理的教材也是十分重要的。

针对目前的计算机网络技术专业教材的现状，建议从以下几个方面进一步优化教材的选用和加强教材的建设。

1. 加强"理论实践一体化"教材的建设

"理论实践一体化"的内涵应包括两个方面：一是教材中的教学载体的选择

应来源于企业的真实工程项目,以实现专业理论知识学习和企业实际应用的一体化,即"学为所用";二是教材设计要面向教学过程,合理设置理论教学和技能训练的环节,实现"教、学、做"合一,甚至是"教、学、做、考"合一。

在计算机网络技术专业"理论实践一体化"的教材中,应以真实的网络技术工程项目为中心,每一章节(教学单元)建议按照教学导航、课堂讲解、课堂实践、课外拓展的环节开展教学。在相关的教学单元结束后,通过"单元实践"进一步提升技能;相关课程结束后,通过"综合实训"综合课程知识和技能。这样,由浅入深并围绕实际网络技术工程项目的开发组织教学。

2. 基于"课程群"进行系列教材的系统开发

教材是课程实施的有效保障,是达成专业培养目标的有效载体。计算机网络技术专业教材的建设要站在专业的高度,按照"岗位→能力→课程→教材"的过程进行系统的考虑。从实际岗位中提炼岗位能力,岗位能力回归到知识点和技能点,定位到课程,落实到教材。

教材开发过程中应充分考虑相关联的课程群,既要面向实际的工作过程,也要考虑课程之间的关联性,尽量保证学科体系的系统性。

3. 打造精品教材

国家级的规划教材和国家级精品教材以及教指委的优秀教材代表了特定阶段教材建设的水平,在教材建设过程中应充分把握好各种机会,多出精品教材,为专业教学提供良好的保障。

4. 贴合高职学生特点自编特色教材

自编特色教材要打破传统的"重理论,轻实践;重知识,轻技能;重结果,轻过程"的编写模式,要更加注重学生的学习过程,按照工作过程来编写基于网络技术项目化特色教材。以学生为中心,以紧贴生产实际的最新网络技术,联合企业一线网络工程师、网络技术专家,合作完成教材编写。让学生能够从教材中获得更多的实际工作中实战性的知识和技能,在工作过程中得到职业情境的熏陶和工作过程的体验,从而真正掌握就业所必备的技术知识和职业能力。

4.7.2　网络资源建设

为构建开放的网络专业教学资源环境,最大限度地满足学生自主学习的需要,进一步深化专业教学内容、教学方法和教学手段的改革,计算机网络技术专业可配合省市级教学资源库的建设,构建体系完善、资源丰富、开放共享式的专业教学资源库。其基本配置与要求如表4.8所示。

表 4.8　专业教学资源库的配置与要求

大类	资源条目	说明	备注
专业建设方案库	职业标准	包括网络行业相关职业标准、行业相关报告等	专业基本配置
	专业简介	介绍网络专业的特点、面向的职业岗位群、包含的课程等	
	人才培养方案	包括专业目标、职业岗位分析、专业定位、课程体系、核心课程、课程内容描述	
	课程标准	专业核心课、专业素质与技能课程课程标准	
	执行计划	近三年的供参与的专业教学计划	
	教学文件	网络专业教学管理有关文件	
精选核心课程库	电子教案	主要包括项目教学的教学目标、项目教学任务、教学内容、教学重点难点、教学方法建议、教学时间分配、教学设备和环境、教学总结等	专业基本配置
	网络课程	基于 Web 网页形式自主学习型网络课程；基于教师课堂录像讲授型网络课程	
	多媒体课件	优质核心课程课件	
	案例库（情境库）	以一个完整的案例（情境）为单元，通过阅读、学习、分析案例，实现知识内容的传授、知识技能的综合应用展示、知识迁移、技能掌握等，至少有 4 个以上的完整案例	
	试题库或试卷库	主要包括题库，可以分为试题库和试卷库，试题库按试题类型排列，试题形式多样，以实用为主，兼有主观题和客观题	
	实训（实验）项目	主要包括实训（实验）目标、实训（实验）设备和环境、实训（实验）要求、实训（实验）内容与步骤、实训（实验）项目考核和评价标准、实训（实验）作品或结果、实训（实验）报告或总结、实训（实验）操作规程与安全注意事项	
	教学指南	主要包括课程的岗位定位与培养目标、课程与其他课程的关系、课程的主要特点、课程结构与课程内容、课程教学方法、课程教学资源、课程考核、课程授课方案设计、课时分配、课程的重点与难点、实践教学体系、课程建设与工学结合效果评价	
	学习指南	主要包括课程学习目标与要求、重点难点提示及释疑、学习方法、典型题解析、自我测试题及答案、参考资料和网站	
	录像库	主要包括网络实训课程设计录像、教学录像等	
	学生作品	主要包括学生实训及比赛的优秀成果、生产性实训作品和顶岗实习的作品等	

续表

大类	资源条目	说明	备注
素材库	文献库	收录、整理与专业相关的图书（含电子书）、报纸、期刊、报告、专利资料、学术会议资料、学位论文、法律法规、技术资料以及国家、行业或企业标准等资源，形成规范数据库，为相关专业提供文献资源保障	专业特色选配
	竞赛项目库	收录各级、各类网络技术相关技能竞赛试题及参考答案等	
	视频库	主要包括操作视频和综合实训视频等	
	学习资料	各类网络设备互联配置实例命令、网络配置操作步骤、网络编程案例源代码等	
	友情链接	各类推荐网站和学习参考网站	
自主学习型课程库	自主学习网络资源	专业选修课程网络教学资源，实现选修课网络教学	专业特色选配
开放式学习平台	开放式学习平台	在线考试系统、课件发布系统和论坛	专业特色选配

4.7.3 教学团队配置

师资队伍是学科、专业发展和教学工作中的核心资源。师资队伍的质量对学科、专业的长远发展和教学质量的提高有直接影响。高职院校人才的培养要体现知识、能力、素质协调发展的原则，因此，要求建立一支整体素质高、结构合理、业务过硬、具有实践能力和创新精神的师资队伍。

1. 师资队伍的数量与结构

可聘请和培养专业带头人 1～2 名，专业带头人和骨干教师要占到教师总数的 50%以上，同时需有企业专业技术人员作为兼职教师，人数应超过 30%，承担的专业课程教学工作量可达到 50%。

学校应该有师资队伍建设长远规划和近期目标，有吸引人才、培养人才、稳定人才的良性机制，以学科建设和课程建设推动师资队伍建设，提高教学质量和科研水平，以改善教师知识、能力、素质结构为原则，通过科学规划，制定激励措施，促进师资队伍整体水平的提高。

（1）师资队伍的数量。

生师比适宜，满足本专业教学工作的需要，一般不高于 16:1。

（2）师资队伍结构。

师资队伍整体结构要合理，应符合专业目标定位要求，适应学科、专业长远发展需要和教学需要。

- 年龄结构合理。

教师年龄结构应以中青年教师为主。

- 学历（学位）和职称结构合理。

具有研究生学历、硕士以上学位和讲师以上职称的教师要占专职教师比例的 80%以上，副高级以上专职教师 30%。

- 生师比结构合理。

生师比适宜，满足本专业教学工作的需要，一般不高于 16:1。

- 双师比结构合理。

积极鼓励教师参与科研项目研发，到企业挂职锻炼，并获取计算机网络技术专业相关的职业资格证书，逐步提高"双师型"教师比例，力争达到 60%以上。

- 专兼比结构合理。

聘请计算机网络企业技术骨干担任兼职教师，建议专兼比达到 1:1，以改善师资队伍的知识结构和人员结构。

2. 教师知识、能力与素质

计算机网络技术专业是一个发展十分迅速的应用型专业，其与一些传统专业不同，需要教师具有较强的获取、吸收、应用新知识和新技术的能力。高职高专院校计算机网络技术专业教师承担着为社会各行各业培养网络技术技能型人才的任务。这种技能型人才必须熟悉各种主流开发技术，有较强的动手能力，并能够随着网络行业的飞速发展进行必要的消化、吸收、改进和创新。

教育部明确提出，高等职业教师应具备双师素质，即专职教师不仅要具有传统意义上的专职教师的各项素质（包括学历、学位、职称、教师资格证），而且要具有一定的工程师素质（承担或参与过科学研究、教学研究项目）；对于兼职教师，如果是以课堂教学为主的兼职教师，应具有教师的各项素质（包括学历、学位、职称、教师资格证），如果是以实践教学为主的兼职教师，应具有工程师素质（包括学历、职称、专业技能资格证）。

（1）知识要求。

- 熟悉网络体系结构的分类和工作原理；
- 掌握网络通信的工作原理，熟悉局域网和 Internet 的基本配置；
- 掌握网络操作系统的基本理论，熟悉主流操作系统（Windows 和 Linux 等）和常用工具网络的使用；
- 掌握网络工程的实施过程和步骤、网络工程施工管理理论和实践；
- 熟悉网络技术的编程语言（C、Java 和 C#等），熟悉常用的数据结构和算法，掌握基本的程序编码规范；

- 掌握数据库的相关理论，熟悉典型关系型数据库管理系统（SQL Server 和 Oracle 等）的使用；
- 掌握网络设备的基本概念，熟悉网络设备互联中各项功能的基本原理，掌握各种主流网络设备的配置命令和方法；
- 掌握活动目录的基本概念，熟悉活动目录的使用范围和配置方法；
- 掌握网络安全的基本概念，熟悉网络攻防技术的基本原理，掌握网络安全相关设备和技术的使用范围和配置方法；
- 掌握综合布线的基本概念，熟悉综合布线的技术和操作方法。

（2）能力要求。

- 能够组装和维护计算机网络系统，能判断与排除常见的计算机故障，会进行系统及数据的恢复；
- 能够组建和配置简单的局域网，能配置 Internet 连接并合理使用 Internet 资源；
- 能够完成简单的网络设计，理解并进行基本网络物理和逻辑设计；
- 能够搭建典型的大、中、小企业的网络环境；
- 能够开发各类 Web 应用系统；
- 能够完成数据库的设计、应用和管理；
- 能够对网络进行日常维护和故障排除；
- 能够选择合适的网络安全维护方法，保障网络的安全；
- 能够对网络工程项目进行基本管理，并进行质量检测和监控；
- 具备基本的教学能力，能灵活运用分组教学法、案例教学法、项目驱动教学法和角色扮演法等方法实施课程教学；
- 具有一定的科研能力和较强的开发能力，能主持网络应用技术项目的开发和科研项目的研究；
- 具备较强的学习能力，能适应网络技术的快速更新和发展。

（3）素质要求。

- 拥护党的领导，拥护社会主义，热爱祖国，热爱人民，热爱教育事业，具有良好的师德风范；
- 接受过系统的教育理论培训，掌握教育学、心理学等基本理论知识；
- 取得国家或行业中高级认证证书，或教育部的"双师型"教师证书；
- 具有较强的敬业精神，具有强烈的职业光荣感、历史使命感和社会责任感，爱岗敬业，忠于职守，乐于奉献。

3．师资队伍建设途径

为迅速提高教师的知识、能力和素质，应为教师提供方便条件和保证，学校可以通过"引聘训评"等途径加强师资队伍的建设。

- 严格执行岗前培训制度，引进的新教师要接受岗前培训，使教师适应职业教育的规范和特点。执行"师徒结对"制度，由专业教师中具有丰富经验的高职称老教师与年轻教师结对，老教师在业务、教学方法和科研上进行指点帮助，使青年教师尽快地成长起来；
- 安排教师下企业锻炼学习，时间不短于 6 个月，所有专业教师应利用寒暑假期间到企业进行短期实践，使教师能够在教学中将专业教学能力与企业文化相结合；
- 加强学历及专业技术培训，对现有非研究生学历的中青年教师有计划、有步骤地安排在职或脱产进修，同时积极引进专业对口、素质过硬的研究生以上学历人才。定期请企业网络工程师到学校进行新技术的培训与讲座，或有计划地安排教师参加新技术培训；
- 坚持科研与教学相结合，鼓励教师申报各类科研和教学研究项目，提高教学的科技含量，支持教师承担企业技术服务项目，以科研促进教学水平的提高，以教学带动科研工作的发展，提升双师队伍的内涵；
- 鼓励教师参加全国性的学术研讨，指导学生参加各类技能大赛等活动，支持教师参加国家规划教材的编写出版工作；
- 改变教师评价体系。

（1）专业带头人培养。

培养目标：达到教授职称或取得博士学位，提升高职教育管理、网络技术应用等能力，主持国家级、省级、市级的科研课题或精品课程建设，指导青年骨干教师快速成长。

培养措施：

- 国内学习，参加各类技术培训，提高高职教育理论和专业技术水平。国外考察，到英国学习 IT 项目开发新技术；
- 到实力雄厚的网络公司挂职锻炼，丰富企业现场培训经验；
- 参加网络新技术学习培训；
- 主持申报、承接各类应用技术开发课题；主持与企业合作或参与企业的网络技术开发。

（2）骨干教师培养。

培养目标：达到副教授职称或取得硕士学位，具备主讲 2 门以上核心专业素质与技能课程的能力，具备主持核心课程建设的能力，帮助青年教师成长和锻炼。

培养措施：

● 国内学习，提高高职教育理论和课程建设的能力。国外考察，学习借鉴国外先进课程建设经验和教学特点；

● 参加国内网络开发新技术学习培训；

● 到实力雄厚的网络公司挂职锻炼，获得企业现场培训经验；

● 参与各类网络技术开发课题。

（3）兼师队伍建设。

建设目标：聘请网络企业具有丰富实际项目开发经验和一定教学能力的行业专家和技术人员，参与到课程体系构建、课程开发、课程教学、实训指导、顶岗实习指导等专业建设各环节中，争取专兼比达到1:1。

建设措施：

● 在知名网络公司中遴选一批高水平的技术人员，建立兼师库，从中挑选兼职教师；

● 选聘有丰富项目开发经验并具有中级以上职称的优秀的项目开发经理、技术骨干为兼职教师；

● 建立兼师的培训制度，兼师定期参与教研活动；

● 制定兼师的管理制度。

4.7.4 实训基地建设

1. 建设原则

建立"四个真实（真实身份、真实环境、真实项目、真实压力）"的教学环境，在"共建、共享、共赢"的基础上，按照"四化（环境建设多元化、实践场所职业化、教学理实一体化、实践项目企业化）、三平台（职业训练平台、教学研发平台、交流服务平台）、一目标（高技能人才培养）"的原则，以适应工学课程"教、学、做"的教学需要，建设满足课程需要的"四化"多功能专业实训室、满足生产性实训需要的生产型教学公司以及顶岗实习需要的校外实习实训基地，即"产学教一体"的校内外实训基地。

根据网络技术专业人才培养的实际需求，结合基于网络技术岗位工作过程的课程体系，以人才培养、职业培训、技能鉴定、技术服务为纽带，构建校企结合、优势互补、资源共享、双赢共进的校内生产性实训基地和校外实训基地，并建立有利于教学与实践融合的实训管理制度，以保障基于工作过程的人才培养模式的实施，突出体现专业的职业性、开放性，培养学生的核心能力。

2. 校内实训（实验）基地建设

（1）建设具有企业氛围的理实一体专业实训室。

本着"课程教学理实化、实践场所职业化"的原则，专职教师与企业兼职教师应共同根据课程实施的需要设计、建设理实一体专业实训室，应重点加强教学功能设计及企业氛围的建设，使学生在校期间能感受企业文化氛围，接受企业操作规范。

（2）引企入校共建实训室及生产型教学公司。

依据"环境建设多元化"的方针，企业提供网络实训项目、管理规范、设备，学校提供场地、人员等，校企共建实训室及生产型教学机构。教学机构兼顾企业项目制作和学校教学的双重功能，保障生产性实训教学的有效实施，为校内生产性实训和顶岗实习提供保障。只有与企业共建，才能不断地进行技术及设备的更新，才能建设技术先进、设备常新的实训室，紧跟技术的发展。

（3）建立校内实训基地的长效运行机制。

依据"科学化、标准化、实用化"的建设原则，建立一整套实训室管理制度及突发事件应急预案等。校内实训基地的运行模式可采用"校企共建、共管"模式、"产品研发"模式、"教学公司"对外承接制作项目或开展技术服务模式，从而真正实现"基地建设企业化、师生身份双重化、实践教学真实化"的目标。

（4）校内实训室建设。

实训室建设是高职学生能力培养的最重要的环节，而实践课是培养学生能力的最佳途径。计算机网络技术专业的实训室应能提供企业所需的网络环境，满足项目制作要求的硬件设施以及模拟的企业氛围，从而通过实践学习真正提高学生的技能和实战能力，感受企业文化氛围，使学生具有扎实的理论基础、很强的实践动手能力和良好的素质。这些都是他们将来在就业竞争中非常明显的竞争优势，对于学生来说具有现实意义，可以扩大学生在毕业时的择业范围。

根据计算机网络技术行业发展和职业岗位工作的需要，应与行业知名企业合作，针对典型工作岗位，逐步建设与完善网络互联技术实训室、综合布线实训室、模型构建实训室、网络安全实训室、网络工程实训室、网络操作系统实训室等，每个实训室应能完成人才培养方案中相应教学项目课程的训练及能力的培养，使学生能够满足就业岗位要求并具备持续发展能力。计算机网络技术专业各实训室建议方案如表 4.9 所示。

表 4.9 计算机网络技术专业各实训室建议方案

序号	实训室名称	设备名称	数量	实训内容	备注
1	网络互联技术实训室	学生用机	50 台	网络互联技术基础实训 网络互联技术综合实训 高级路由与交换技术实训	建议使用国内外知名品牌机，建议配置：CPU：3.0 GHz 硬盘：80 GB 内存：4GB
		教师用机	1 台		
		投影仪（含投影屏幕）	1 套		
		24 口交换机	3 台		
		音响系统	1 台		
		机柜	9 个		
		思科二层交换机	16 套		
		思科三层交换机	16 套		
		思科路由器	24 台		
		Packet Tracer 5.3	1 套		
		GNS3	1 套		
		多媒体演示软件	1 套		
2	综合布线实训室	学生用机	10 台	综合布线实训	建议使用国内外知名品牌机，建议配置：CPU：3.0 GHz 硬盘：80 GB 内存：4GB
		教师用机	1 台		
		服务器	1 台		
		投影仪（含投影屏幕）	1 套		
		24 口交换机	3 台		
		音响系统	1 台		
		机柜	6 个		
		光纤熔接设备	1 套		
		综合布线工具箱	2 套		
		大对数线缆	若干		
		双绞线	若干		
		电话线	若干		
		水晶头	若干		
		光纤头	若干		
		配线架	若干		
		跳线器	若干		
		管槽	若干		
		线通测试器	10 个		

续表

序号	实训室名称	设备名称	数量	实训内容	备注
		夹线钳	20 个		
		打线器	20 个		
		多媒体演示软件	1 套		
3	网络安全实训室	学生用机	50 台	网络安全实训网络操作系统实训	建议使用国内外知名品牌机，建议配置：CPU：双核 3.0 GHz硬盘：160 GB内存：4 GB
		教师用机	1 台		
		服务器	1 台		
		投影仪	1 台		
		投影屏幕	1 台		
		24 口交换机	3 台		
		音响系统	1 台		
		机柜	1 个		
		多媒体演示软件	1 套		
		恒普网络攻防实训箱	1 套		
		神州数码防火墙	2 台		
		神舟数码 IDS	1 台		
		神州数码网络攻防堡垒机	2 台		
		神州数码网络攻防软件	1 套		
		VMware 软件	1 套		
		各类安防软件	若干		
4	网络工程实训室	学生用机	50 台	网络工程实训	建议使用国内外知名品牌机，建议配置：CPU：双核 2.5 GHz硬盘：320 GB内存：4 GB
		教师用机	1 台		
		投影仪（含投影屏幕）	1 套		
		24 口交换机	3 台		
		音响系统	1 台		
		机柜	6 个		
		综合布线工具箱	2 套		
		大对数线缆	若干		
		双绞线	若干		
		电话线	若干		
		水晶头	若干		

续表

序号	实训室名称	设备名称	数量	实训内容	备注
		配线架	若干		
		跳线器	若干		
		配线架	若干		
		管槽	若干		
		线通测试器	10 个		
		夹线钳	20 个		
		打线器	20 个		
		VMware 软件	1 套		
		多媒体演示软件	1 套		
5	网络操作系统实训室	学生用机	50 台	Windows 程序设计实训桌面程序开发实训	建议使用国内外知名品牌机,建议配置:CPU:双核 2.5 GHz 硬盘:320 GB 内存:4 GB

要加强与重视实训室软环境的建设,可引入规模、难度适中的企业真实项目,进行可教学化改造,组成动态更新的项目库,根据实际情况为学生配置适合在半年至一年的时间内进行不同方向实践能力训练的项目,供实训教学使用;可将项目开发所需的关键知识、技能及技术参考资料系统化为实例参考手册,作为实训学员的参考教材;可引入企业实际应用的行业规范化项目文档,整理后形成项目文档库,指导学生在实际项目开发训练中进行参考,从而提高学生项目文档的撰写和阅读能力。

3. 校外实训基地建设

校外实训基地是指具有一定规模并相对稳定的、能够提供学生参加校外教学实习和社会实践的重要实训场所。校外实训基地是高职院校实训基地的重要组成部分,是对校内实训的重要补充和扩展,是"工学交替、校企合作"的重要形式。校外实训基地可以给学生提供真实的工作环境,使学生直接体验将来的职业或工作岗位,校外实训基地建设要实现"校外实习实训与学校教学活动融为一体"、"校外实习实训基地与就业基地融为一体"、"学生校外实习实训提高技能与企业选拔人才过程融为一体"、"学生校外实习实训基地实训建设与学生的创新能力和创业能力培养融为一体"。

校外实训基地的建设要按照统筹规划、互惠互利、合理设置、全面开放和资源共享的原则，紧密性合作企业数量与学生比例大约为 1:5，松散性合作企业与学生比例约为 1:2，以保证学生校外实训有充足的数量与质量。学校要与紧密性合作企业签订校外实训基地合作协议。协议书应包括以下内容：双方合作目的、基地建设目标与受益范围、双方权利和义务、实习师生的食宿、学习等安排、协议合作年限及其他。

要加强对校外实训基地的指导与管理，建立校外实习实训管理制度，建立定期检查指导工作制度，协助企事业单位解决实训基地建设和管理工作中的实际问题，使学生养成遵纪守法的习惯，培养学生爱岗敬业的精神，帮助实训基地做好建设、发展、培训的各项工作。校外实训基地的实习指导教师要有合理的学历、技术职务和技能结构，以保证学生校外实训的质量。

顶岗实习环节是教学课程体系的重要组成部分，一般安排在第 6 学期，是学生步入行业的开始。应制定适合本地实际与顶岗实习有关的各项管理制度。在专兼职教师的共同指导下，以实际工作项目为主要实习任务，使学生通过在企业真实环境中的实践，积累工作经验，具备职业素质和综合能力，达到"准职业人"的标准，从而完成从学校到企业的过渡。

4.8 校企合作

4.8.1 合作机制

校企合作是以学校和企业紧密合作为手段的现代教育模式。高等职业技术院校通过校企合作，能够使学生在理论和实践相结合的基础上获得更多的实用技术和专业技能。要保证高职教育的校企合作走稳定、持久、和谐之路，关键在于校企合作机制的建设。

1. 政策机制

校企合作关系到政府、学校、企业三方的权利、责任和义务。所以，应推动从法律层面上建立法律体系，界明政府、学校、企业在校企合作教育中的权利、责任和义务，在《中华人民共和国职业教育法》、《中华人民共和国劳动法》等法律法规的指导下，出台校企合作教育实施条例，在法律范畴内形成校企合作的驱动环境。同时，要积极推动政府层面上严格实施就业准入制度，并制定具体执行规则，规范校企合作行为，有效推动企业自觉把自身发展与参与职教捆绑前进。

2. 效益机制

企业追求经济利益，学校追求社会效益，要实现互惠共赢，对于企业来说，要参与制定人才培养的规格和标准，开放"双师型"教师锻炼发展与学生实习基地；从学校的角度来说，要为企业员工培训提升企业竞争力提供学校资源，为企业新产品、新技术的研制和开发提供信息与技术等服务。

为保障校企双方利益，在组织上成立行业协会或校企合作管理委员会，推进校企合作的深入，及时发布信息咨询，指导合作决策，进行沟通协调，全面监督评估，规避校企合作中的短视、盲区和不作为。

3. 评价机制

完善校企合作评价机制，从签订协议、执行协议、执行效度等几方面施行量化考核。对于校企合作中取得显著绩效的学校和企业，政府和相关主管部门应给予物质奖励和精神激励，如给予企业税收、信贷等方面的优惠，授予学校荣誉称号、晋升星级等；并采取自评、互评、他评等多种形式，把校企合作的社会满意度情况与绩效考核对等挂钩。对于校企合作中满意度较低的校企予以一定的惩戒，以评价为杠杆，充分发挥校企合作应有的效应。

4.8.2 合作内容

1. 共建专业建设指导委员会，共同制定专业人才培养方案

学校以书信、电子邮件、电话、年会等形式，与专业指导委员会委员和企业人员共同研究人才培养的目标，确定专业工作岗位的业务内容、工作流程以及毕业生所需要具备的知识、能力、素质等，共同探讨制定人才培养方案、选择教学项目、制定课程标准等教学文件。

2. 校企共建校内项目工作室和校外实训基地

模拟企业环境，引进企业文化，学校与企业合作建设项目工作室，在虚拟现实、网站开发、三维建模等方面进行项目开发合作，为学生校内的项目实践提供场地和条件。节省学校投资，开创双赢局面。

定期组织学生到企业中认识参观、顶岗实习等，挑选经验丰富的骨干技术人员作为学生的校外实习指导老师。

3. 共同开发企业项目，共建专业教学项目库

鼓励学生与教师共同参与技术开发、技术服务，逐步提高学生的实践能力和创新能力。教师利用自己的技术优势，在帮助企业解决实际问题的同时，也为自己的课堂教学内容提供了项目素材。

4. 校企员工互聘，共同培养师资

学校选派青年教师到企业去挂职锻炼，培养具有工程素质和能力的教师，提高"双师"队伍比例。企业选派优秀的现场员工到学校进行专业课程教学、毕业设计指导等，参与学生评价，同时传播企业文化并将行业新技术带入课堂。

4.9 技能竞赛参考方案

4.9.1 设计思想

网络技术技能竞赛设计应紧扣"贴近产业实际，把握产业趋势，体现高职水平"的思想，适应国家产业结构调整与社会发展需要，展示知识经济时代高技能人才培养的特点。通过比赛，展示和检验学生对网络技术接受的水平和深度，进一步培养学生实践动手能力和团队协作能力，缩小学生职业能力与产业间的差距，保证专业培养目标的实现。

4.9.2 竞赛目的

适应网络产业快速发展的趋势，体现高素质技能型网络技术人才的培养，促进网络产业前沿技术在高职院校中的教学应用，引导网络技术专业的教学改革方向，优化课程设置；深化校企合作，推进产学结合的人才培养模式改革；促进学生实习与就业。

4.9.3 竞赛内容

"计算机网络应用技术"技能竞赛以实际操作技能为主，根据提供的软件和硬件设备以及相关素材，按照竞赛要求，完成网络技术的应用。具体的竞赛内容包括：

（1）阅读并理解网络设计说明文档；

（2）根据网络拓扑搭建网络环境；

（3）完成网络综合布线的任务；

（4）完成网络设备功能配置并测试连通性；

（5）完成网络应用服务器的架设和服务器功能配置；

（6）完成各项功能测试；

（7）完成各项工程文档的编写。

"计算机网络应用技术"技能竞赛评分细则如表 4.10 所示。

表 4.10 "计算机网络应用技术"技能竞赛评分细则

评分项目	竞赛任务	技术要求	评分标准	分数
网络系统设计	网络规划	二层传输协议，VLAN，STP/RSTP/MSTP，VRRP，链路捆绑，静/动态路由协议规划，NAT，ACL，VPN，WLAN	二层协议、路由协议、网络安全与新技术应用、整体设计的可靠性、可用性及安全性、按规划的合理性（1/0.7/0.4/0）分档计分，所使用技术应在拓扑图中进行合理标注，并在技术文档中说明	5
	设备选型	传输介质选择，网络设备选择，扩展模块选择	传输介质选择合理为 1 分，任意一处不合理扣 0.2 分，扣完 1 分为止；网络设备选型合理得 2 分，任意一处不合理扣 0.5 分，扣完 2 分为止；扩展模块选型合理得 1 分，任意一处不合理扣 0.2 分，扣完 1 分为止	4
	地址分配	工程化 IP 地址规划，VLSM/CIDR	IP 地址按简洁易懂、易于管理、有效路由三个方面的合理性（1/0.7/0.4/0）分档计分	3
	Cisco Packet Tracer	利用模拟软件搭建网络物理拓扑并做合理标注，保存文档	搭建网络物理拓扑实现设计要求得 2 分，任意一处不合理扣 0.5 分，扣完 2 分为止；在合理位置清晰标注所使用的技术得 1 分，任意一处不合理扣 0.2 分，扣完 1 分为止	3
	工作文档	建网目标，技术选型，网络拓扑，设计说明，设备清单，方案评价，保存并提交电子文档	表述清晰、完整不缺项为 5 分；知识点所列内容表述缺一项扣 1 分，表述不清扣 0.5 分；扣完 5 分为止	5
	网络连接	制作网线，连接设备	网线可靠连通 3 分，连通存在故障每处扣 0.3 分，扣完 3 分为止，网络长度、剥线、线序、压线等规范性 1 分，设备连接正确 1 分，存在错误每处扣 0.2 分，扣完 1 分为止	5
网络系统搭建	路由器、交换机配置	配置主机名、Banner、接口、远程登录、Loopback、密码	根据试题要求配置完全正确，得 5 分；每处考核点错误扣 0.2 分，扣完为止	5
		二层传输协议、静态/默认路由、单臂路由、RIPv2、OSPF、路由汇总、相关重发布	根据试题要求配置完全正确，得 10 分；每处考核点错误扣 0.5 分，扣完为止	10
		OSPF 的被动接口、NAT、ACL、VPN、设备验证	根据试题要求配置完全正确，得 5 分；每处考核点错误扣 0.2 分，扣完为止	5
		配置主机名、接口、远程登录、VLAN、TRUNK、链路聚合、全网只有网管网段能远程操作各设备	根据试题要求配置完全正确，得 5 分；每处考核点错误扣 0.2 分，扣完为止	5
		STP/RSTP/MSTP、VRRP，链路捆绑、互联 VLAN、内部路由、portfast 接口、DHCP	根据试题要求配置完全正确，得 10 分；每处考核点错误扣 0.5 分，扣完为止	10
		网络设备与链路安全验证	根据试题要求配置完全正确，得 5 分；每处考核点错误扣 0.2 分，扣完为止	5
应用服务器架设	Windows 操作系统基础管理	RAID、DC、DNS	根据试题要求配置完全正确，得 4 分；每处考核点错误扣 0.2 分，扣完为止	4

续表

评分项目	竞赛任务	技术要求	评分标准	分数
	Windows 操作系统网络服务功能实现	安装、配置 Web、FTP、E-mail、DHCP 服务、域用户管理、组策略	根据试题要求配置完全正确，得 6 分；每处考核点错误扣 0.2 分，扣完为止	6
	Windows 操作系统性能与安全保障	补丁安装、磁盘配额、陷阱账号、密码策略、文件访问安全、端口安全、应用程序与服务安全	根据试题要求配置完全正确，得 5 分；每处考核点错误扣 0.2 分，扣完为止	5
	Linux 操作系统基础管理	启动项管理、用户管理、权限管理、网络管理、IP 地址管理、常用配置文件、管理磁盘	根据试题要求配置完全正确，得 4 分；每处考核点错误扣 0.2 分，扣完为止	4
	Linux 操作系统网络服务功能实现	安装、配置 DNS、NIS、Apache、Samba、DHCP、SELinux、FTP、tftp、pppd、服务管理	根据试题要求配置完全正确，得 6 分；每处考核点错误扣 0.2 分，扣完为止	6
	Linux 操作系统安全性能与安全保障	记录系统活动、用户验证、网络服务安全、NFS 安全、SSH 验证	根据试题要求配置完全正确，得 5 分；每处考核点错误扣 0.2 分，扣完为止	5
精神风貌	团队协作	考察团队协作	竞赛过程中，从团队风貌、团队协作与沟通、组织与管理、工作计划性、团队纪律等方面评定	5

4.9.4　竞赛形式

比赛采用团队方式进行，每支参赛队由 3 名选手组成，其中队长 1 名，分工完成比赛项目功能。每支参赛队可以配 2 名指导教师。

比赛期间，允许参赛队员在规定时间内按照规则接受指导教师指导，接受指导的时间计入竞赛总用时。

赛场开放，允许观众在不影响选手比赛的前提下现场参观和体验。

4.10　继续专业学习深造建议

计算机网络技术专业的专业知识和技术更新快，为跟上行业与企业要求，网络技术从业人员必须树立终身学习理念，不断更新知识和技术，继续专业学习。可以有目的地参与各大公司技术论坛交流，紧跟技术发展方向，有条件者可申请进入本科院校进行深入的专业理论知识学习。

第 5 章　物联网应用技术专业教学实施规范

5.1　专业概览

1．专业名称：物联网应用技术
2．专业代码：590129
3．招生对象：普通高中（或中职）毕业生和同等学历者
4．标准学制：三年

5.2　就业面向

1．就业面向岗位

本专业毕业生的就业主要面向 IT 企业、政府机关和企事业单位所需要的物联网系统建设工程师、物联网运行维护工程师、物联网硬件工程师、物联网系统开发助理工程师、物联网设备安装和技术支持员等岗位。

2．岗位工作任务与内容

物联网应用技术专业相关职业岗位与工作任务、工作内容的对应关系如表 5.1 所示。

表 5.1　物联网应用技术专业相关职业岗位与工作内容对应表

序号	职业面向	职业岗位	工作内容
1	物联网系统建设工程师	1．物联网系统设计岗位 2．物联网招投标岗位	拓扑管理 编址与寻址技术 传感节点的选用 节点的各个模块、网关设备选用 MAC 层技术应用 技术开发成果的产品化转化 产品化计划编制 工程文档编制
2	物联网运行维护工程师	1．物联网系统维护岗位	日常监控与例行维护 网络性能分析 网络调整与优化 网络服务器的配置与应用 网络故障排除 文档记录 网络安全防护与隐私保护

续表

序号	职业面向	职业岗位	工作内容
3	物联网硬件工程师	1. 物联网产品开发岗位 2. 通信模块设计与检测岗位	ARM9/ARM11/DSP 单片机开发 数字、模拟电路设计，显示屏驱动设计及高速信号检测 根据总体方案完成原理图设计、器件选型、PCB 设计 电路调试、测试、优化
4	物联网系统开发助理工程师	1. 物联网系统物联网开发岗位 2. 物联网系统物联网测试岗位	界面设计与制作 应用系统建立 业务逻辑代码编写 数据库管理 物联网测试 应用系统维护、更新 应用系统的安全管理
5	物联网设备安装和技术支持员	1. 物联网产品检测岗位 2. 物联网设备安装和调试岗位 3. 物联网设备技术支持岗位	物联网系统组网与布线 物联网系统各种硬件设备安装与调试 无线传感器网络节点的安装、调试与维护 标准 RFID 设备的安装、调试与维护

3. 岗位能力要求

物联网应用技术专业相关职业岗位及职业能力要求如表 5.2 所示。

表 5.2 物联网应用技术专业相关职业岗位及能力要求

序号	职业岗位	职业能力
1	物联网系统建设工程师	C1-1：能熟练搭建物联网开发和测试环境 C1-2：能按照物联网工程规范完成详细设计 C1-3：能设计和实现数据库 C1-4：能进行简单的物联网软件系统建模 C1-5：能利用 C#.NET 或 android 编程实现系统功能 C1-6：能编写测试用例并进行单元测试 C1-7：能阅读和编写规范的技术文档 C1-8：能与客户和团队成员进行友好沟通交流
2	物联网运行维护工程师	C2-1：能熟练搭建物联网开发和测试环境 C2-2：能按照物联网工程规范完成架网与实现 C2-3：能操作与维护数据库 C2-4：能进行简单的物联网前端传感网的测试与维护 C2-5：能设计简单物联网硬件架构 C2-6：能利用基本嵌入式技术实现网络节点的设计与实现 C2-7：能解决客户使用物联网过程中出现的问题 C2-8：能测试方式并进行网络硬件的测试 C2-9：能阅读和编写规范的物联网技术文档 C2-10：能与客户和团队成员友好沟通交流

续表

序号	职业岗位	职业能力
3	物联网硬件工程师	C3-1：能熟练使用嵌入式技术设计与实现物联网基础节点 C3-2：能熟练使用设计软件进行物联网基本硬件模块的设计 C3-3：能熟练掌握基本硬件电路的测试与调试 C3-4：能熟练使用并编写前端传感器网络的应用软件 C3-5：能熟练掌握嵌入式 Linux 系统架构并进行相关基本软硬件的开发
4	物联网系统开发助理工程师	C4-1：能设计与实现简单 RFID 刷卡系统 C4-2：能设计与实现简单物联网应用系统（上位机端使用 C#+Sql） C4-3：能熟练使用并掌握无线传感器网络（zstack 协议栈） C4-4：能熟练并掌握嵌入式系统开发流程与开发目标 C4-5：能较为熟练使用 java 语言进行 android 应用程序设计 C4-6：熟悉嵌入式驱动程序设计 C4-7：有应用系统开发经验与标准文档管理与开发经验
5	物联网设备安装和技术支持员	C5-1：能熟练掌握物联网系统组网与布线技术 C5-2：能熟练掌握物联网系统各种硬件设备安装与调试 C5-3：能熟练掌握无线传感器网络节点的安装、调试与维护 C5-4：能熟练掌握标准 RFID 设备的安装、调试与维护 C5-5：能基本掌握整套物联网体系结构与基本技术

5.3　专业目标与规格

5.3.1　专业培养目标

本专业主要培养与社会主义现代化建设要求相适应的德、智、体、美全面发展，适应生产、建设、管理和服务第一线需要，具有良好的职业道德和敬业精神，掌握物联网开发、物联网服务所需的系统基础知识和具备物联网开发、测试、技术支持及销售所需系统动手能力的高素质技能型专门人才。

5.3.2　专业培养规格

1. 素质结构

（1）思想政治素质。

具有科学的世界观、人生观和价值观，践行社会主义荣辱观；具有爱国主义精神；具有责任心和社会责任感；具有法律意识。

（2）文化科技素质。

具有合理的知识结构和一定的知识储备；具有不断更新知识和自我完善的能力；具有持续学习和终身学习的能力；具有一定的创新意识、创新精神及创新能力；具有一定的人文和艺术修养；具有良好的人际沟通能力。

（3）专业素质。

掌握从事物联网开发、物联网应用技术支持/维护、物联网测试等工作所必需的专业知识；具有一定的数理与逻辑思维；具有一定的工程意识和效益意识。

（4）职业素质。

具有良好的职业道德与职业操守；具备较强的组织观念和集体意识。

（5）身心素质。

具有健康的体魄和良好的身体素质；拥有积极的人生态度和良好的心理调适能力。

2. 知识结构

（1）工具性知识。

外语、计算机基础等。

（2）人文社会科学知识。

政治学、社会学、法学、思想道德、职业道德、沟通与演讲等。

（3）自然科学知识。

数学等。

（4）专业技术基础知识。

- 策划、组织和撰写技术报告及文档写作技巧与方法；
- 本专业技术资料的阅读；
- 基本的软件编程思想、程序设计基础知识及编程规范；
- 硬件基础知识、电子电路设计、单片机、嵌入式系统基础知识等；
- 计算机组装与维护，计算机硬件故障的检测与维护，简单服务器架设；
- 产品推销的方式和技巧，基本的市场营销知识。

（5）专业知识。

- 物联网需求分析；
- 物联网系统简单架构设计与实现；
- 物联网系统集成；
- 无线传感器网络关键技术；

- RFID 关键技术；
- C#与数据库关键技术；
- Android 与 SQLite 数据库关键技术；
- 嵌入式基本技术。

3. 专业能力

（1）职业基本能力。

- 良好的沟通表达能力；
- 计算机软硬件系统的安装、调试、操作与维护能力；
- 利用 Office 工具进行项目开发文档的整理（Word）、报告的演示（PowerPoint）、表格的绘制与数据的处理（Excel），利用 Visio 绘制开发相关图形的能力；
- 阅读并正确理解需求分析报告和项目建设方案的能力；
- 阅读本专业相关中英文技术文献、资料的能力；
- 熟练查阅各种资料，并加以整理、分析与处理，进行文档管理的能力；
- 通过系统帮助、网络搜索、专业书籍等途径获取专业技术帮助的能力。

（2）专业核心能力。

- 简单算法设计能力；
- PC 端简单数据库设计能力；
- C#语言开发简单上位机软件能力；
- Android 开发简单界面设计与简单移动手机端软件能力；
- 手机端简单 SQLite 数据库设计能力；
- 基本数电、模电设计能力；
- 基于单片机系统的开发能力；
- 简单嵌入式系统开发（ARM 基础开发）能力；
- 基本测控系统开发能力（基于 51 单片机系统）；
- 基本无线传感器网络开发与应用能力；
- 基本 RFID 系统开发与应用能力；
- 对开发的物联网系统进行测试的能力；
- 编写物联网相关文档的能力。

4. 其他能力

（1）方法能力：分析问题与解决问题的能力；应用知识的能力；创新能力。

（2）工程实践能力：人员管理、时间管理、技术管理、流程管理等能力。

（3）组织管理能力。

5.3.3 毕业资格与要求

（1）学分：获得本专业培养方案所规定的学分。

（2）职业资格（证书）：至少取得一项初级或中级职业资格（证书）。

（3）外语：通过高等学校英语应用能力等级考试，获得 B 级或以上证书（其他语种参考此标准）。

（4）顶岗实习：参加半年以上的顶岗实习并成绩合格。

5.4 职业证书

实施"双证制"教育，即学生在取得学历证书的同时，需要获得物联网应用技术相关职业资格证书。本专业学生可以获得的初级职业资格证书如表 5.3 所示。

表 5.3 初级职业资格证书

序号	职业资格（证书）名称	颁证单位	等级
1	程序员	人力资源和社会保障部、工业和信息化部	初级
2	信息系统运行管理员	人力资源和社会保障部、工业和信息化部	初级
3	计算机程序设计工程师技术水平证书	工业和信息化部	初级
4	数据库应用系统设计工程师技术水平证书	工业和信息化部	初级
5	物联网测试工程师技术水平证书	工业和信息化部	初级

本专业毕业生要求必须获取以上初级职业资格证书之一，并鼓励和支持学生努力获取中级职业资格证书。本专业学生可以获得的中级职业资格证书如表 5.4 所示。

表 5.4 中级职业资格证书

序号	职业资格（证书）名称	颁证单位	等级
1	嵌入式系统设计师	人力资源和社会保障部、工业和信息化部	中级
2	系统集成项目管理工程师	人力资源和社会保障部、工业和信息化部	中级
3	信息系统管理工程师	人力资源和社会保障部、工业和信息化部	中级
4	数据库系统工程师	人力资源和社会保障部、工业和信息化部	中级
5	计算机硬件工程师	人力资源和社会保障部、工业和信息化部	中级
6	信息技术支持工程师	人力资源和社会保障部、工业和信息化部	中级

5.5　课程体系与核心课程

5.5.1　建设思路

1. "岗位→能力→课程"的建设步骤

物联网应用技术专业课程体系的设计面向职业岗位，由职业岗位分析并得到本专业职业岗位群中每一个岗位所需要的岗位能力。在此基础上进行能力的组合或分解，得出本专业的主要课程。具体内容如表 5.5 所示。

表 5.5　"岗位→能力→课程"表

职业岗位	能力要求与编号	课程名称
物联网系统建设工程师	C1-1：能熟练搭建物联网开发和测试环境 C1-2：能按照物联网工程规范完成详细设计 C1-3：能设计和实现数据库 C1-4：能进行简单的物联网软件系统建模 C1-5：能利用 C#.NET 或 Android 编程实现系统功能 C1-6：能编写测试用例并进行单元测试 C1-7：能阅读和编写规范的技术文档 C1-8：能与客户和团队成员进行友好沟通交流	微机组装与维护 计算机网络基础 物联网工程导论 物联网工程组网与布线 单片机原理与接口技术 传感器与检测技术 数据库原理与应用 C#.NET 程序设计 Android 程序设计基础 Android 高级程序设计基础 无线传感器网络与应用
物联网运行维护工程师	C2-1：能熟练搭建物联网开发和测试环境 C2-2：能按照物联网工程规范完成架网与实现 C2-3：能操作与维护数据库 C2-4：能进行简单的物联网前端传感网的测试与维护 C2-5：能设计简单物联网硬件架构 C2-6：能利用基本嵌入式技术实现网络节点的设计与实现 C2-7：能解决客户使用物联网过程中出现的问题 C2-8：了解测试方式并进行网络硬件的测试 C2-9：能阅读和编写规范的物联网技术文档 C2-10：能与客户和团队成员友好沟通交流	物联网工程导论 物联网工程组网与布线 微机组装与维护 数据库原理与应用 无线传感器网络与应用 嵌入式技术与应用 PCB 板设计与制作 传感器与检测技术
物联网硬件工程师	C3-1：能熟练使用嵌入式技术设计与实现物联网基础节点 C3-2：能熟练使用设计软件进行物联网基本硬件模块的设计 C3-3：能熟练掌握基本硬件电路的测试与调试 C3-4：能熟练使用并编写前端传感器网络的应用软件 C3-5：能熟练掌握嵌入式 Linux 系统架构并进行相关基本软硬件的开发	单片机原理与接口技术 无线传感器网络与应用 嵌入式技术与应用 PCB 板设计与制作 物联网工程组网与布线 物联网工程导论 计算机模拟电路 计算机数字电路 Linux 操作系统

续表

职业岗位	能力要求与编号	课程名称
物联网系统开发助理工程师	C4-1：能设计与实现简单 RFID 刷卡系统 C4-2：能设计与实现简单物联网应用系统（上位机端使用 C#+Sql） C4-3：能熟练使用并掌握无线传感器网络（Zstack 协议栈） C4-4：能熟练掌握嵌入式系统开发流程与开发目标 C4-5：能较为熟练地使用 Java 语言进行 Android 应用程序设计 C4-6：熟悉嵌入式驱动程序设计 C4-7：有应用系统开发经验与标准文档管理与开发经验	RFID 系统设计实例开发 物联网系统应用开发 无线传感器网络与应用 Android 高级程序设计 嵌入式驱动程序设计 嵌入式技术与应用 Linux 操作系统 物联网工程导论 C#.NET 程序设计 单片机原理与接口技术 传感器与检测技术
物联网设备安装和技术支持员	C5-1：能熟练掌握物联网系统组网与布线技术 C5-2：能熟练掌握物联网系统各种硬件设备安装与调试 C5-3：能熟练掌握无线传感器网络节点的安装、调试与维护 C5-4：能熟练掌握标准 RFID 设备的安装、调试与维护 C5-5：能基本掌握整套物联网体系结构与基本技术	RFID 系统设计实例开发 物联网系统应用开发 无线传感器网络与应用 嵌入式技术与应用 物联网工程导论 单片机原理与接口技术 计算机模拟电路 计算机数字电路
上述所有职业岗位	C0-1：具有良好的组织观念与集体意识 C0-2：具有时间管理能力 C0-3：具有较强的信息搜索与分析能力 C0-4：具备较好的文档处理和管理能力 C0-5：具备一定的英文阅读能力 C0-6：具备新知识、新技术的学习能力 C0-7：具备自我职业生涯规划能力	计算机应用基础 常用办公物联网应用 ISAS 实训 英语 专业英语 并行化编程技术 职业指导

2. 理论与实践教学紧密结合

物联网应用技术专业具有鲜明的综合性、交叉性、应用性的特点，其专业特色是"厚基础，重理论，强实践，求创新，促应用"，本专业实行基于"工学结合，校企合作"的具有本专业特色的"专业一体化、课程模块化、教学项目化、实训真实化"的"四化"人才培养模式，以培养学生工程实践能力、创新能力和综合素质为核心，以理论教学和工程实践为主线，设计出理论知识培养模块和实践能力培养模块，注重对学生进行综合素质、综合利用理论知识分析和解决工程问题的能力和工程创新能力的培养。

（1）理论知识培养模块。

物联网应用技术专业的特点是理论性强，所以要充分体现"理论够用，重在实践"的高职教育特点，并加强理论知识培养模块的构建，针对物联网应用技术专业培养的要求，建立新的课程体系，从而达到夯实基础，理论指导实践的目的，并进行配套的课程及教材建设。在构建物联网应用技术专业课程体系的同时，一定要注意不同学科专业的交叉与融合。

（2）实践能力培养模块。

重视培养高素质技能型专门人才必备的综合素质。通过开设认知实习、社会实践等环节，培养学生的专业兴趣、社会责任感和团队协作精神。积极推进"项目驱动，工学结合"的教学模式，开展学生科技创新活动，培养学生的创新精神和实践动手能力，建立相对独立的实践教学体系。建议设计的物联网应用技术专业实践体系如表 5.6 所示。

表 5.6　物联网应用技术专业实践体系

序号	实践名称	设计目的	开设时间	主要培养能力
1	入学军训	培养吃苦耐劳的精神，锻炼健康的体魄	第 1 学期	社会能力
2	社会实践	尽早接触社会，坚定为社会主义服务的理想，培养沟通和表达能力	第 1 学期暑期	社会能力
3	认知实习	强化专业就业岗位适应力，培养对专业岗位的认知能力	第 2 学期	专业能力
4	物联网传感网应用与开发实训	培养物联网综合软硬件系统设计与实现能力	第 3 学期	专业能力
5	物联网系统应用开发	培养物联网应用系统开发能力	第 5 学期	专业能力
6	RFID 系统设计实例开发	培养 RFID 软硬件应用系统开发能力	第 5 学期	专业能力
7	生产性实训	承接商用项目和外包项目，进一步提升学生项目开发能力	二年 1 期或三年 1 期	专业能力
8	职业技能鉴定实训	获得相关职业技能鉴定证书	一年 1 期和三年 1 期	专业能力
9	顶岗实习	锻炼意志、感受企业文化，进一步培养良好的职业习惯并遵循良好的规范	第 2 学期暑假和三年 1 期	专业能力、社会能力
10	毕业设计	综合应用专业知识，强化项目开发能力，提升分析问题和解决问题能力	三年 1 期或三年 2 期	专业能力

3. 双证书课程

根据毕业资格要求，本专业毕业生需具备两个证明学生能力和水平的证书：一是学历证，二是职业资格证。它们既反映学生基础理论知识的掌握程度，又反映实践技能的熟练程度。建议物联网应用技术专业通过"无线传感器网络"、"程序设计基础"等专业基础课，结合专业选修课，将相关企业认证融入课程内容。

5.5.2 课程设置

根据"岗位→能力→课程"的基本过程，以培养学生编程能力为中心，进行职业基本素质课程的系统化设计，在技能培养过程中融入职业资格证书课程。在此基础上，明确各课程模块对应的主要课程，构建物联网应用技术专业的课程体系。

1. 基础课程

思想道德修养与法律基础，毛泽东思想、邓小平理论和"三个代表"重要思想概论，形势与政策，军事理论，英语，数学，体育与健康，职业道德与就业指导。

2. 专业基础课程

微机组装与维护、计算机应用基础、计算机网络基础、C 语言程序设计基础、Java 程序设计基础、计算机数字电路、计算机模拟电路、数据库技术与应用、数据结构。

3. 专业核心课程

物联网工程组网与布线、Android 程序设计基础、传感器与检测技术、单片机原理与接口技术、C#.NET 程序设计、物联网工程导论。

4. 实践实训课程

入学军训、社会实践、RFID 系统设计实例开发、物联网系统应用开发、职业技能鉴定实训、生产性实训、顶岗实习、毕业设计。

5.5.3 主干课程知识点设计

物联网应用技术专业主干课程知识点说明如下：

1. 微机组装与维护

计算机的基本组成、计算机硬件的安装、计算机系统物联网的安装、计算机物联网系统的维护、计算机系统硬件的故障检测、常用工具物联网的应用等。

2. 计算机应用基础

微机基础知识和基本工作原理、操作系统、办公软件及常用软件等。

3. 计算机模拟电路

模拟电子技术的基本知识、基本分析方法、基本设计方法。

4. C 语言程序设计

C 语言的语法规则；算法的基本表示方法及结构化程序设计方法。

5. 物联网工程组网与布线

物联网实训套件的安装、架设、配置等。

6. 计算机数字电路

组合逻辑电路的分析与设计、同步时序逻辑电路的分析与简单设计、常用数字集成电路的分析与简单设计。

7. 传感器与检测技术

测量与误差、传感器原理与自动控制系统架构、各类基本传感器原理与应用、基本检测技术、传感器测量电路。

8. PCB板设计与制作

电路原理图设计、印刷电路板的设计、电路仿真和信号完整性分析、EDA技术的基本概念、大规模可编程逻辑器件的基本结构和工作原理等。

9. 单片机原理与接口技术

数制及数的表示、单片机基本组成及工作原理、单片机结构及指令系统、存储原理及与CPU的连接、汇编语言程序设计、中断概念、接口技术及典型接口芯片的应用等。

10. 数据结构

常用数据的逻辑结构、存储结构、基本算法、数据的组织方法和实现方法。

11. C#.NET程序设计

C#语言基础、数据类型、变量和常量、运算符和表达式、程序控制语句、数组、函数等。

12. 物联网工程导论

物联网设计基础理论、物理网末梢网络架构、上层服务、基本协议等。

13. Linux操作系统

Linux的基本操作及编辑器、编译器、调试器和工程管理器等工具的使用方法,了解嵌入式Linux开发环境的搭建和嵌入式开发中常用的工具,包括如何使用tftp、配置串口、编译Linux内核。

14. 嵌入式技术与应用

Cortex-M3的基本硬件结构与编程模型、Cortex-M3的基本接口技术、嵌入式系统简单应用。

15. 嵌入式驱动程序设计

Linux嵌入式驱动程序设计架构、Linux下常用接口的驱动程序设计方法。

16. 无线传感器网络与应用

无线传感器网络架构、无线传感器网络组网、建网、布线、调试等。

17. Android程序设计基础

Java语言基础、数据类型、变量和常量、运算符和表达式、程序控制语句、数组等。

18. 数据库原理与应用

数据库技术基础、数据库操作、表的管理、数据查询、索引和视图操作、T-SQL 基础和存储过程、数据库完整性、数据库安全性、数据管理、事务和锁、数据库设计、SQL Server 数据库应用程序开发等。

19. RFID 系统设计实例开发

RFID 数据格式、RFID 电子标签读写、RFID 应用系统开发、Android 应用中读写 RFID、PC 端应用读写 RFID。

20. 物联网系统应用开发

设计基本物理网架构、针对某个具体应用架设基本物联网。

5.5.4　参考教学计划

物联网应用技术专业参考教学计划如表 5.7 所示。

表 5.7　物联网应用技术专业参考教学计划

课程类别	课程性质	序号	课程名称	总学分	总学时	其中				建议修读学期与学时分配						备注
						课内		课外		第一学年		第二学年		第三学年		
						理论	实践	理论	实践	1	2	3	4	5	6	
必修课程	公共基础课程	1	公共英语	7	144											
		2	思想道德修养与法律基础	3	54	42			12	54						
		3	毛泽东思想和中国特色社会主义理念体系概论	4	72	60			12		72					
		4	形势与政策	1	20			20		4	4	4	4	4		
		5	体育	4	72		72			24	24	8	8	8		
		6	应用写作	1.5	36	36						36				
		7	职业指导	1.5	36	36							36			
			小　　计	22	434	318	92		24	154	172	48	48	12		
	职业平台课程	8	计算机模拟电路	3	54	36	18			54						
		9	C 语言程序设计	4	72	36	36			72						
		10	计算机应用基础	3	54	30	24			54						
		11	微机组装与维护	2	36	16	20			36						
		12	数据库原理与应用	4	72	40	32				72					
	职业能力课程	13	物联网工程组网与布线	3	72	52	20				72					
		14	Android 程序设计基础	4	72	54	18					72				

续表

课程类别	课程性质	序号	课程名称	总学分	总学时	课内理论	课内实践	课外理论	课外实践	第一学年 1	第一学年 2	第二学年 3	第二学年 4	第三学年 5	第三学年 6	备注
必修课程	职业能力课程	15	计算机数字电路	3	54							54				
		16	传感器与检测技术	4	72								72			
		17	PCB 板设计与制作	2	36								36			
		18	单片机原理与接口技术	4	72								72			
		19	数据结构	4	72								72			
		20	C#.NET 程序设计	4	72								72			
		21	物联网工程导论	3	54								54			
		22	Linux 操作系统	4	72									72		
		23	嵌入式技术与应用	4	72									72		
		24	嵌入式驱动程序设计	4	72									72		
		25	Android 高级程序设计	3	54									54		
		26	无线传感器网络与应用	4	72										72	
	实践实训课程	27	军训与入学教育	3	78		78			78						3 周
		28	RFID 系统设计实例开发	4	72										72	
		29	物联网系统应用开发	4	72										72	
		30	顶岗实习	20	288				288						288	12 周
		31	毕业设计	4	88				88						88	4 周
			小　　计	101	1804	264	246	0	376	294	144	126	378	270		
选修课程	专业选修课程	32	日语	3	54	54								36	36	
		33	计算机数学基础	3	54	54							72			
		34	计算机专业英语	3	54	54								72		
		35	物联网工程新技术介绍	2	36	36	0								72	
	公共选修课程	36	人文素质类	6	108	108							36	36	36	
			小　　计	17	306	306	0	0	0	0	0	0	108	144	144	

必修学时总计	2238
学时总计	2544
学分总计	140

5.6 人才培养模式改革

5.6.1 教学模式和教学方法

1. 教学模式

本专业探索基于"工学结合，校企合作"的具有本专业特色的"专业一体化、课程模块化、教学项目化、实训真实化"的"四化"人才培养模式，以专业人才培养目标为出发点，对专业课程体系进行整体设计，将专业课程划分为职业平台课程、职业能力课程、实践实训课程和专业选修课程等四个模块，教学内容采用项目化教学，用真实的项目进行教学和实训，培养学生的职业能力，培养适应我国物联网产业发展需要，从事物联网产品生产与检测，物联网系统集成、调试、营运与维护，物联网系统开发助理等一线岗位需要的高素质技能型专门人才。

2. 教学方法

对于基础理论课程，建议采用启发式授课方法，以讲授为主，并配合简单实验，针对高职学生多采用案例法、推理法、演示法等，深入浅出地讲解理论知识，可制作图表或动画，易于学生理解；对于实训课程，应加强对学生实际职业能力的培养，强化实训项目教学，注重以项目实训方式来激发学生的兴趣，应以学生为本，注重"教、学、做"一体化。通过选用合适实训项目，在教师的指导下，学生进行真实项目的实际操作，在实训中增强专业和职业意识，掌握本课程的职业能力。可将学生分组教学，并在分组中分担不同的职能，培养学生的团队协作能力。

5.6.2 教学过程考核与评价

针对不同的课程可采用不同的考核方法。对基础理论课程，建议采取理论考核的方法；对于操作性的实训课程，尽量采用实操考核、过程考核的方法。课程最好采用形成性评价与总结性评价、职业素养评价相结合的方式。根据学校的情况，结合行业标准进行考核，也可以将职业资格证书考试纳入课程体系范围。在项目考核过程中，要注重团队协作考核和小组汇报考核，锻炼学生的合作意识、沟通能力，同时需要注意小组内评价，减少组内不作为现象的出现。

5.6.3 教学质量监控

通过建立院、系（部、处）、教研室三级教学质量监控体系，不断完善各教育教学环节的质量标准，建立科学、合理、易于操作的质量监控、考核评价体系与相应的奖惩制度。形成教育教学质量的动态管理，促进合理、高效地利用各种教育教学资源，促进人才培养质量的不断提高，全面提升教育教学质量和人才培养工作的整体水平。

明确教学质量监控的目标体系：

（1）人才培养目标系统。其主要监控点为人才培养目标定位、人才培养模式、人才培养方案、专业改造和发展方向等。

（2）人才培养过程系统。其主要监控点为教学大纲的制定和实施、教材的选用、师资的配备、课堂教学质量、实践性环节教学质量。

（3）人才培养质量系统。其主要监控点为课量、教学内容和手段的改革，考核方式和试卷质量等，制定相关的质量标准；课程合格率、各项竞赛获奖率、创新能力和科研能力、毕业率、就业率、就业层次、用人单位评价等。

按照 PDCA 模型建立相应的教学质量监控体系，如图 5.1 所示。

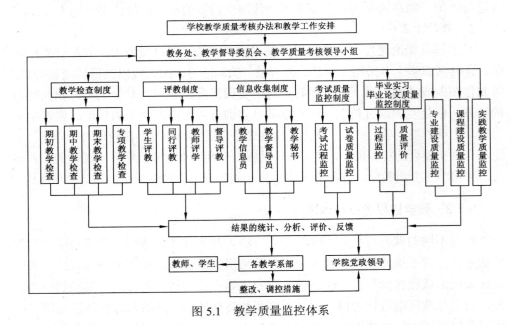

图 5.1　教学质量监控体系

5.7　专业办学基本条件和教学建议

5.7.1　教材建设

1. 开发基于工作过程的课程教材

教材建设是高等职业教育课程改革的重要组成部分，依据基于工作过程课程开发的原则，突破学科体系的框架，将职业教育的教学过程与工作过程相融合。在内容选择上，要坚持"四新（新知识、新技术、新工艺、新方法）、三性（实用性、应用性、普适性）"的原则；在编写形式上，要将专业理论知识和技能作为核心，以典型工作任务作为工作过程知识的载体，并按照职业能力发展规律构建教材的知识、技能体系，使之成为理论与实践相结合的一体化工学结合教材。

基于工作过程教材的开发，使学习者可以在学习情境中进行职业从业资格的训练，使其具有从容应对职业、生活、社会等行动领域的能力。

2. 选用优秀的高职高专规划教材

教材是实现人才培养目标的主要载体，是教学的基本依据。选用高质量的教材是培养高质量优秀人才的基本保证。近年来，许多出版社在"教育部高职高专规划教材"和"21 世纪高职高专教材"的组织建设中，出版了一批反映高职高专教育特色的优秀教材、精品教材。在进行教材选用时，应整体研究、制定教材选用标准，使在教学中实际应用的教材能明显反映行业特征，并具有时代性、应用性、先进性和普适性。

3. 选用国家精品课程教学资源

充分利用现有国家精品课程一流的教学内容和教学资源，开展专业课程的教学活动，将国家精品课程的建设成果有效地应用到专业课程的教学中，以获得最佳的教学效果。

5.7.2 网络资源建设

为了构筑开放的专业教学资源环境，最大限度地满足学生自主学习的需要，进一步深化专业教学内容、教学方法和教学手段的改革，物联网专业可以配合国家级教学资源库的建设，构建体系完善、资源丰富、开放共享式的专业教学资源库。其基本配置与要求如表 5.8 所示。

表 5.8 专业教学资源库的配置与要求

大类	资源条目	说明	备注
专业建设方案库	职业标准	包括软件行业相关职业标准、行业相关报告等	专业基本配置
	专业简介	主要介绍专业的特点、面向的职业岗位群、主要学习的课程等	
	人才培养方案	主要包括专业目标、专业面向的职业岗位分析、专业定位、课程体系、核心课程描述等	
	课程标准	核心专业素质与技能课程课程标准	
	执行计划	近三年的供参与的专业教学计划	
	教学文件	教学管理有关文件	

续表

大类	资源条目	说明	备注
优质核心课程库	电子教案	主要包括学时、项目教学的教学目标、项目教学任务单、教学内容、教学重点难点、教学方法建议、教学时间分配、教学设施和场地、课后总结	专业基本配置
	网络课程	基于 Web 网页形式自主学习型网络课程；基于教师课堂录像讲授型网络课程	
	多媒体课件	优质核心课程课件	
	案例库（情境库）	以一个完整的案例（情境）为单元，通过观看、阅读、学习、分析案例，实现知识内容的传授、知识技能的综合应用展示、知识迁移、技能掌握等，至少有 4 个完整案例	
	试题库或试卷库	主要包括题库，可以分为试题库和试卷库，试题库按试题类型排列，试题形式多样，兼有主观题和客观题	
	实验实训项目	主要包括实验实训目标、实验实训设备和场地、实验实训要求、实验实训内容与步骤、实验实训项目考核和评价标准、实验实训作品或结果、实验实训报告或总结、操作规程与安全注意事项	
	教学指南	主要包括课程的岗位定位与培养目标、课程与其他课程的关系、课程的主要特点、课程结构与课程内容、课时分配、课程的重点与难点、实践教学体系、课程教学方法、课程教学资源、课程考核、课程授课方案设计、课程建设与工学结合效果评价	
	学习指南	主要包括课程学习目标与要求、重点难点提示及释疑、学习方法、典型题解析、自我测试题及答案、参考资料和网站	
	录像库	主要包括课程设计录像、教学录像等	
	学生作品	主要包括学生实训及比赛的优秀作品、生产性实训作品和顶岗实习的作品等	
素材库	文献库	收录、整理与专业相关的图书、报纸、期刊、报告、专利资料、学术会议资料、学位论文、法律法规、技术资料以及国家、行业或企业标准等资源，形成规范数据库，为相关专业提供文献资源保障	专业特色选配
	竞赛项目库	收录各级、各类相关技能竞赛试题及参考答案等	
	视频库	主要包括操作视频和综合实训视频等	
	源代码	源代码工程应用实例	
	友情链接	参考网站	
自主学习型课程库	自主学习网络资源	专业选修课程网络教学资源，实现选修课网络教学	专业特色选配
开放式学习平台	开放式学习平台	在线考试系统、课件发布系统和论坛	专业特色选配

5.7.3 教学团队配置

1. 师资队伍的数量与结构

可聘请和培养专业带头人 1～2 名，专业带头人和骨干教师要占到教师总数的 50%以上，同时需有企业专业技术人员作为兼职教师，人数应超过 30%，承担的专业课程教学工作量可达到 50%。

学校应该有师资队伍建设长远规划和近期目标，有吸引人才、培养人才、稳定人才的良性机制，以学科建设和课程建设推动师资队伍建设，提高教学质量和科研水平，以改善教师知识、能力、素质结构为原则，通过科学规划，制定激励措施，促进师资队伍整体水平的提高。

（1）师资队伍的数量。

生师比适宜，满足本专业教学工作的需要，一般不高于 16:1。

（2）师资队伍结构。

师资队伍整体结构要合理，应符合专业目标定位要求，适应学科、专业长远发展需要和教学需要。

* 年龄结构合理。

教师年龄结构应以中青年教师为主。

* 学历（学位）和职称结构合理。

具有研究生学历、硕士以上学位和讲师以上职称的教师要占专职教师比例的 80%以上，副高级以上专职教师 30%。

* 生师比结构合理。

生师比适宜，满足本专业教学工作的需要，一般不高于 16:1。

* 双师比结构合理。

积极鼓励教师参与科研项目研发、到企业挂职锻炼，并获取物联网应用技术专业相关的职业资格证书，逐步提高"双师型"教师比例，力争达到 60%以上。

* 专兼比结构合理。

聘请物联网企业技术骨干担任兼职教师，建议专兼比达到 1:1，以改善师资队伍的知识结构和人员结构。

2. 知识、能力与素质

物联网应用技术专业是一个发展十分迅速的应用型专业，其与一些传统专业不同，需要教师具有较强的获取、吸收、应用新知识和新技术的能力。高职高专院校物联网应用技术专业教师承担着为社会各行各业培养物联网应用技术技能型人才的任务。这种技能型人才必须熟悉各种主流开发技术，有较强的动手能力，并能够随着物联网行业的飞速发展进行必要的消化、吸收、改进和创新。

　　教育部明确提出，高等职业教师应具备双师素质，即专职教师不仅要具有传统意义上的专职教师的各项素质（包括学历、学位、职称、教师资格证），而且要具有一定的工程师素质（承担或参与过科学研究、教学研究项目）；对于兼职教师，如果是以课堂教学为主的兼职教师，应具有教师的各项素质（包括学历、学位、职称、教师资格证），如果是以实践教学为主的兼职教师，应具有工程师素质（包括学历、职称、专业技能资格证）。

　　（1）知识要求。

- 熟悉计算机系统的基本结构和工作原理；
- 掌握计算机网络的基本结构和工作原理，熟悉局域网和 Internet 的基本配置；
- 掌握操作系统的基本理论，熟悉主流操作系统（Windows 和 Linux 等）和常用工具物联网的使用；
- 掌握物联网工程的基本概念、物联网系统工程生命周期理论、物联网过程方法和物联网项目管理理论；
- 熟悉主流的程序设计语言（C、Java 和 C#等），熟悉常用的数据结构和算法，掌握基本的物联网规范和程序编码规范；
- 掌握数据库的相关理论，熟悉典型关系型数据库管理系统（SQL Server 和 Oracle 等）的使用；
- 掌握模拟电子技术、数字电路技术、FPGA 技术等硬件基本技术，熟悉典型电路与电路模块设计，实现与调试等有关技术；
- 熟练掌握电子电路设计与仿真软件：DXP、PISPICE 等；
- 熟练掌握单片机、ARM 等嵌入式关键技术，熟悉驱动及 Linux 下驱动程序开发过程，有 Linux 下驱动开发经验；
- 熟悉 RFID、zigbee、蓝牙、wifi 等主流物联网关键技术，有相关项目开发经验；
- 熟悉 Android 系统级、中间级、应用级相关技术，有 Android 项目开发经验。

　　（2）能力要求。

- 能够组装和维护计算机系统，能判断与排除常见的计算机故障，能进行系统及数据的恢复；
- 能够组建和配置简单的局域网，能配置 Internet 连接并合理使用 Internet 资源；

- 能够完成基本的物联网架构设计，并能进行物联网系统的实现；
- 能够进行企事业单位的物联网系统集成；
- 能够使用 C、C++、C#等语言与常用数据库系统开发各类上位机应用系统；
- 能够选择合适的物联网行业项目过程方法，指导物联网应用系统的开发过程；
- 能够对物联网项目进行基本管理，并进行质量控制；
- 能够完成数据库的设计、应用和管理；
- 能够对物联网集成系统进行日常维护和故障排除；
- 具备基本的教学能力，能灵活运用分组教学法、案例教学法、项目驱动教学法和角色扮演法等方法实施课程教学；
- 具有一定的科研能力和较强的开发能力，能主持应用技术项目的开发和科研项目的研究；
- 具备较强的学习能力，能适应物联网应用技术的快速更新和发展。

（3）素质要求。

- 拥护党的领导，拥护社会主义，热爱祖国，热爱人民；热爱教育事业，具有良好的师德风范；
- 接受过系统的教育理论培训，掌握教育学、心理学等基本理论知识；
- 取得国家或行业中高级认证证书，或教育部的"双师型"教师证书；
- 具有较强的敬业精神，具有强烈的职业光荣感、历史使命感和社会责任感，爱岗敬业，忠于职守，乐于奉献。

3. 师资队伍建设途径

为迅速提高教师的知识、能力和素质，为教师的提高提供方便条件和保证，学校可以通过"引聘训评"等途径加强师资队伍的建设。

- 严格执行岗前培训制度，引进的新教师要接受岗前培训，使教师适应职业教育的规范和特点；执行"师徒结对"制度，由专业教师中具有丰富经验的高职称老教师与年轻教师结对，老教师在业务、教学方法和科研上进行指点帮助，使青年教师尽快地成长起来；
- 安排教师下企业锻炼学习，时间不短于 6 个月，所有专业教师应利用寒暑假期间到企业进行短期实践，使教师能够在教学中将专业教学能力与企业文化相结合；
- 加强学历及专业技术培训，对现有非研究生学历的中青年教师有计划、有步骤地安排在职或脱产进修，同时积极引进专业对口、素质过硬的研究生以上学历人才；定期请企业工程师到学校进行新技术的培训与讲座，或有计划地安排教师参加新技术培训；

- 坚持科研与教学相结合，鼓励教师申报各类科研和教学研究项目，提高教学中的科技含量，支持教师承担企业技术服务项目，以科研促进教学水平的提高，以教学带动科研工作的发展，提升双师队伍的内涵；
- 鼓励教师参加全国性的学术研讨、指导学生参加各类技能大赛等活动，支持教师参加国家规划教材的编写出版工作；
- 改变教师评价体系。

（1）专业带头人培养。

培养目标：达到教授职称或取得博士学位，提升高职教育管理、应用技术开发等能力，主持省部级以上的科研课题或精品课程建设，指导青年骨干教师快速成长。

培养措施：

- 国内学习，提高高职教育理论和专业技术水平；国外考察，到澳大利亚学习职业教育培训包开发模式和教学特点；到英国学习 IT 项目开发新技术；
- 到实力雄厚的软件公司挂职锻炼，丰富企业现场培训经验；
- 参加软件开发新技术学习培训；
- 主持申报、承接各类应用技术开发课题；主持与企业合作或参与企业的应用技术开发。

（2）骨干教师培养。

培养目标：达到副教授职称或取得硕士学位，具备主讲 2 门以上核心专业素质与技能课程的能力，具备主持核心课程建设的能力，能指导青年教师快速成长。

培养措施：

- 国内学习，提高高职教育理论和课程建设的能力；国外考察，学习借鉴国外先进课程建设经验和教学特点；
- 参加国内软件开发新技术学习培训；
- 到实力雄厚的软件公司挂职锻炼，获得企业现场培训经验；
- 参与各类应用技术开发课题。

（3）兼师队伍建设。

建设目标：聘请软件企业具有丰富实际项目开发经验和一定教学能力的行业专家和技术人员，参与课程体系构建、课程开发、课程教学、实训指导、顶岗实习指导等专业建设各环节，争取专兼比达到 1:1。

建设措施：

- 在知名软件公司中遴选一批高水平的技术人员，建立兼师库，从中挑选兼职教师；

- 选聘有丰富项目开发经验具有中级以上职称的优秀的项目开发经理、技术骨干为兼职教师；
- 建立兼师的培训制度，兼师定期参与教研活动；
- 制定兼师的管理制度。

5.7.4　实训基地建设

1．建设原则

物联网应用技术专业应建设必要的校内基础教学实训室和专项技能实训室，根据各学校场地和设施的不同，可以自行选择设备，以满足教学要求为原则，兼顾学生竞赛训练，师生的部分科研任务。

2．校内实训（实验）基地建设

根据物联网应用技术行业发展和职业岗位工作的需要，应与行业知名企业合作，针对典型工作岗位，逐步建设与完善媒体采编实训室、Web 项目制作实训室、模型构建实训室、虚拟漫游实训室、影视后期特效实训室，每个实训室应能完成人才培养方案中相应教学项目课程的训练及能力的培养，使学生能够满足就业岗位要求并具备持续发展能力。物联网应用技术专业各实训室建议方案如表 5.9 所示。

表 5.9　物联网应用技术专业各实训室建议方案

序号	实训室名称	设备名称	数量	实训内容	备注
1	PC 端软件系统设计实训室	学生用机	50 台	程序设计基础实训 面向对象程序设计实训 C#技能鉴定实训	建议使用国内外知名品牌机，建议配置： CPU：四核 硬盘：500GB 内存：4GB
		教师用机	1 台		
		服务器	1 台		
		投影仪	1 台		
		投影屏幕	1 台		
		24 口交换机	3 台		
		音响系统	1 台		
		机柜	1 个		
		多媒体演示软件	1 套		
		VS 2008/2010	1 套		
		IIS 服务器	1 台		

续表

序号	实训室名称	设备名称	数量	实训内容	备注
2	Java 程序设计实训室	学生用机	50 台	Android 基础实训 Android 应用开发实训	建议使用国内外知名品牌机，建议配置： CPU：四核 硬盘：500GB 内存：4GB
		教师用机	1 台		
		服务器	1 台		
		投影仪	1 台		
		投影屏幕	1 台		
		24 口交换机	3 台		
		音响系统	1 台		
		机柜	1 个		
		多媒体演示软件	1 套		
		JDK 1.7	1 套		
		MyEclipse 8 或更高	1 套		
		JCreator 5	1 套		
		Tomcat 7	1 套		
3	数据库技术实训室	学生用机	50 台	SQL Server 数据库应用 Oracle 数据库应用	建议使用国内外知名品牌机，建议配置： CPU：四核 硬盘：500GB 内存：4GB
		教师用机	1 台		
		服务器	1 台		
		投影仪	1 台		
		投影屏幕	1 台		
		24 口交换机	3 台		
		音响系统	1 台		
		机柜	1 个		
		多媒体演示软件	1 套		
		SQL Server 2010	1 套		
		Oracle 11g	1 套		
4	物联网应用项目开发实训室	学生用机	50 台	物联网综合布线技术 RFID 技术综合实训 物联网应用开发技术实训 无线传感器网络实训	建议使用国内外知名品牌机，建议配置： CPU：四核 硬盘：500GB 内存：4GB
		教师用机	1 台		
		服务器	2 台		
		投影仪	1 台		
		投影屏幕	1 台		
		24 口交换机	3 台		
		音响系统	1 台		
		物联网综合技术机箱	11 个		

续表

序号	实训室名称	设备名称	数量	实训内容	备注
4	物联网应用项目开发实训室	多媒体演示软件	1 套		
		SQL Server 2010	1 套		
		Oracle 11g	1 套		
		VS 2008/2010	1 套		
		IIS 服务器	1 台		
		JDK 1.7	1 套		
		MyEclipse 8 或更高	1 套		
		Tomcat 7	1 套		
		SSH 框架	1 套		
5	物联网硬件实训室	学生用机	50 台	计算机模拟电路实训 计算机数字电路实训 ARM 关键技术实训 单片机实训 FPGA 实训	建议使用国内外知名品牌机,建议配置: CPU:四核 硬盘:500GB 内存:4GB
		教师用机	1 台		
		服务器	1 台		
		投影仪	1 台		
		投影屏幕	1 台		
		24 口交换机	3 台		
		音响系统	1 台		
		机柜	1 个		
		多媒体演示软件	1 套		
		SQL Server 2010	1 套		
		Oracle 11g	1 套		
		VS 2008/2010	1 套		
		ARM 综合实验箱	50 套		
		单片机综合实验箱	50 套		
		物联网电子电路实验箱	30 套		
		FPGA 实验板	50 套		
		电子电路焊接设备 (936A 电焊台)	50 套		
6	物联网综合测试实训室	学生用机	50 台	电子电路测量实训 传感器与综合技术实训 无线传感器网络实训	建议使用国内外知名品牌机,并配置不同环境的机器 CPU:四核 硬盘:500GB 内存:4GB
		教师用机	1 台		
		服务器	2 台		
		投影仪	1 台		
		投影屏幕	1 台		
		24 口交换机	3 台		

续表

序号	实训室名称	设备名称	数量	实训内容	备注
6	物联网综合测试实训室	音响系统	1台		
		机柜	1个		
		多媒体演示软件	1套		
		信号发生器	1套		
		示波器	15套		
		物联网节点核心板+下载器	50套		
		传感器（各型）	50套		
		其他线材与芯片等耗材	依课程配置		

3. 校外实训基地建设

校外实训基地的基本要求如下：学校要积极探索实践"订单培养、工学交替、顶岗实习"的"产、学、研"结合模式和运行机制，拓展紧密性的"厂中校"等校外实训基地，形成长期的互动合作机制，以培养学生的综合职业能力为目标，在真实的职场环境中使学生得到有效的训练，实现校企双方互利双赢。为了确保物联网应用技术专业校外实训基地的规范性，对校外实训基地必须具备的条件制定出如下基本要求：

（1）企业应是正式的法人单位，组织机构健全，领导和工作（或技术）人员素质高，管理规范，发展前景好。

（2）所经营的业务和承担的职能与物联网应用技术专业对口，并且在本地区的本行业中有一定的知名度，社会形象好。

（3）能够为学生提供专业实习实训条件，并且满足学生顶岗实训半年以上。

（4）有相应的技术人员担任实训指导教师。

（5）有与学校合作的积极性。

5.8 校企合作

5.8.1 合作机制

校企合作是以学校和企业紧密合作为手段的现代教育模式。高等职业技术院校通过校企合作，使学生在理论和实践相结合的基础上获得更多的实用技术和专业技能。要保证高职教育的校企合作走稳定、持久、和谐之路，关键在于校企合作机制的建设。

1. 政策机制

校企合作关系到政府、学校、企业的权利、责任和义务。所以，应推动从法律层面上建立法律体系，界明政府、学校、企业在校企合作教育中的权利、责任和义务，在《中华人民共和国职业教育法》、《中华人民共和国劳动法》等法律法规的指导下，出台校企合作教育实施条例，在法律范畴内形成校企合作的驱动环境。同时，要积极推动政府层面上严格实施就业准入制度，并制定具体执行规则，规范校企合作行为，有效推动企业自觉把自身发展与参与职教捆绑前进。

2. 效益机制

企业追求经济利益，学校追求社会效益，要实现互惠共赢，对于企业来说，要参与制定人才培养的规格和标准，开放"双师型"教师锻炼发展与学生实践实习基地；从学校的角度来说，要为企业员工培训提升企业竞争力提供学校资源，为企业新产品、新技术的研制和开发提供信息与技术等服务。

为保障校企双方利益，在组织上成立行业协会或校企合作管理委员会，推进校企合作的深入，及时发布信息咨询，指导合作决策，进行沟通协调，全面监督评估，规避校企合作中的短视、盲区和不作为。

3. 评价机制

完善校企合作评价机制，从签定协议、协议执行、执行效度等几方面施行量化考核。对于校企合作中取得显著绩效的学校和企业，政府和相关主管部门应给予物质奖励和精神激励，如给予企业税收、信贷等方面的优惠，授予学校荣誉称号、晋升星级等；并采取自评、互评、他评等多种形式，把校企合作的社会满意度情况与绩效考核对等挂钩。对于校企合作中满意度较低的校企予以一定的惩戒，以评价为杠杆，充分发挥校企合作应有的效应。

5.8.2 合作内容

1. 共建专业建设指导委员会，共同制定专业人才培养方案

学校以书信、电子邮件、电话、年会等形式，与专业指导委员会委员和企业人员共同研究人才培养的目标，确定专业工作岗位的业务内容、工作流程以及毕业生所需要具备的知识、能力、素质等，共同探讨制定人才培养方案、选择教学项目、制定课程标准等教学文件。

2. 校企共建校内项目工作室和校外实训基地

模拟企业环境，引进企业文化，学校与企业合作建设项目工作室，在虚拟现实、网站开发、三维建模等方面进行项目开发合作，为学生校内的项目实践提供场地和条件。节省学校投资，开创双赢局面。

定期组织学生到企业中认识参观、顶岗实习等，挑选经验丰富的骨干技术人员作为学生的校外实习指导老师。

3. 共同开发企业项目，共建专业教学项目库

鼓励学生与教师共同参与技术开发、技术服务，逐步提高学生的实践能力和创新能力。教师利用自己的技术优势，在帮助企业解决实际问题的同时，也为自己的课堂教学内容提供了项目素材。

4. 校企员工互聘，共同培养师资

学校选派青年教师到企业去挂职锻炼，培养具有工程素质和能力的教师，提高"双师"队伍比例。企业选派优秀的现场员工到学校进行专业课程教学、毕业设计指导等，参与学生评价，传播企业文化并将行业新技术带入课堂。

5.9 技能竞赛参考方案

5.9.1 设计思想

物联网应用技术技能竞赛设计应紧扣"贴近产业实际，把握产业趋势，体现高职水平"的思想，适应国家产业结构调整与社会发展需要，展示知识经济时代高技能人才培养的特点。通过比赛展示和检验学生对物联网应用技术接受的水平和深度，进一步培养学生实践动手能力和团队协作能力，缩小学生职业能力与产业间的差距，保证专业培养目标的实现。

5.9.2 竞赛目的

适应物联网产业快速发展的趋势，体现高素质技能型人才的培养，促进物联网产业前沿技术在高职院校中的教学应用，引导物联网应用技术专业的教学改革方向，优化课程设置；深化校企合作，推进"产学结合"人才培养模式改革；促进学生实训实习与就业。

5.9.3 竞赛内容

"物联网应用技术"技能竞赛以实际操作技能为主，要求根据提供的物联网和硬件设备以及相关素材，按照竞赛要求，完成物联网应用系统的设计与实现。具体的竞赛内容包括：

（1）阅读并理解相关技术文档；

（2）完成上位机软件与数据库的设计与实现；

（3）完成 Android 端软件与嵌入式数据库的设计与实现；

（4）完成物联网硬件系统集成中安装、调试、配置、连通、烧写等相关任务；

（5）物联网应用系统集成。

5.9.4　竞赛形式

比赛采用团队方式进行，每支参赛队由 3 名选手组成，其中队长 1 名，分工完成比赛项目功能。每支参赛队可以配 2 名指导教师。

比赛期间，指导教师不得进入比赛场地指导学生。参赛选手需自行完成任务，全国技能大赛物联网应用技术赛项从 2013 年起进入自动评分系统，比赛现场直接公布成绩。

赛场不开放，但允许观众在不影响选手比赛的前提下，在场外隔玻璃进行参观。

5.10　继续专业学习深造建议

物联网应用技术专业的专业知识和技术更新快，为跟上行业与企业要求，物联网应用技术从业人员必须树立终身学习理念，不断更新知识和技术，继续专业学习。可以有目的地参与各大公司技术论坛交流，紧跟技术发展方向，有条件者可申请进入本科院校进行深入的专业理论知识学习。

第 6 章　软件技术专业教学实施规范

6.1　专业概览

1. 专业名称：软件技术
2. 专业代码：590108
3. 招生对象：普通高中（或中职）毕业生和同等学历者
4. 标准学制：三年

6.2　职业能力分析

1. 就业面向岗位

本专业毕业生的就业主要面向 IT 企业、政府机关和企事业单位所需要的软件开发工程师、软件支持/维护工程师、软件测试工程师等岗位。

2. 岗位工作任务与内容

软件技术专业相关职业岗位与工作任务、工作内容的对应关系如表 6.1 所示。

表 6.1　软件技术专业相关职业岗位与工作任务、工作内容对应表

序号	岗位名称	工作任务	工作内容
1	软件开发工程师	熟悉需求	根据销售经理或项目经理与客户签订的软件开发协议以及需求分析报告、需求规格说明书等文档，了解并熟悉软件需求
		设计和编码	在了解需求的基础上，根据系统的概要设计等文档，与项目经理共同确定项目功能，在此基础上完成详细设计、软件编码工作
		单元测试	根据功能点设计测试用例，在编码过程中借助测试用例进行单元测试；并与其他开发者进行交叉测试，测试其他程序员所完成的模块
		编写文档	完成软件系统详细设计说明书、开发日志和测试用例等相关文档的编写

续表

序号	岗位名称	工作任务	工作内容
2	软件支持/维护工程师	熟悉软件	熟悉需要维护的软件的功能,并了解用户在使用软件过程中可能出现的故障
		技术支持	对用户使用软件过程中出现故障时提供支持,帮助用户解决软件使用中的问题,并填写软件维护单,将相关信息反馈到开发部门,以便持续改进
3	软件测试工程师	制定测试计划	根据软件的规模和开发进度以及系统需求,制定测试方案及测试计划,并选择恰当的测试工具
		集成测试	根据系统需求文档和设计文档进行集成测试,即把通过单元测试的各个模块组装在一起之后,进行综合测试以便发现与接口有关的各种错误
		系统测试	充分运行软件系统,根据系统需求文档验证系统各部件是否都能正常工作并达到既定的需求
		提交测试文档	在测试过程中,编写缺陷报告,并根据测试结果提交测试报告,由开发人员进行缺陷的确认和修复

3. 岗位能力要求

软件技术专业相关职业岗位及能力要求如表 6.2 所示。

表 6.2 软件技术专业相关职业岗位及能力要求

序号	职业岗位	能力要求
1	软件开发工程师(桌面软件)	1. 能熟练搭建桌面软件开发和测试环境 2. 能按照软件工程规范完成详细设计 3. 能设计和实现数据库 4. 能进行简单的软件建模 5. 能利用 C#、VB.NET 或 Java 等语言编程实现系统功能 6. 能编写测试用例并进行单元测试 7. 能阅读和编写规范的软件文档 8. 能与客户和团队成员进行友好沟通交流
2	软件开发工程师(Web 软件)	1. 能熟练搭建 Web 软件开发和测试环境 2. 能按照软件工程规范完成详细设计 3. 能设计和实现数据库 4. 能进行简单的软件建模 5. 能设计简单页面 6. 能利用 ASP.NET 或 Java Web 等技术编程实现系统功能 7. 能优化和改善用户体验 8. 能编写测试用例并进行单元测试 9. 能阅读和编写规范的软件文档 10. 能与客户和团队成员友好沟通交流

续表

序号	职业岗位	能力要求
3	软件支持/维护工程师	1. 能熟练使用特定的商业软件 2. 能解决客户使用软件过程中出现的问题 3. 能规范地书写软件错误报告 4. 能与客户和团队成员友好沟通交流
4	软件测试工程师	1. 能制定测试计划 2. 能设计测试用例 3. 能合理选择测试方法和自动化测试工具 4. 能正确执行测试过程 5. 能规范地书写测试报告 6. 能与客户和团队成员友好沟通交流

6.3 专业培养规范

6.3.1 专业培养目标

本专业培养德、智、体、美全面发展，具有良好的职业道德和创新精神，熟悉计算机软件相关理论知识，具备一定的软件需求分析和系统设计能力，能熟练应用程序设计语言，按照软件工程规范熟练完成程序编制等任务，能够从事软件设计、编码、测试、维护及计算机软件销售、咨询与技术支持等工作的有可持续发展能力的高素质技能型专门人才。

6.3.2 专业培养规格

1. 素质结构

（1）思想政治素质。

具有科学的世界观、人生观和价值观，践行社会主义荣辱观；具有爱国主义精神；具有责任心和社会责任感；具有法律意识。

（2）文化科技素质。

具有合理的知识结构和一定的知识储备；具有不断更新知识和自我完善的能力；具有持续学习和终身学习的能力；具有一定的创新意识、创新精神及创新能力；具有一定的人文和艺术修养；具有良好的人际沟通能力。

（3）专业素质。

掌握从事软件开发、软件技术支持/维护、软件测试等工作所必需的专业知识；

具有一定的数理与逻辑思维；具有一定的工程意识和效益意识。

（4）职业素质。

具有良好的职业道德与职业操守；具备较强的组织观念和集体意识。

（5）身心素质。

具有健康的体魄和良好的身体素质；拥有积极的人生态度和良好的心理调适能力。

2．知识结构

（1）工具性知识。

外语、计算机基础等。

（2）人文社会科学知识。

政治学、社会学、法学、思想道德、职业道德、沟通与演讲等。

（3）自然科学知识。

数学等。

（4）专业技术基础知识。

- 策划、组织和撰写技术报告及文档写作技巧与方法；
- 本专业技术资料的阅读；
- 基本的编程思想、程序设计基础知识及编程规范；
- 计算机组装与维护，计算机硬件故障的检测与维护，简单服务器架设；
- 产品推销的方式和技巧，基本的市场营销知识。

（5）专业知识。

- 软件需求分析；
- 软件系统建模；
- 软件系统设计；
- 软件系统编程；
- 软件系统测试；
- 数据库应用、管理与设计。

3．专业能力

（1）职业基本能力。

- 良好的沟通表达能力；
- 计算机软硬件系统的安装、调试、操作与维护能力；
- 利用 Office 工具进行项目开发文档的整理（Word）、报告的演示（PowerPoint）、表格的绘制与数据的处理（Excel），利用 Visio 绘制软件开发相关图形的能力；

- 阅读并正确理解需求分析报告和项目建设方案的能力；
- 阅读本专业相关中英文技术文献、资料的能力；
- 熟练查阅各种资料，并加以整理、分析与处理，进行文档管理的能力；
- 通过系统帮助、网络搜索、专业书籍等途径获取专业技术帮助的能力。

（2）专业核心能力。

- 简单算法设计能力；
- 数据库设计能力；
- 主流关系数据库管理能力；
- 简单界面设计能力；
- 中小型桌面应用程序开发能力；
- 中小型 Web 应用程序开发能力；
- 企业级多层架构 Web 应用系统开发能力；
- 软件建模能力；
- 应用软件开发方法指导软件开发过程能力；
- 对开发的软件系统进行测试的能力；
- 编写软件相关文档的能力。

4. 其他能力

（1）方法能力：分析问题与解决问题的能力；应用知识的能力；创新能力。

（2）工程实践能力：人员管理、时间管理、技术管理、流程管理等能力。

（3）组织管理能力。

6.3.3 职业技能资格证书

实施"双证制"教育，即学生在取得学历证书的同时，需要获得软件技术相关职业资格证书。本专业学生可以获得的初级职业资格证书如表 6.3 所示。

表 6.3 初级职业资格证书

序号	职业资格（证书）名称	颁证单位	等级
1	程序员	人力资源和社会保障部、工业和信息化部	初级
2	信息系统运行管理员	人力资源和社会保障部、工业和信息化部	初级
3	计算机程序设计工程师技术水平证书	工业和信息化部	初级
4	数据库应用系统设计工程师技术水平证书	工业和信息化部	初级
5	软件测试工程师技术水平证书	工业和信息化部	初级

本专业毕业生要求必须获取以上初级职业资格证书之一，并鼓励和支持学生努力获取中级职业资格证书。本专业学生可以获得的中级职业资格证书如表 6.4 所示。

表 6.4　中级职业资格证书

序号	职业资格（证书）名称	颁证单位	等级
1	软件设计师	人力资源和社会保障部、工业和信息化部	中级
2	软件评测师	人力资源和社会保障部、工业和信息化部	中级
3	信息系统管理工程师	人力资源和社会保障部、工业和信息化部	中级
4	数据库系统工程师	人力资源和社会保障部、工业和信息化部	中级
5	信息技术支持工程师	人力资源和社会保障部、工业和信息化部	中级
6	Java 认证证书（110 或助理程序员级）	Oracle 公司或 IBM 公司	中级

6.3.4　毕业资格与要求

（1）学分：获得本专业培养方案所规定的学分。

（2）职业资格（证书）：至少取得一项初级或中级职业资格（证书）。

（3）外语：通过高等学校英语应用能力等级考试，获得 B 级或以上证书（其他语种参考此标准）。

（4）顶岗实习：参加半年以上的顶岗实习并成绩合格。

6.4　课程体系设计

6.4.1　建设思路

1.“岗位→能力→课程”的建设步骤

软件技术专业课程体系的设计面向职业岗位，由职业岗位分析并得到本专业职业岗位群中每一个岗位所需要的岗位能力。在此基础上进行能力的组合或分解，得出本专业的主要课程。具体内容如表 6.5 所示。

表 6.5　“岗位→能力→课程”表

职业岗位	能力要求与编号	课程名称
软件开发工程师（桌面软件）	C1-1：能熟练搭建桌面软件开发和测试环境 C1-2：能按照软件工程规范完成详细设计 C1-3：能设计和实现数据库	微机组装与维护 计算机网络基础 软件工程基础

职业岗位	能力要求与编号	课程名称
软件开发工程师（桌面软件）	C1-4：能进行简单的软件建模 C1-5：能利用 C#.NET 或 Java 编程实现系统功能 C1-6：能编写测试用例并进行单元测试 C1-7：能阅读和编写规范的软件文档 C1-8：能与客户和团队成员进行友好沟通交流	SQL Server 数据库技术 Oracle 数据库应用与管理 软件建模技术 C#程序设计基础 C#高级程序设计 * Java 程序设计基础 * Java 高级程序设计 桌面软件开发实训
软件开发工程师（Web软件）	C2-1：能熟练搭建 Web 软件开发和测试环境 C2-2：能按照软件工程规范完成详细设计 C2-3：能设计和实现数据库 C2-4：能进行简单的软件建模 C2-5：能设计简单页面 C2-6：能利用 ASP.NET 或 Java Web 编程实现系统功能 C2-7：能优化和改善用户体验 C2-8：能编写测试用例并进行单元测试 C2-9：能阅读和编写规范的软件文档 C2-10：能与客户和团队成员友好沟通交流	微机组装与维护 计算机网络基础 软件工程基础 SQL Server 数据库技术 Oracle 数据库应用与管理 软件建模技术 C#程序设计基础 C#高级程序设计 * Java 程序设计基础 * Java 高级程序设计 软件测试技术 软件文档写作 网页制作与设计 高级网页技术 ASP.NET 程序设计 XML Web 服务 * JSP 程序设计 * Java Web 开源框架技术 中小型 Web 软件开发实训 大型 Web 软件开发实训
软件支持/维护工程师	C3-1：能熟练使用特定的商业软件 C3-2：能解决客户使用软件过程中出现的问题 C3-3：能规范地书写软件错误报告	微机组装与维护 计算机网络基础 软件工程基础 SQL Server 数据库技术 Oracle 数据库应用与管理 软件建模技术 C#程序设计基础 C#高级程序设计 * Java 程序设计基础 * Java 高级程序设计 软件测试技术 软件文档写作

职业岗位	能力要求与编号	课程名称
软件测试工程师	C4-1：能制订测试计划 C4-2：能设计测试用例 C4-3：能合理选择测试方法和自动化测试工具 C4-4：能正确执行测试过程 C4-5：能规范地书写测试报告	微机组装与维护 计算机网络基础 软件工程基础 SQL Server 数据库技术 Oracle 数据库应用与管理 软件建模技术 C#程序设计基础 C#高级程序设计 * Java 程序设计基础 * Java 高级程序设计 软件测试技术 软件文档写作
上述所有职业岗位	C0-1：具有良好的组织观念与集体意识 C0-2：具有时间管理能力 C0-3：具有较强的信息搜索与分析能力 C0-4：具备较好的文档处理和管理能力 C0-5：具备一定的英文阅读能力 C0-6：具备新知识、新技术的学习能力 C0-7：具备自我职业生涯规划能力	计算机应用基础 常用办公软件应用 ISAS 实训 英语 专业英语 并行化编程技术 职业指导

说明：带*的表示为 Java 开发方向的课程，下同。

2. 理论与实践教学一体化

实现"理论实践一体化"教学，就是要将培养学生实践动手能力的系统，与培养学生可持续发展能力的基础知识系统灵活、交叉地进行应用，构建与实践教学相融合的基础知识培养系统，在强调以实践能力为重点的基础之上，也要重视理论知识的学习，真正为实现专业人才培养目标服务。

（1）基础知识培养系统。

● 三年统筹安排、课内外结合。

思想政治课教学从高职学生的实际出发，建议全部采用案例教学，以增强教学的针对性、实效性，将社会实践、竞赛、主题班会等纳入课程模块。教学形式上采用主题演讲、辩论赛、案例讨论、实地调研、专家讲座、观看电视片、拍摄校园内热点难点问题等方式。改革教学考核评价，课程成绩由任课教师、辅导员、班主任、团委共同评价，将学生日常行为和实习表现作为课程考核的一部分。

职业指导课程设计应体现全面素质发展与专业能力培养相结合，按照学习知识、具备能力、发展自己、发展社会的多层次培养目标进行设计。课程内容建议通过三个学年的多个模块（如专业教育、岗位体验指导、职业指导课、专业技术应用指导、预就业顶岗实习指导、预就业指导）全程化服务于学生就业、职业和创业教育，服务于专业人才培养目标。

● 围绕专业能力、服务于专业教学。

数学课根据专业特点，开设计算机数学。数学课建议采用案例教学，教学案例可以由专业教师提供，保证教学内容与专业紧密结合。英语课教学可以进行情境教学和分层教学，通过开放语音室、建立英语角、举办英语剧比赛、播放英语广播等方式，培养学生听、说、读、写、译的能力。计算机专业英语则直接用企业的技术资料（如帮助文档）作为教学材料。计算机应用基础可以通过求职简历、学生毕业设计等作为案例贯穿整个教学始终。

（2）实践动手能力培养系统。

为进一步强化学生动手能力的培养，突出以实践为重点，实现培训高素质技能型专门人才的目标，应建立相对独立的实践教学体系。建议设计的软件技术专业实践体系如表 6.6 所示。

表 6.6　软件技术专业实践体系

序号	实践名称	设计目的	开设时间	主要培养能力
1	入学军训	培养吃苦耐劳的精神，锻炼健康的体魄	第 1 学期	社会能力
2	社会实践	尽早接触社会，坚定为社会主义服务的理想，培养沟通和表达能力	第 1 学期暑期	社会能力
3	ISAS 实训	强化信息搜索和分析能力，培养沟通和表达能力	第 2～5 学期	社会能力
4	桌面软件开发实训	培养基于桌面信息管理系统开发能力	第 3 学期	专业能力
5	中小型 Web 软件开发实训	培养中小型企业 Web 应用系统开发能力	第 4 学期	专业能力
6	大型 Web 软件开发实训	培养基于多层架构技术和框架技术的大型 Web 应用系统开发能力	第 5 学期	专业能力
7	生产性实训	承接商用项目和外包项目，进一步提升学生项目开发能力	二年 1 期或三年 1 期	专业能力
8	职业技能鉴定实训	获得相关职业技能鉴定证书	一年 1 期和三年 1 期	专业能力
9	顶岗实习	锻炼意志、感受企业文化，进一步培养良好的职业习惯并遵循良好的规范	第 2 学期暑假和三年 1 期	专业能力、社会能力
10	毕业设计	综合应用专业知识，强化项目开发能力，提升分析问题和解决问题的能力	三年 1 期或三年 2 期	专业能力

说明：ISAS（Information Search and Analysis Skill）是指信息搜索与分析技能。

3．双证书课程

根据毕业资格要求，本专业毕业生需具备两个证明学生能力和水平的证书：一是学历证，二是职业资格证。它们既反映学生基础理论知识的掌握程度，又反映实践技能的熟练程度。建议软件技术专业通过"数据结构"、"程序设计基础"等专业基础课，结合专业选修课，将相关企业认证融入课程内容。

6.4.2　课程设置

根据"岗位→能力→课程"的基本过程，以培养学生编程能力为中心，进行职业基本素质课程的系统化设计，在技能培养过程中融入职业资格证书课程。在此基础上，明确各课程模块对应的主要课程，构建软件技术专业的课程体系。

1．基础课程

思想道德修养与法律基础，毛泽东思想、邓小平理论和"三个代表"重要思想概论，形势与政策，军事理论，英语，数学，体育与健康，职业道德与就业指导。

2．专业基础课程

微机组装与维护、计算机网络基础、C#程序设计基础、Java 程序设计基础、软件文档写作、数据库技术、软件工程基础、数据结构。

3．专业核心课程

XML Web 服务、Java Web 开源框架技术、C#高级程序设计、Java 高级程序设计、软件测试技术、软件建模技术、ASP.NET 程序设计、JSP 程序设计。

4．实践实训课程

入学军训、社会实践、桌面软件开发实训、中小型 Web 软件开发实训、大型 Web 软件开发实训、职业技能鉴定实训、生产性实训、顶岗实习、毕业设计。

6.4.3　主干课程知识点设计

软件技术专业主干课程知识点说明如下：

1．微机组装与维护

计算机的基本组成、计算机硬件的安装、计算机系统软件的安装、计算机软件系统的维护、计算机系统硬件的故障检测、常用工具软件的应用等。

2．计算机网络基础

计算机网络的定义、计算机网络的分类、计算机局域网的组建、主流网络操作系统、简单网络管理、Internet 及其应用、计算机网络安全、无线网等。

3．C#程序设计基础

C#语言基础、数据类型、变量和常量、运算符和表达式、程序控制语句、数组、函数等。

4. Java 程序设计基础

Java 语言基础、数据类型、变量和常量、运算符和表达式、程序控制语句、数组等。

5. 网页设计与制作

安装配置 IIS、创建站点、基础网页制作、使用表格布局页面、使用框架布局页面、层的应用、浮动框架的应用、代码片断的应用、库项目的应用、模板的应用、图像的应用、多媒体元素的应用、网站上传、网站维护和更新等。

6. 软件文档写作

软件工程标准化与软件文档、软件文档国家标准、软件文档写作要求、常用软件开发文档、软件测试计划与测试报告、开发进度报告、软件用户文档、软件文档管理等。

7. SQL Server 数据库技术

数据库技术基础、数据库操作、表的管理、数据查询、索引和视图操作、T-SQL基础和存储过程、数据库完整性、数据库安全性、数据管理、事务和锁、数据库设计、SQL Server 数据库应用程序开发等。

8. 软件工程基础

软件工程基本概念、软件生存周期模型、常用软件开发方法、软件生存周期各阶段任务、程序编码规范等。

9. 并行化编程技术

并行算法和多核体系结构、并行编程模型、并行化程序设计方法、并行化程序性能优化等。

10. Oracle 数据库应用与管理

Oracle 概述、安装 Oracle、Oracle 数据库操作（数据库实例、管理表空间等）、数据表操作（Oracle 基本数据类型、方案、序列、同义词等）、数据完整性（非空、默认、唯一、检查（Check）约束、主键、外键约束等）、Oracle 数据库查询操作、视图和索引操作、存储过程操作（PL/SQL、异常处理、函数、包等）、事务和锁、触发器操作、Oracle 数据库安全管理、数据库管理操作（备份数据库、恢复数据库、导入、导出等）、Oracle 数据库应用程序开发等。

11. 软件建模技术

面向对象软件工程基础、用例建模（用例图、活动图）、静态建模（类图、对象图）、动态建模（顺序图、协作图、活动图、状态图）、体系结构建模（组件图、部署图）、双向工程等。

12. C#高级程序设计

C#面向对象编程基础、类的封装、类的继承、类的多态、接口、结构和代理、异常处理、文件 I/O 操作等。

13. Java 高级程序设计

面向对象编程技术、GUI 编程技术、异常处理技术、输入/输出技术、线程与多线程编程、网络编程、数据库编程等。

14. 软件测试技术

软件测试概述、软件测试方法、单元测试、集成测试和系统测试、验收测试和回归测试、软件测试用例的编写、面向对象软件的测试、软件测试自动化、软件测试项目管理等。

15. 高级网页技术

CSS 样式表的类型、CSS 样式表的设置方法、各种 CSS 属性、JavaScript 技术、Ajax 技术等。

16. ASP.NET 程序设计

配置 ASP.NET 开发环境、常用 Web 服务器控件、服务器对象、数据验证控件、ADO.NET 数据库连接技术、数据控件、高级应用、安全配置和部署等。

17. XML Web 服务

XML 语法、使用 DTD 规范 XML 文档、使用 CSS 格式 XML 文档、使用 XSL 转换 XML 文档、使用 DSO 显示 XML 文档、使用 DOM 访问 XML 文档、Web 服务基本原理、创建 Web 服务、调用 Web 服务等。

18. JSP 程序设计

JSP 开发概述、JSP 语法基础、JSP 内置对象、JDBC 数据库访问技术、JavaBean 技术、Servlet 技术、组件应用、Ajax 应用、Web 系统安全与部署等。

19. Java Web 开源框架技术

Struts 框架的使用、JSTL 标签、自定义标签、Struts Action 的使用、Struts ActionForm 的使用、Hibernate 框架的使用、Spring 框架的使用等。

20. 桌面软件开发实训

需求确认、系统详细设计、数据库设计与实现、单元测试、桌面软件开发技术（C#.NET 或 Java）等。

21. 中小型 Web 软件开发实训

需求确认、系统详细设计、数据库设计与实现、单元测试、简单页面设计、Web 软件开发技术（ASP.NET 或 Java Web）等。

22. 大型 Web 软件开发实训

需求确认、系统详细设计、数据库设计与实现、单元测试、简单页面设计、Ajax 技术、框架技术等。

6.4.4 参考教学计划

软件技术（Java 方向）专业参考教学计划如表 6.7 所示。

表 6.7 软件技术（Java 方向）专业参考教学计划

课程类别	课程性质	序号	课程名称	总学分	总学时	其中				建议修读学期与学时分配						备注
						课内		课外		第一学年		第二学年		第三学年		
						理论	实践	理论	实践	1	2	3	4	5	6	
必修课程	公共基础课程	1	公共英语	7	144											
		2	思想道德修养与法律基础	3	54	42			12	54						
		3	毛泽东思想和中国特色社会主义理念体系概论	4	72	60			12		72					
		4	形势与政策	1	20			20		4	4	4	4	4		
		5	体育	4	72				72	24	24	8	8	8		
		6	应用写作	1.5	36	36						36				
		7	职业指导	1.5	36	36							36			
	小　计			22	434	318	92		24	154	172	48	48	12		
	职业平台课程	8	计算机网络技术	5	70	30	40			70						
		9	微机组装与维护	2	42	20	22			42						
		10	数据库原理	3	70	50	20			70						
		11	Java 程序设计基础	3	72	60	12				72					
		12	网页设计与制作	3	72	40	32				72					
	职业能力课程	13	SQL Server 数据库技术	3	72	52	20				72					
		14	数据结构	3	72	40	32					72				
		15	Java 高级程序设计	3	72	32	40					72				
		16	高级网页技术	3	72	32	40					72				
		17	JSP 程序设计	6	90	36	54					90				
		18	软件建模技术	3	72	30	42						72			
		19	Java Web 开源框架技术	6	90	18	72						90			
		20	Oracle 数据库应用与管理	3	72	48	24							72		
		21	并行化编程技术	2	36	16	20							36		

续表

课程类别	课程性质	序号	课程名称	总学分	总学时	其中				建议修读学期与学时分配						备注
						课内		课外		第一学年		第二学年		第三学年		
						理论	实践	理论	实践	1	2	3	4	5	6	
	实践实训课程	22	军训与入学教育	3	78		78			78						3周
		23	Java 桌面项目实训	4	48	8	40					48				
		24	中小型 Web 项目开发实训	4	48	8	40						48			
		25	大型 Web 项目开发实训	4	48	8	40							48		
		26	顶岗实习	20	288				288						288	12周
		27	毕业设计	4	88				88						88	4周
	小　计			87	1572	528	668	0	376	260	216	354	210	156	376	
选修课程	专业选修课程	28	日语	3	72	72						36	36			
		29	计算机数学基础	3	72	72						72				
		30	计算机专业英语	3	72	40	32						72			
		31	C#高级程序设计	4	72	40	32				72					
		32	ASP.NET 程序设计	5	108	44	64								108	
	公共选修课程	33	人文素质类	6	108	108						36	36	36		
	小　计			15	288	192	96									
必修学时总计										2 006						
学时总计										2 294						
学分总计										124						

软件技术（.NET 方向）专业参考教学计划如表 6.8 所示。

表 6.8　软件技术（.NET 方向）专业参考教学计划

课程类别	课程性质	序号	课程名称	总学分	总学时	其中				建议修读学期与学时分配						备注
						课内		课外		第一学年		第二学年		第三学年		
						理论	实践	理论	实践	1	2	3	4	5	6	
必修课程	公共基础课程	1	公共英语	7	144											
		2	思想道德修养与法律基础	3	54	42			12	54						
		3	毛泽东思想和中国特色社会主义理念体系概论	4	72	60			12		72					

续表

课程类别	课程性质	序号	课程名称	总学分	总学时	课内理论	课内实践	课外理论	课外实践	1	2	3	4	5	6	备注
	公共基础课程	4	形势与政策	1	20		20			4	4	4	4	4		
		5	体育	4	72		72			24	24	8	8	8		
		6	应用写作	1.5	36	36						36				
		7	职业指导	1.5	36	36							36			
			小　计	22	434	318	92		24	154	172	48	48	12		
必修课程	职业平台课程	8	计算机网络技术	5	70	30	40			70						
		9	微机组装与维护	2	42	20	22			42						
		10	数据库原理	3	70	50	20			70						
		11	C#程序设计基础	3	72	60	12				72					
		12	网页设计与制作	3	72	40	32				72					
	职业能力课程	13	SQL Server 数据库技术	3	72	52	20				72					
		14	数据结构	3	72	40	32					72				
		15	C#高级程序设计	3	72	32	40					72				
		16	高级网页技术	3	72	32	40					72				
		17	ASP.NET Web 程序设计	6	90	36	54					90				
		18	软件建模技术	3	72	30	42						72			
		19	ASP.NET MVC 程序设计	6	90	18	72						90			
		20	Oracle 数据库应用与管理	3	72	48	24						72			
		21	并行化编程技术	2	36	16	20						36			
	实践实训课程	22	军训与入学教育	3	78		78			78						3周
		23	C#桌面项目实训	4	48		48				48					
		24	中小型 Web 项目开发实训	4	48	8	40					48				
		25	大型 Web 项目开发实训	4	48	8	40						48			
		26	顶岗实习	20	288				288						288	12周
		27	毕业设计	4	88				88						88	4周
			小　计	87	1572	528	668	0	376	260	216	354	210	156	376	

续表

课程类别	课程性质	序号	课程名称	总学分	总学时	其中				建议修读学期与学时分配						备注
						课内		课外		第一学年		第二学年		第三学年		
						理论	实践	理论	实践	1	2	3	4	5	6	
选修课程	专业选修课程	28	日语	3	72	72						36	36			
		29	计算机数学基础	3	72	72						72				
		30	计算机专业英语	3	72	40	32						72			
		31	Java 高级程序设计	4	72	40	32				72					
		32	JSP 程序设计	5	108	44	64							108		
	公共选修课程	33	人文素质类	6	108	108					36	36	36			
			小　计	15	288	192	96									
			必修学时总计							2 006						
			学时总计							2 294						
			学分总计							124						

6.5　人才培养模式改革指导意见

6.5.1　教学模式和教学方法

1. 教学模式

（1）工学结合，双课堂配合。

将学生的学业进步、职业定位和事业目标进行全盘考虑，以"将创新教育渗透在高职教育课程体系中"为原则，挖掘和培养学生的创造潜力，将"第一课堂"与"第二课堂"融合，"显性课程"与"隐性课程"组合，实现"工学结合，双课堂配合"的教学模式。

（2）理论实践一体化教学模式。

教学过程要突出对学生职业能力和实践技能的培养，坚持理论教学为职业技能训练服务的原则，构建强化职业技能训练，重点培养和提高学生日后走向工作岗位所需的基本专业技能和综合职业素质的实践教学体系。

打破原来理论课程和实践教学分开的模式，充分利用实训环境和多媒体教学设备进行教学。教学过程中讲解与实践并行，讲解的目的是使实践教学成功开展，从而提高教学效果和学生学习的兴趣。一般"理论实践一体化"教学建议以4个课时为一个教学单元，实现"教、学、做"三位一体。

（3）项目式教学模式。

从学生出发，以学生为本，强调创设问题情境，引导学生感悟、理解知识，创造和发现知识的方法，加强学生能力的培养，注重学生的合作，提高学生解决实际问题的能力，进行项目式教学改革。

根据项目实施要求，引导学生利用课程网络学习平台上丰富的资源、专业网站、工具书籍等进行技能训练、项目实施。让学生通过亲自动手实践完成任务，从实践中汲取经验和技能。

（4）"产学"结合教学模式。

积极探索与行业、企业和科研单位的合作模式，大力加强校外实训基地建设。根据互惠互利、优势互补原则，加强人才培养的"产学"结合，有计划地安排学生参加校外实践教学，聘请校外有经验的工程技术人员到学校和现场进行教学，同时推荐品学兼优的学生到企业就业。

邀请企业技术、管理骨干组成专业实习指导委员会，参与实践教学计划的制定，并担任学生实习指导老师。对实习中的学生进行指导和管理，结合行业技术要求和标准对实习学生进行考核，并对学校的实践教学进行指导和评价。

2. 教学方法

注重教学方法的开放性，即知识内容的开放性——课本知识和企业的生产实践有机结合，强调学生的经验、体验；人际关系的开放性——师生、生生之间的多边互动交流；教学气氛的开放性——活跃、民主、融洽、平等。构建第二课堂学习平台，将教学活动由课上延伸至课外，提供校内和企业各类课题，学生自主选择，提高学生自我学习和管理能力。主要可采用下列教学方法：

（1）项目教学法。

根据不同行业背景，选择工作项目，并将工作项目转换成教学项目。按照APDCA（分析—计划—实施—检查—调整）项目运行流程，团队配合完成整个项目。项目实施参考流程如图6.1所示。

（2）任务驱动法。

以项目为载体设计学习情境，将项目按照工作流程分解成不同的任务。以学生为主体，通过工作任务驱动加强学生主动探究和自主学习能力的培养，让学生能够在"学中做、做中学"的过程中得到职业能力和职业素质的锻炼。

（3）角色扮演法。

在教学实施过程中，创建虚拟企业，拟设企业化教学情境，教师扮演项目总监/客户角色，既提出项目制作要求，又从技术和知识上对学生进行引导点拨；学生扮演企业员工，一方面学生能够按照公司员工的规范来严格要求自己，另一方面组织学生成立项目组，各项目组提供不同角色的素质要求和技能要求，可以使每个学生根据兴趣爱好、能力特长选择自己最适合的角色，参与到项目组工作中，这样既能让学生充分发挥个人所长，又能体会到团队互补合作的重要性。

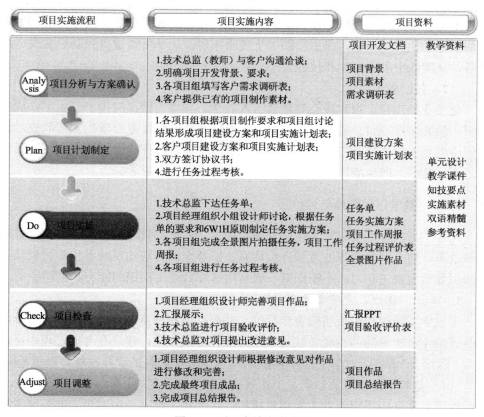

图 6.1   项目实施参考流程

（4）分组讨论法。

各项目组推选一名学生作为项目经理，项目组实行学生自我管理，在小组讨论中成员可以彼此分享个人意见和见解，并鼓励性格内向的同学多表现，多沟通，通过分组讨论培养学生自信、团队精神、创新精神。

（5）启发式教学法。

在教学实施过程中，适当地创设"问题情境"，提出疑问以引起学生的注意和积极思考，激发学生强烈的探索、追求的兴趣，引导学生积极地找寻解决问题的方法，促进学生独立思考和独立解决问题的能力。

（6）探究式教学法。

构建第二课堂学习平台，将教学活动由课上延伸至课外，通过提供校内和企业各类课题，使学生自主选择；采用探究式教学法，提高学生自我学习和管理能力；同时教师提供项目实施要求等，引导学生利用本课程网络学习平台上丰富的资源、参考专业网站、工具书籍等进行技能的学习、项目的制作等。教师在整个过程中担任专业技术顾问工作，协助学生分析任务完成的步骤和技术要点，做到课前引导学生自学探索，课后协助学生巩固拓展，让学生通过自我动手实践完成任务，从实践中汲取经验和技能。

（7）鼓励教学法。

把企业的项目汇报和晨会等环节引入教学，安排一定课时用于学生工作成果汇报。教师站在项目总监或客户的角度进行鼓励性评价，激发学生表达欲望，让他们感受到工作成果获得认可的喜悦和成就感。在展示评价的过程中，不同项目组之间、师生之间也能进行思维碰撞，拓展思维空间和眼界。

6.5.2 教学过程考核与评价

课程的考核标准要以对学生的知识、能力、素质综合考核为目标，积极开展考核改革，建立科学合理的考核评价体系，能够全面客观地反映学生学习成绩，从而引导学生自主学习，不断探索，提高自身综合运用知识的能力和创新能力。

1. 知识、能力、素质考核于一体

在教学实施过程中要明确考核标准，并根据课程特点制定合理的评价标准，考核评价由过去单纯的卷面考试逐步改为多种方式并举，建议在考核过程中可以采用"四结合"原则，对学生进行多层次、多角度、全方位的职业技能和素质考核。

（1）把教学考核方法和企业工作效能考核方法相结合。

在项目实施中采用企业实战情景模拟，在考核上把企业中对员工的效能考核方式引入教学考核中，两者结合，设计基于教学、源于企业的考核标准。

（2）把教师考核和学生评价相结合。

项目实施中一方面由项目总监（教师）对项目组各位员工的工作进行评价；另一方面，每个项目组成员（学生）对自己的各阶段工作任务完成情况进行自评，再由项目组经理（组长）对其组员进行考核，通过三个不同的视角对学生进行更全面、更准确的评价。

（3）把技能考核和综合素质考核相结合。

在考核项目的设置中，不仅要注重对技术技能的考核，也加大了对于企业员工必要的基本职业素养，例如沟通表达能力、团队协作能力等方面考核的力度和比例。

（4）形成性评价和总结性评价相结合。

在每个项目实施过程中的每个任务都设置相应的任务考核表，每次任务考核的累积直接影响最终的课程考核，每个项目完成后，还通过项目验收的方式对项目完成情况进行考核，这使总结性考核有理有据，而且能更好地监测每个阶段的教学效果和学生各项能力的提升情况。

在过程考核时，还应对学生在项目实施过程中所体现出的企业规范化文档的编制能力、知识应用能力、与人合作能力、吃苦耐劳精神、信息资料整理处理能力、自我学习能力等综合素质进行考核。

2. 网上评分

为了调动学生参与项目的积极性，激发学生的竞争意识，可以开发考核评分系统，将学生的课外项目成果进行网上评分，由学生自评、互评，校内校外学生、教师和其他任何人员进行评价，随时可以统计出评分和排名情况，通过展示项目成果并将成果作为回报奖励给学生，使之有一种成就感。

6.5.3 教学质量监控

通过建立院、系（部、处）、教研室三级教学质量监控体系，不断完善各教育教学环节的质量标准，建立科学、合理、易于操作的质量监控、考核评价体系与相应的奖惩制度。形成教育教学质量的动态管理，促进合理、高效地利用各种教育教学资源，促进人才培养质量的不断提高，全面提升教育教学质量和人才培养工作整体水平。

明确教学质量监控的目标体系：

（1）人才培养目标系统。其主要监控点为人才培养目标定位、人才培养模式、人才培养方案、专业改造和发展方向等。

（2）人才培养过程系统。其主要监控点为教学大纲的制定和实施、教材的选用、师资的配备、课堂教学质量、实践性环节教学质量。

（3）人才培养质量系统。其主要监控点为课量、教学内容和手段的改革、考核方式和试卷质量等，制定相关的质量标准；课程合格率、各项竞赛获奖率、创新能力和科研能力、毕业率、就业率、就业层次、用人单位评价等。

按照 PDCA 模型建立相应的教学质量监控体系，如图 6.2 所示。

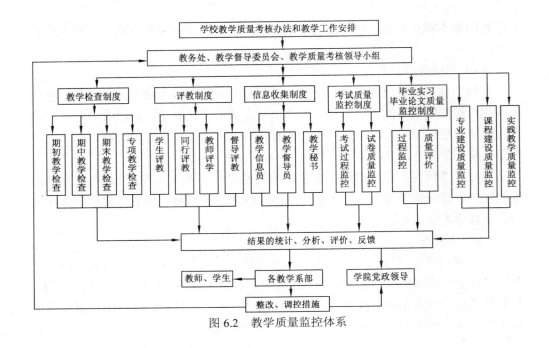

图 6.2   教学质量监控体系

6.6   教学资源保障

6.6.1   教材建设

目前，在软件技术专业的教学中，不仅需要适合市场和行业需求的前沿课程体系，也需要制定课程体系中各门课程的课程标准，以规范课程的前后序关系和课程的主要教学内容、实训内容、考核机制以及教学方法等。除了这些教学文件外，教师和教材是良好教学质量保证的重要因素。其中教师作为教学的主体，肩负着引导学生，激发学生的学习兴趣，将课程内容有效地传授给学生的任务。而教材作为教学内容的载体，可以呈现课程标准的内容，同时也可以体现教学方法。一门课程除了需要优秀的教师外，内容适度、结构合理的教材也是十分重要的。

针对目前的软件技术专业教材的现状，建议从以下几个方面进一步优化教材的选用和加强教材的建设。

1. 加强"理论实践一体化"教材的建设

"理论实践一体化"的内涵应包括两个方面：一是教材中的教学载体的选择

应来源于企业的实际项目，以实现专业理论知识学习和企业实际应用的一体化，即"学为所用"；二是教材设计要面向教学过程，合理设置理论教学和技能训练的环节，实现"教、学、做"合一，甚至是"教、学、做、考"合一。

在软件技术专业"理论实践一体化"的教材中，应以实际的软件项目为中心，每一章节（教学单元）建议按照教学导航、课堂讲解、课堂实践、课外拓展的环节开展教学。在相关的教学单元结束后，通过"单元实践"进一步提升技能；相关课程结束后，通过"综合实训"综合课程知识和技能。这样，由浅入深并围绕实际软件项目的开发组织教学。

2. 基于"课程群"进行系列教材的系统开发

教材是课程实施的有效保障，是达成专业培养目标的有效载体。软件技术专业教材的建设要站在专业的高度，按照"岗位→能力→课程→教材"的过程进行系统的考虑。从实际岗位中提炼岗位能力，岗位能力回归到知识点和技能点，定位到课程，落实到教材。

教材开发过程中应充分考虑相关联的课程群，既要面向实际的工作过程，也要考虑课程之间的关联性，尽量保证学科体系的系统性。

3. 打造精品教材

国家级的规划教材和国家级精品教材以及教指委的优秀教材代表了特定阶段教材建设的水平，在教材建设过程中应充分把握好各种机会，多出精品教材，为专业教学提供良好的保障。

4. 贴合高职学生特点自编特色教材

自编特色教材要打破传统的"重理论，轻实践；重知识，轻技能；重结果，轻过程"的编写模式，要更加注重学生的学习过程，按照工作过程来编写项目化特色教材，建立以学生为中心的"建构式课程模式"。可紧贴生产实际，联合企业一线技术专家，合作完成教材编写。让学生能够从教材中获得更多的在实际工作中需要的实战性的知识和技能，得到职业情境的熏陶和工作过程的体验，从而真正掌握就业所必备的技术知识和职业能力。

6.6.2 网络资源建设

为了构筑开放的专业教学资源环境，最大限度地满足学生自主学习的需要，进一步深化专业教学内容、教学方法和教学手段的改革，软件技术专业可以配合国家级教学资源库的建设，构建体系完善、资源丰富、开放共享式的专业教学资源库。其基本配置与要求如表 6.9 所示。

表 6.9　专业教学资源库的配置与要求

大类	资源条目	说明	备注
专业建设方案库	职业标准	包括软件行业相关职业标准、行业相关报告等	专业基本配置
	专业简介	主要介绍专业的特点、面向的职业岗位群、主要学习的课程等	
	人才培养方案	主要包括专业目标、专业面向的职业岗位分析、专业定位、课程体系、核心课程描述等	
	课程标准	核心专业素质与技能课程课程标准	
	执行计划	近三年的供参与的专业教学计划	
	教学文件	教学管理有关文件	
优质核心课程库	电子教案	主要包括学时、项目教学的教学目标、项目教学任务单、教学内容、教学重点难点、教学方法建议、教学时间分配、教学设施和场地、课后总结	专业基本配置
	网络课程	基于 Web 网页形式自主学习型网络课程；基于教师课堂录像讲授型网络课程	
	多媒体课件	优质核心课程课件	
	案例库（情境库）	以一个完整的案例（情境）为单元，通过观看、阅读、学习、分析案例，实现知识内容的传授、知识技能的综合应用展示、知识迁移、技能掌握等，至少有 4 个完整案例	
	试题库或试卷库	主要包括题库，可以分为试题库和试卷库，试题库按试题类型排列，试题形式多样，兼有主观题和客观题	
	实验实训项目	主要包括实验实训目标、实验实训设备和场地、实验实训要求、实验实训内容与步骤、实验实训项目考核和评价标准、实验实训作品或结果、实验实训报告或总结、操作规程与安全注意事项	
	教学指南	主要包括课程的岗位定位与培养目标、课程与其他课程的关系、课程的主要特点、课程结构与课程内容、课时分配、课程的重点与难点、实践教学体系、课程教学方法、课程教学资源、课程考核、课程授课方案设计、课程建设与工学结合效果评价	
	学习指南	主要包括课程学习目标与要求、重点难点提示及释疑、学习方法、典型题解析、自我测试题及答案、参考资料和网站	
	录像库	主要包括课程设计录像、教学录像等	
	学生作品	主要包括学生实训及比赛的优秀作品、生产性实训作品和顶岗实习的作品等	

续表

大类	资源条目	说明	备注
素材库	文献库	收录、整理与专业相关的图书、报纸、期刊、报告、专利资料、学术会议资料、学位论文、法律法规、技术资料以及国家、行业或企业标准等资源，形成规范数据库，为相关专业提供文献资源保障	专业特色选配
	竞赛项目库	收录各级、各类软件技术相关技能竞赛试题及参考答案等	
	视频库	主要包括操作视频和综合实训视频等	
	源代码	源代码工程应用实例	
	友情链接	参考网站	
自主学习型课程库	自主学习网络资源	专业选修课程网络教学资源，实现选修课网络教学	专业特色选配
开放式学习平台	开放式学习平台	在线考试系统、课件发布系统和论坛	专业特色选配

6.7 教学团队配置

师资队伍是在学科、专业发展和教学工作中的核心资源。师资队伍的质量对学科、专业的长远发展和教学质量的提高有直接影响。高职院校人才的培养要体现知识、能力、素质协调发展的原则，因此，要求建立一支整体素质高、结构合理、业务过硬，具有实践能力和创新精神的师资队伍。

6.7.1 师资队伍的数量与结构

可聘请和培养专业带头人 1～2 名，专业带头人和骨干教师要占到教师总数的50%以上，同时需有企业专业技术人员作为兼职教师，人数应超过 30%，承担的专业课程教学工作量可达到 50%。

学校应该有师资队伍建设长远规划和近期目标，有吸引人才、培养人才、稳定人才的良性机制，以学科建设和课程建设推动师资队伍建设，提高教学质量和科研水平，以改善教师知识、能力、素质结构为原则，通过科学规划制定激励措施，促进师资队伍整体水平的提高。

1. 师资队伍的数量

生师比适宜，满足本专业教学工作的需要，一般不高于 16:1。

2. 师资队伍结构

师资队伍整体结构要合理，应符合专业目标定位要求，适应学科、专业长远发展需要和教学需要。

（1）年龄结构合理。

教师年龄结构应以中青年教师为主。

（2）学历（学位）和职称结构合理。

具有研究生学历、硕士以上学位和讲师以上职称的教师要占专职教师比例的80%以上，副高级以上专职教师30%。

（3）生师比结构合理。

生师比适宜，满足本专业教学工作的需要，一般不高于16:1。

（4）双师比结构合理。

积极鼓励教师参与科研项目研发，到企业挂职锻炼，并获取软件技术专业相关的职业资格证书，逐步提高"双师型"教师比例，力争达到60%以上。

（5）专兼比结构合理。

聘请软件企业技术骨干担任兼职教师，建议专兼比达到1:1，以改善师资队伍的知识结构和人员结构。

6.7.2　教师知识、能力与素质

软件技术专业是一个发展十分迅速的应用型专业，其与一些传统专业不同，需要教师具有较强的获取、吸收、应用新知识和新技术的能力。高职高专院校软件技术专业教师承担着为社会各行各业培养软件技术技能型人才的任务。这种技能型人才必须熟悉各种主流开发技术，有较强的动手能力，并能够随着软件行业的飞速发展进行必要的消化、吸收、改进和创新。

教育部明确提出，高等职业教师应具备双师素质，即专职教师不仅要具有传统意义上的专职教师的各项素质（包括学历、学位、职称、教师资格证），而且要具有一定的工程师素质（承担或参与过科学研究、教学研究项目）；对于兼职教师，如果是以课堂教学为主的兼职教师，应具有教师的各项素质（包括学历、学位、职称、教师资格证），如果是以实践教学为主的兼职教师，应具有工程师素质（包括学历、职称、专业技能资格证）。

1. 知识要求

（1）熟悉计算机系统的基本结构和工作原理；

（2）掌握计算机网络的基本结构和工作原理，熟悉局域网和 Internet 的基本配置；

（3）掌握操作系统的基本理论，熟悉主流操作系统（Windows 和 Linux 等）和常用工具软件的使用；

（4）掌握软件工程的基本概念、软件生命周期理论、软件过程方法和软件项目管理理论；

（5）熟悉主流的程序设计语言（C、Java 和 C#等），熟悉常用的数据结构和算法，掌握基本的软件规范和程序编码规范；

（6）掌握数据库的相关理论，熟悉典型关系型数据库管理系统（SQL Server 和 Oracle 等）的使用。

2. 能力要求

（1）能够组装和维护计算机系统，能判断与排除常见的计算机故障，能进行系统及数据的恢复；

（2）能够组建和配置简单的局域网，能配置 Internet 连接并合理使用 Internet 资源；

（3）能够完成简单的软件设计，理解并进行简单的软件建模；

（4）能够开发典型的企事业单位的中小型管理信息系统；

（5）能够开发各类 Web 应用系统；

（6）能够选择合适的软件过程方法，指导软件的开发过程；

（7）能够对软件项目进行基本管理，并进行质量控制；

（8）能够完成数据库的设计、应用和管理；

（9）能够对软件进行日常维护和故障排除；

（10）具备基本的教学能力，能灵活运用分组教学法、案例教学法、项目驱动教学法和角色扮演法等方法实施课程教学；

（11）具有一定的科研能力和较强的开发能力，能主持应用技术项目的开发和科研项目的研究；

（12）具备较强的学习能力，能适应软件技术的快速更新和发展。

3. 素质要求

（1）拥护党的领导，拥护社会主义，热爱祖国，热爱人民；热爱教育事业，具有良好的师德风范；

（2）接受过系统的教育理论培训，掌握教育学、心理学等基本理论知识；

（3）取得国家或行业中高级认证证书，或教育部的"双师型"教师证书；

（4）具有较强的敬业精神，具有强烈的职业光荣感、历史使命感和社会责任感，爱岗敬业，忠于职守，乐于奉献。

6.7.3 师资队伍建设途径

为迅速提高教师的知识、能力和素质，为教师的提高提供方便条件和保证，学校可以通过"引聘训评"等途径加强师资队伍的建设：

（1）严格执行岗前培训制度，引进的新教师要接受岗前培训，使教师适应职业教育的规范和特点；执行"师徒结对"制度，由专业教师中具有丰富经验的高职称老教师与年轻教师结对，老教师在业务上、教学方法和科研上进行指点帮助，使青年教师尽快地成长起来；

（2）安排教师下企业锻炼学习，时间不短于6个月，所有专业教师应利用寒暑假期间到企业进行短期实践，使教师能够在教学中将专业教学能力与企业文化相结合；

（3）加强学历及专业技术培训，对现有非研究生学历的中青年教师有计划、有步骤地安排在职或脱产进修，同时积极引进专业对口、素质过硬的研究生以上学历人才；定期请企业工程师到学校进行新技术的培训与讲座，或有计划地安排教师参加新技术培训；

（4）坚持科研与教学相结合，鼓励教师申报各类科研和教学研究项目，提高教学中的科技含量，支持教师承担企业技术服务项目，以科研促进教学水平的提高，以教学带动科研工作的发展，提升双师队伍的内涵；

（5）鼓励教师参加全国性的学术研讨、指导学生参加各类技能大赛等活动，支持教师参加国家规划教材的编写出版工作；

（6）改变教师评价体系。

1. 专业带头人培养

培养目标：达到教授职称或取得博士学位，提升高职教育管理、应用技术开发等能力，主持省部级以上的科研课题或精品课程建设，指导青年骨干教师快速成长。

培养措施：

（1）国内学习，提高高职教育理论和专业技术水平；国外考察，到澳大利亚学习职业教育培训包开发模式和教学特点；到英国学习IT项目开发新技术；

（2）到实力雄厚的软件公司挂职锻炼，丰富企业现场培训经验；

（3）参加软件开发新技术学习培训；

（4）主持申报、承接各类应用技术开发课题；主持与企业合作或参与企业的应用技术开发。

2. 骨干教师培养

培养目标：达到副教授职称或取得硕士学位，具备主讲2门以上核心专业素质与技能课程的能力，具备主持核心课程建设的能力，能指导青年教师快速成长。

培养措施：

（1）国内学习，提高高职教育理论和课程建设的能力；国外考察，学习借鉴国外先进课程建设经验和教学特点；

（2）参加国内软件开发新技术学习培训；

（3）到实力雄厚的软件公司挂职锻炼，获得企业现场培训经验；

（4）参与各类应用技术开发课题。

3. 兼师队伍建设

建设目标：聘请软件企业具有丰富实际项目开发经验和一定教学能力的行业专家和技术人员，参与到课程体系构建、课程开发、课程教学、实训指导、顶岗实习指导等专业建设各环节中，争取专兼比达到 1:1。

建设措施：

（1）在知名软件公司中遴选一批高水平的技术人员，建立兼师库，从中挑选兼职教师；

（2）选聘有丰富项目开发经验的，具有中级以上职称的优秀的项目开发经理、技术骨干为兼职教师；

（3）建立兼师的培训制度，兼师定期参与教研活动；

（4）制定兼师的管理制度。

6.8　实训基地建设

6.8.1　建设原则

实训基地建设是"工学结合"人才培养模式改革的支撑。在"共建、共享、共赢"的基础上，按照"四化（环境建设多元化、实践场所职业化、教学理实一体化、实践项目企业化）、三平台（职业训练平台、教学研发平台、交流服务平台）、一目标（高技能人才培养）"的原则，以适应工学课程"教、学、做"的教学需要，建设满足课程需要的"四化"多功能专业实训室，建立满足生产性实训需要的生产型教学公司以及顶岗实习需要的校外实习、实训基地，即"产学教一体"的校内外实训基地。

根据软件技术专业人才培养的实际需求，结合基于软件技术岗位工作过程的课程体系，以人才培养、职业培训、技能鉴定、技术服务为纽带，构建校企结合、优势互补、资源共享、双赢共进的校内生产性实训基地和校外实训基地，并建立有利于教学与实践融合的实训管理制度，以保障基于工作过程的人才培养模式的实施，突出体现专业的职业性、开放性，培养学生的核心能力。

6.8.2　校内实训（实验）基地建设

1. 建设具有企业氛围的理实一体专业实训室

本着"课程教学理实化、实践场所职业化"的原则，专职教师与企业兼职教师应共同根据课程实施的需要设计、建设理实一体专业实训室，应重点加强教学功能设计及企业氛围的建设，使学生在校期间感受企业文化氛围，接受企业操作规范。

2. 引企入校共建实训室及生产型教学公司

依据"环境建设多元化"的方针，企业提供实训项目、管理规范、设备，学校提供场地、人员等，校企共建实训室及生产型教学公司。教学公司兼顾企业项目制作和学校教学双重功能，保障生产性实训教学的有效实施，为校内生产性实训和顶岗实习提供保障。只有与企业共建，才能不断地进行技术及设备的更新，才能建设技术先进、设备常新的实训室，紧跟技术的发展。

3. 建立校内实训基地的长效运行机制

依据"科学化、标准化、实用化"的建设原则，建立一整套实训室管理制度及突发事件应急预案等。校内实训基地的运行模式可采用"校企共建、共管"模式、"产品研发"模式、"教学公司"对外承接制作项目或开展技术服务模式，从而真正实现"基地建设企业化、师生身份双重化、实践教学真实化"的目标。

4. 校内实训室建设

实训室建设是高职学生能力培养的最重要的环节，而实践课是培养学生能力的最佳途径。软件技术专业的实训室应能提供企业所需的软件环境、满足项目制作要求的硬件设施以及模拟的企业氛围，从而通过实践学习真正提高学生的技能和实战能力，感受企业文化氛围，使学生具有扎实的理论基础、很强的实践动手能力和良好的素质。这些都是他们将来在就业竞争中非常明显的竞争优势，对于学生来说具有现实意义，可以扩大学生在毕业时的择业范围。

根据软件技术行业发展和职业岗位工作的需要，应与行业内知名企业合作，针对典型工作岗位，逐步建设与完善媒体采编实训室、Web 项目制作实训室、模型构建实训室、虚拟漫游实训室、影视后期特效实训室，每个实训室应能完成人才培养方案中相应教学项目课程的训练及能力的培养，使学生能够满足就业岗位要求并具备持续发展能力。软件技术专业各实训室建议方案如表 6.10 所示。

表 6.10　软件技术专业各实训室建议方案

序号	实训室名称	设备名称	数量	实训内容	备注
1	C#程序设计实训室	学生用机	50 台	程序设计基础实训 面向对象程序设计实训 C#技能鉴定实训	建议使用国内外知名品牌机，建议配置： CPU：3.0 GHz 硬盘：200 GB 内存：2 GB
		教师用机	1 台		
		服务器	1 台		
		投影仪	1 台		
		投影屏幕	1 台		
		24 口交换机	3 台		
		音响系统	1 台		
		机柜	1 个		
		多媒体演示软件	1 套		
		VS 2005/2008	1 套		
		IIS 服务器	1 台		
2	Java 程序设计实训室	学生用机	50 台	Java 程序设计实训 Java Web 程序设计实训	建议使用国内外知名品牌机，建议配置： CPU：3.0 GHz 硬盘：200 GB 内存：2 GB
		教师用机	1 台		
		服务器	1 台		
		投影仪	1 台		
		投影屏幕	1 台		
		24 口交换机	3 台		
		音响系统	1 台		
		机柜	1 个		
		多媒体演示软件	1 套		
		JDK 1.6	1 套		
		MyEclipse 6.5	1 套		
		NetBeans 6.1	1 套		
		JCreator 3.0	1 套		
		Tomcat 6.0	1 套		
3	数据库技术实训室	学生用机	50 台	Access 数据库应用 SQL Server 数据库应用 Oracle 数据库应用	建议使用国内外知名品牌机，建议配置： CPU：双核2.0 GHz 硬盘：200 GB 内存：2 GB
		教师用机	1 台		
		服务器	1 台		
		投影仪	1 台		
		投影屏幕	1 台		

续表

序号	实训室名称	设备名称	数量	实训内容	备注
		24 口交换机	3 台		
		音响系统	1 台		
		机柜	1 个		
		多媒体演示软件	1 套		
		Access 2007	1 套		
		SQL Server 2005	1 套		
		SQL Server 2008	1 套		
		Oracle 11g	1 套		
4	Web 项目开发实训室	学生用机	50 台	Java Web 程序设计 ASP.NET 程序设计 B/S 项目实训 SSH 框架实训	建议使用国内外知名品牌机，建议配置：CPU：双核 2.5 GHz 硬盘：320 GB 内存：2 GB
		教师用机	1 台		
		服务器	2 台		
		投影仪	1 台		
		投影屏幕	1 台		
		24 口交换机	3 台		
		音响系统	1 台		
		机柜	1 个		
		多媒体演示软件	1 套		
		Access 2007	1 套		
		SQL Server 2005	1 套		
		SQL Server 2008	1 套		
		Oracle 11g	1 套		
		VS 2005/2008	1 套		
		IIS 服务器	1 台		
		JDK 1.6	1 套		
		MyEclipse 6.5	1 套		
		Tomcat 6.0	1 套		
		NetBeans 6.1	1 套		
		SSH 框架	1 套		

续表

序号	实训室名称	设备名称	数量	实训内容	备注
5	Windows 项目开发实训室	学生用机	50 台	Windows 程序设计实训桌面程序开发实训	建议使用国内外知名品牌机,建议配置:CPU:双核 2.5 GHz硬盘:320 GB内存:2 GB
		教师用机	1 台		
		服务器	1 台		
		投影仪	1 台		
		投影屏幕	1 台		
		24 口交换机	3 台		
		音响系统	1 台		
		机柜	1 个		
		多媒体演示软件	1 套		
		JDK 1.6	1 套		
		Access 2007	1 套		
		SQL Server 2005	1 套		
		SQL Server 2008	1 套		
		Oracle 11g	1 套		
		VS 2005/2008	1 套		
6	软件测试实训室	学生用机	50 台	单元测试实训功能测试实训性能测试实训测试管理实训	建议使用国内外知名品牌机,并配置不同环境的机器
		教师用机	1 台		
		服务器	2 台		
		投影仪	1 台		
		投影屏幕	1 台		
		24 口交换机	3 台		
		音响系统	1 台		
		机柜	1 个		
		多媒体演示软件	1 套		
		JUnit/NUnit	1 套		
		WinRunner	1 套		
		TestDirector	1 套		

要加强与重视实训室软环境的建设,可引入规模、难度适中的企业真实项目,进行可教学化改造,组成动态更新的项目库,根据实际情况为学生配置适合在半年至一年的时间内进行不同方向实践能力训练的项目,供实训教学使用;可将项

目开发所需关键知识、技能及技术参考资料系统化为实例参考手册，作为实训学员的参考教材；可引入企业实际应用的行业规范化项目文档，整理后形成项目文档库，指导学生在实际项目开发训练中进行参考，从而提高学生项目文档的撰写和阅读能力。

6.8.3　校外实训基地建设

校外实训基地是指具有一定规模并相对稳定的，能够提供学生参加校外教学实习和社会实践的重要实训场所。校外实训基地是高职院校实训基地的重要组成部分，是对校内实训的重要补充和扩展，是"工学交替、校企合作"的重要形式。校外实习基地可以给学生提供真实的工作环境，使学生直接体验将来的职业或工作岗位。

校外实训基地的建设要按照统筹规划、互惠互利、合理设置、全面开放和资源共享的原则，紧密性合作企业数量与学生比例大约为 1:5，松散性合作企业与学生比例约为 1:2，以保证学生校外实训有充足的数量与质量。学校要与紧密性合作企业签订校外实训基地合作协议。协议书应包括以下内容：双方合作目的，基地建设目标与受益范围，双方权利和义务，实习师生的食宿、学习等安排，协议合作年限及其他。

要加强对校外实训基地的指导与管理，建立校外实习实训管理制度，建立定期检查指导工作制度，协助企事业单位解决实训基地建设和管理工作中的实际问题，使学生养成遵纪守法的习惯，培养学生爱岗敬业的精神，帮助实训基地做好建设、发展、培训的各项工作。校外实训基地的实习指导教师要有合理的学历、技术职务和技能结构，以保证学生校外实训质量。

顶岗实习环节是教学课程体系的重要组成部分，一般安排在第 6 学期，是学生步入行业的开始。应制定适合本地实际与顶岗实习有关的各项管理制度。在专兼职教师的共同指导下，以实际工作项目为主要实习任务，使学生通过在企业真实环境中的实践，积累工作经验，具备职业素质综合能力，达到"准职业人"的标准，从而完成从学校到企业的过渡。

6.9　校企合作

6.9.1　合作机制

校企合作是以学校和企业紧密合作为手段的现代教育模式。高等职业技术院校通过校企合作，能够使学生在理论和实践相结合的基础上获得更多的实用技术和专业技能。要保证高职教育的校企合作走稳定、持久、和谐之路，关键在于校企合作机制的建设。

1. 政策机制

校企合作关系政府、学校、企业的权利、责任和义务。所以，应推动从法律层面上建立法律体系，界明政府、学校、企业在校企合作教育中的权利、责任和义务，在《中华人民共和国职业教育法》、《中华人民共和国劳动法》等法律法规的指导下，出台校企合作教育实施条例，在法律范畴内形成校企合作的驱动环境。同时，要积极推动政府层面上严格实施就业准入制度，并制定具体执行规则，规范校企合作行为，有效推动企业自觉把自身发展与参与职教捆绑前进。

2. 效益机制

企业追求经济利益，学校追求社会效益，要实现互惠共赢，对于企业来说，要参与制定人才培养的规格和标准，开放"双师型"教师锻炼发展与学生实践实习基地；从学校的角度来说，要为企业员工培训提升企业竞争力提供学校资源，为企业新产品、新技术的研制和开发提供信息与技术等服务。

为保障校企双方利益，在组织上成立行业协会或校企合作管理委员会，推进校企合作的深入，及时发布信息咨询，指导合作决策，进行沟通协调，全面监督评估，规避校企合作中的短视、盲区和不作为。

3. 评价机制

完善校企合作评价机制，从签订协议、协议执行、执行效度等几方面施行量化考核。对于校企合作中取得显著绩效的学校和企业，政府和相关主管部门给予物质奖励和精神激励，如给予企业税收、信贷等方面的优惠，授予学校荣誉称号、晋升星级等；并采取自评、互评、他评等多种形式，把校企合作的社会满意度情况与绩效考核对等挂钩。对于校企合作中满意度较低的校企予以一定的惩戒，以评价为杠杆，充分发挥校企合作应有的效应。

6.9.2 合作内容

1. 共建专业建设指导委员会，共同制定专业人才培养方案

学校以书信、电子邮件、电话、年会等形式，与专业指导委员会委员和企业人员共同研究人才培养的目标，确定专业工作岗位的业务内容、工作流程以及毕业生所需要具备的知识、能力、素质等，共同探讨制定人才培养方案、选择教学项目、制定课程标准等教学文件。

2. 校企共建校内项目工作室和校外实训基地

模拟企业环境，引进企业文化，学校与企业合作建设项目工作室，在虚拟现实、网站开发、三维建模等方面进行项目开发合作，为学生校内的项目实践提供场地和条件。节省学校投资，开创双赢局面。

定期组织学生到企业中认识参观、顶岗实习等，挑选经验丰富的骨干技术人员作为学生的校外实习指导老师。

3. 共同开发企业项目，共建专业教学项目库

鼓励学生与教师共同参与技术开发、技术服务，逐步提高学生的实践能力和创新能力。教师利用自己的技术优势，在帮助企业解决实际问题的同时，也为自己的课堂教学内容提供了项目素材。

4. 校企员工互聘，共同培养师资

学校选派青年教师到企业去挂职锻炼，培养具有工程素质和能力的教师，提高"双师"队伍比例。企业选派优秀的现场员工到学校进行专业课程教学、毕业设计指导等，参与对学生进行评价，传播企业文化并将行业新技术带入课堂。

6.10　技能竞赛参考方案

6.10.1　设计思想

软件技术技能竞赛设计应紧扣"贴近产业实际，把握产业趋势，体现高职水平"的思想，适应国家产业结构调整与社会发展需要，展示知识经济时代高技能人才培养的特点。通过比赛展示和检验学生对软件技术接受的水平和深度，进一步培养学生实践动手能力和团队协作能力，缩小学生职业能力与产业间的差距，保证专业培养目标的实现。

6.10.2　竞赛目的

适应软件产业快速发展的趋势，体现高素质技能型人才的培养，促进软件产业前沿技术在高职院校中的教学应用，引导软件技术专业的教学改革方向，优化课程设置；深化校企合作，推进"产学结合"人才培养模式改革；促进学生实训实习与就业。

6.10.3　竞赛内容

"Web 应用开发"技能竞赛以实际操作技能为主，要求根据提供的软件和硬

件设备以及相关素材，按照竞赛要求，完成 Web 应用程序的设计。具体的竞赛内容包括：

（1）阅读并理解软件文档；

（2）完成数据库设计；

（3）完成简单页面设计；

（4）编程实现前后台功能，并进行单元测试；

（5）软件发布；

（6）项目答辩。

"Web 应用开发"竞赛评分细则如表 6.11 所示。

表 6.11　"Web 应用开发"竞赛评分细则

评分项目	技术要求	分数	评分标准	扣分标准
总体规划	根据题目要求规划网站结构、目录	10	（1）网站整体规划合理，0～2 分 （2）栏目统一规划，页面布局合理、结构清晰，0～3 分 （3）网站结构清晰、层次清楚、目录规范，0～5 分	（1）网站主题不明确扣 1 分，与题目要求主题不符合不得分 （2）网站栏目与主题不符合扣 1 分 （3）网站布局结构不合理扣 2 分 （4）网站根目录设置与题目要求不符不得分
页面设计	根据题目给出的主题和素材，制作主页和相应栏目子页面	15	（1）Logo、Banner 形象设计符合主题要求，0～3 分 （2）标题、状态栏、版权、ICP 备案编号等信息齐全，0～2 分 （3）分页与主页风格统一，有效页面数在 3 页以上，0～3 分 （4）图文并茂，素材使用恰当，0～3 分 （5）页面文字大小适中，色彩搭配合理，符合网站主题，0～2 分 （6）主页与分页面链接正确且分页面可直接返回主页。链接提示、颜色、锚记等应用恰当，0～2 分	（1）网站无 Logo 扣 1 分 （2）网站 Logo 和主题不符扣 1 分 （3）网站无 Banner 扣 3 分 （4）网站 Banner 和主题不符扣 1 分 （5）网页中标题、状态栏、版权、ICP 备案编号缺 1 项扣 1 分 （6）没有使用素材扣 2 分 （7）素材处理不合理扣 1 分 （8）页面中文字大小处理不合理扣 1 分 （9）页面中文字色彩搭配不合理扣 2 分 （10）页面链接出错 1 个扣 1 分 （11）子页面无返回主页扣 1 分
数据库设计	根据题目要求制作出合理的数据库和表，并在表中建立合理的字段及其字段类型	15	（1）数据库结构设计（数据表信息完整），0～10 分 （2）数据库结构优化（索引、关系、约束），0～4 分 （3）数据库连接方式安全、可靠，0～6 分	（1）无数据库不得分 （2）数据库中表的结构不合理扣 6 分 （3）数据表信息不完整扣 4 分 （4）数据库无结构优化扣 4 分 （5）数据库连接方式不正确扣 6 分

续表

评分项目	技术要求	分数	评分标准	扣分标准
程序功能实现	根据题目要求制作出所需功能的动态网页	40	(1) 用户模块（用户登录、注册；信息完整、用户级别、操作方便），0~8分 (2) 数据处理模块（数据输入、修改、查看和删除），0~8分 (3) 查询模块（产品或新闻等信息的检索），0~9分 (4) 后台管理模块（管理用户、留言、新闻），0~15分	(1) 客户端程序功能未实现一项扣3~4分 (2) 管理员程序未实现一项扣4~5分 (3) 程序不规范扣3~4分
系统发布	根据题目要求保证网站可以正确运行，并尽可能提高运行速度和质量	10	(1) 站点总容量不超过10MB、单个文件不超过2MB、无垃圾文件，0~5分 (2) 正确发布到服务器且在服务器端运行正确，0~5分	(1) 站点总容量大于10MB扣1分 (2) 单个文件大于2MB扣2分 (3) 站点内有垃圾文件扣2分 (4) 不能正确在服务器运行网站扣0~5分
项目答辩	能正确演示并讲解项目，能准确回答评委提问	10	(1) 演示过程正确，讲解清楚，0~5分 (2) 回答问题简洁、准确，0~5分	(1) 演示过程出错扣0~5分 (2) 回答问题错误扣0~5分
合计		100		

6.10.4　竞赛形式

比赛采用团队方式进行，每支参赛队由2名选手组成，其中队长1名，分工完成比赛项目功能。每支参赛队可以配1名指导教师。

比赛期间，允许参赛队员在规定时间内按照规则接受指导教师指导。参赛选手可自主选择是否接受指导，接受指导的时间计入竞赛总用时。

赛场开放，允许观众在不影响选手比赛的前提下现场参观和体验。

第7章 电子信息工程技术专业教学实施规范

7.1 专业概览

1. 专业名称：电子信息工程技术
2. 专业代码：590201
3. 招生对象：普通高中（或中职）毕业生
4. 标准学制：三年

7.2 就业面向

1. 就业面向岗位

初始就业可从事制造、测试、安装、使用、维护、维修、营销等第一线岗位工作；从业两到三年后，优秀人员可从事产品开发、生产管理、项目管理、工艺培训、技术支持等岗位工作。

2. 岗位工作任务与内容

电子信息工程技术专业相关职业岗位与工作任务、工作内容的对应关系如表7.1所示。

表 7.1 电子信息工程技术专业相关职业岗位与工作任务、工作内容对应表

序号	岗位名称	工作任务	工作内容
1	电子产品工艺员	进行电子产品现场工艺指导和管理，制作电子产品工艺文件	熟练掌握电子产品现场工艺指导和管理方法 熟练掌握电子产品工艺文件编制方法，制作工艺文件
2	电子产品与电子设备制图员、制板工	利用专业软件设计电路原理图与印刷电路图，使用设备，制作印刷电路板	利用专业软件设计电路原理图与印刷电路板 使用设备，制作印刷电路板
3	电子设备装接工	使用设备和工具装配、焊接电子设备，并测试与检验电子设备	使用设备和工具对电子设备进行装接、检验，进行设备日常保养、维护及故障检修

续表

序号	岗位名称	工作任务	工作内容
4	电子产品销售	进行电子产品营销与售后服务	对电子产品进行售销和售后服务
5	电子产品初级设计工程师	根据客户需求设计、调试、检修小型应用系统	设计电路、测选电子元器件、选用控制系统、运用开发工具、编写程序、制作电子产品
6	智能楼宇综合布线设计、施工与维修初级工程师	智能楼宇综合布线设计、施工与维修	对楼宇智能系统进行综合布线、安装、调试、运行与维护

3. 岗位能力要求

电子信息工程技术专业相关职业岗位及能力要求如表 7.2 所示。

表 7.2 电子信息工程技术专业相关职业岗位及能力要求

序号	职业岗位	能力要求
1	电子产品工艺员	能够进行电子产品现场工艺指导和管理，制作电子产品工艺文件
2	电子产品与电子设备制图员、制板工	能够利用专业软件设计电路原理图与印刷电路图，使用设备，制作印刷电路板
3	电子设备装接工	能够使用设备和工具装配、焊接电子设备，并测试与检验电子设备
4	电子产品销售	能够进行电子产品营销与售后服务
5	电子产品初级设计工程师	能够根据客户需求设计、调试、检修小型应用系统
6	智能楼宇综合布线设计、施工与维修初级工程师	能够使用维护暖风空调控制系统、设计安装防盗监控系统、安装出入口管制系统、使用维护楼宇自控系统、设计安装火灾报警系统、能够设计安装综合布线系统、能够设计安装有线电视、视频系统

7.3 专业目标与规格

7.3.1 专业培养目标

高职教育是我国高等教育的重要组成部分，培养拥护党的基本路线，适应生产、建设、管理、服务第一线需要的，德、智、体、美等方面全面发展，掌握电子电路、电子产品结构工艺等专业知识，熟悉电子产品、产品制造、检测、应用、维护等业务的高素质技能型专门人才。

7.3.2 专业培养规格

1. 素质结构

（1）思想政治素质。

具有科学的世界观、人生观和价值观，践行社会主义荣辱观；具有爱国主义精神；具有责任心和社会责任感；具有法律意识。

（2）文化科技素质。

具有合理的知识结构和一定的知识储备；具有不断更新知识和自我完善的能力；具有持续学习和终身学习的能力；具有一定的创新意识、创新精神及创新能力；具有一定的人文和艺术修养；具有良好的人际沟通能力。

（3）专业素质。

具备电子专业要求的素质，了解本专业未来的发展趋势，并能适应发展要求，对电子行业有一定的探索意识和创新意识。

（4）职业素质。

具有良好的职业道德与职业操守；具备较强的组织观念和集体意识。

（5）身心素质。

具有健康的体魄和良好的身体素质；拥有积极的人生态度和良好的心理调适能力。

2. 知识结构

（1）工具性知识。

外语、计算机基础等。

（2）人文社会科学知识。

政治学、社会学、法学、思想道德、职业道德、沟通与演讲等。

（3）自然科学知识。

数学等。

（4）专业技术基础知识。

- 具有较扎实的自然科学基础，较好的人文社会科学基础和管理科学基础；
- 具有本专业必需的外语阅读与翻译基础；
- 掌握必备的计算机应用的基本知识。

（5）专业知识。

- 掌握电路分析、电子技术基础理论知识和相应的专业基础知识；
- 掌握必要的电子工艺、电子产品检验方面的基础知识，电子设备维修与电子产品营销方面的相关知识；

- 掌握本专业必需的电子技术、产品结构、工艺、楼宇智能布线基本原则。
- 掌握电子产品开发的必备知识；
- 掌握本专业必需的相关领域和新兴领域的知识。

3. 专业能力

（1）职业基本能力。

- 良好的沟通表达能力；
- 计算机安装使用能力；
- 利用 Office 工具进行项目开发文档的整理（Word）、报告的演示（PowerPoint）、表格的绘制与数据的处理（Excel），利用 Visio 绘制软件开发相关图形的能力；
- 阅读并正确理解需求分析报告和项目建设方案的能力；
- 阅读本专业相关中英文技术文献、资料的能力；
- 熟练查阅各种资料，并加以整理、分析与处理，进行文档管理的能力；
- 通过系统帮助、网络搜索、专业书籍等途径获取专业技术帮助的能力。

（2）专业核心能力。

- 具有对基本电路图的识图和绘图能力；
- 掌握电工、电子工艺的基本工艺操作技能；
- 具有熟练使用电子仪器仪表的能力；
- 具有电子电路和产品制作、检验的能力；
- 具有计算机辅助设计能力，熟悉现代电子电路制作流程，能够进行简单设计与调试；
- 使用设备工具装配、焊接电子设备，测试与检验电子设备的能力；
- 具有对楼宇进行智能控制的综合布线设计、安装、维修的能力；
- 生产组织能力；
- 质量管理能力。

4. 其他能力

（1）方法能力：分析问题与解决问题的能力；应用知识的能力；创新能力。

（2）工程实践能力：人员管理、时间管理、技术管理、流程管理等能力。

（3）组织管理能力。

7.3.3　毕业资格与要求

（1）学分：获得本专业培养方案所规定的学分；

（2）职业资格（证书）：至少取得 1 项中级或高级职业资格（证书）；

（3）外语：通过高等学校英语应用能力等级考试，获得 B 级或以上证书（其他语种参考此标准）；

（4）计算机：通过河北省大学生计算机等级考试一级证书；

（5）顶岗实习：参加半年以上的顶岗实习并成绩合格。

7.4　职业证书

实施"双证制"教育，即学生在取得学历证书的同时，需要获得电子信息工程技术相关职业资格证书。本专业学生可以获得的中级职业资格证书如表 7.3 所示。

表 7.3　中级职业资格证书

序号	职业资格（证书）名称	颁证单位	等级
1	中级维修电工证书	人力资源和社会保障部	中级
2	电子设备装接工证书	信息产业部	中级

本专业毕业生要求必须获取以上中级职业资格证书之一，并鼓励和支持学生努力获取高级职业资格证书。本专业学生可以获得的高级职业资格证书如表 7.4 所示。

表 7.4　高级职业资格证书

序号	职业资格（证书）名称	颁证单位	等级
1	维修电工证书	人力资源和社会保障部	高级

7.5　课程体系与核心课程

7.5.1　建设思路

1．"岗位→能力→课程"的建设步骤

电子信息工程技术专业课程体系的设计面向职业岗位，由职业岗位分析并得到本专业职业岗位群中每一个岗位所需要的岗位能力。在此基础上进行能力的组合或分解，得出本专业的主要课程。具体内容如表 7.5 所示。

表 7.5 "岗位→能力→课程"表

职业岗位	能力要求与编号	课程名称
电子产品和电子设备质量检测	C1-1：具有使用常用工具的能力 C1-2：具有使用常用电工仪表的能力 C1-3：具有使用常用电子仪表的能力 C1-4：具有查阅相关技术手册的能力 C1-5：具有使用电子测量仪器的能力	电工基础 电子产品制造工艺 电子测量仪器使用与维护 传感器应用技术 质量管理
电子产品与电子设备制图员、制板工	C2-1：能够手工焊接、拆焊印制板 C2-2：能够测选电子元器件 C2-3：能够测选常用传感器 C2-4：能够阅读分析电路图 C2-5：能够制作简单印刷电路板 C2-6：能够利用专业软件设计绘制电路图和 PCB 图 C2-7：能够组调典型单元电路 C2-8：能够编制电子产品工艺文件 C2-9：能够装配一般产品 C2-10：具有组织、沟通、协调能力	模拟电路技术应用 数字电路技术应用 工程制图 Protel 电路设计 电力电子技术 高频电路技术应用 Auto CAD 电子产品结构工艺 生产管理
电子产品设计	C3-1：设计电子电路 C3-2：运用开发工具 C3-3：编写控制程序（汇编、C、Verilog HDL） C3-4：制作单片机控制板调试系统 C3-5：用 EDA 设计应用 CPLD/FPGA C3-6：设计小型 DSP 控制系统	C 语言程序设计 单片机原理及接口技术 EDA 技术实践 DSP 控制器原理及应用 现代通信技术
电子设备装接、调试、维护	C4-1：进行装接准备工作 C4-2：能够完成装接工作 C4-3：能够进行电子设备检验 C4-4：能够进行设备调试、维护和保养 C4-5：具有协调指导工作能力	电子设备装接工技术 电机拖动与 PLC 控制
智能楼宇综合布线设计、施工与维修	C5-1：能够使用维护暖风空调控制系统 C5-2：能够设计安装防盗监控系统 C5-3：能够设计安装出入口管制系统 C5-4：能够使用维护楼宇自控系统 C5-5：能够设计安装火灾报警系统 C5-6：能够设计安装综合布线系统 C5-7：能够设计安装有线电视、视频系统	楼宇智能布线技术

职业岗位	能力要求与编号	课程名称
电子产品营销	C6-1：能够查询市场动态和相关营销信息 C6-2：能够借助工具，使用产品英文说明书 C6-3：能够快速熟悉产品性能、技术指标、特点 C6-4：能够对产品进行安装调试 C6-5：能够对产品故障进行分析判断 C6-6：能够对电子产品市场进行调研并作出报告 C6-7：能够灵活运用营销促进方式 C6-8：表达能力 C6-9：职业道德	电子电器产品营销 专业外语

2. 理论与实践教学一体化

依托信息产业优势，强化工学结合，实施"工学交替、课堂与项目一体化"的人才培养模式，实现"理论实践一体化"教学，就是要将培养学生实践动手能力的系统，与培养学生可持续发展能力的基础知识系统灵活、交叉地进行应用，构建与实践教学相融合的基础知识培养系统，在强调以实践能力为重点的基础之上，也要重视理论知识的学习，真正为实现专业人才培养目标服务。

（1）基础知识培养系统。

● 统筹安排、课内外结合。

思想政治课教学从高职学生的实际出发，建议全部采用案例教学，以增强教学的针对性、实效性，将社会实践、竞赛、主题班会等纳入课程模块。教学形式上采用主题演讲、辩论赛、案例讨论、实地调研、专家讲座、观看电视片、拍摄校园内热点难点问题等方式。改革教学考核评价，课程成绩由任课教师、辅导员、班主任、团委共同评价，将学生日常行为和实习表现作为课程考核的一部分。

职业指导课程设计应体现全面素质发展与专业能力培养相结合，按照学习知识、具备能力、发展自己、发展社会的多层次培养目标进行设计。课程内容建议通过三个学年的多个模块（如专业教育、岗位体验指导、职业指导课、专业技术应用指导、预就业顶岗实习指导、预就业指导）全程化服务于学生就业、职业和创业教育，服务于专业人才培养目标。

● 围绕专业能力、服务于专业教学。

数学课根据专业特点，开设工程数学。数学课建议采用案例教学，教学案例可以由专业教师提供，保证教学内容与专业紧密结合。英语课教学可以进行情境教学和分层教学，通过开放语音室、建立英语角、举办英语剧比赛、播放英语广播等方式，培养学生听、说、读、写、译的能力。计算机专业英语则直接用企业的技术资料（如帮助文档）作为教学材料。计算机应用基础可以通过求职简历、学生毕业设计等作为案例贯穿整个教学始终。

（2）实践动手能力培养系统。

为进一步强化学生动手能力的培养，突出以实践为重点，实现培训高素质技能型专门人才的目标，应建立相对独立的实践教学体系。电子信息工程技术专业实践体系如表7.6所示。

表 7.6　电子信息工程技术专业实践体系

序号	实践名称	设计目的	开设时间	主要培养能力
1	军事理论与国防教育	培养吃苦耐劳的精神，锻炼健康的体魄	第 1 学期	社会能力
2	参观实习	尽早接触社会，坚定为社会主义服务的理想，培养沟通和表达能力	第 1 学期	社会能力
3	钳工实习	认识零件加工步骤，合理安排加工工艺，同时培养吃苦耐劳的工作态度	第 2 学期	社会能力
4	计算机辅助设计	会使用设计工具和编程语言	第 2 学期	专业能力
5	简单电路设计与制作	电子电路制作组装与调试能力	第 3 学期	专业能力
6	单片机课程设计	培养基于单片机的电子系统设计能力	第 3 学期	专业能力
7	综合设计	进一步提升学生的项目开发能力	第 5 学期	专业能力
8	职业技能鉴定实训	达到高级电子设备装接工标准并取得资格证书	第 4 学期	专业能力
9	顶岗实习	锻炼意志、感受企业文化，进一步培养良好的职业习惯并遵循良好的规范	第 6 学期	专业能力、社会能力
10	毕业设计	综合应用专业知识，强化项目开发能力，提升分析问题和解决问题能力	第 6 学期	专业能力

3．双证书课程

根据毕业资格要求，本专业毕业生需具备两个证明学生能力和水平的证书：一是学历证，二是职业资格证。它们既反映学生基础理论知识的掌握程度，又反映实践技能的熟练程度。建议电子信息工程技术专业通过"电子产品制造工艺"、"电子设备装接工技术"等专业课，结合专业选修课，将相关企业认证融入课程内容。

7.5.2　课程设置

根据"岗位→能力→课程"的基本过程，以培养学生能力为中心，进行职业基本素质课程的系统化设计，在技能培养过程中融入职业资格证书课程。在此基础上，明确各课程模块对应的主要课程，构建电子信息工程技术专业的课程体系。

1. 基础课程

思想道德修养与法律基础，毛泽东思想、邓小平理论和"三个代表"重要思想概论，形势与政策，军事理论，英语，数学，体育与健康，职业道德与就业指导。

2. 专业基础课程

电子产品制造工艺、电工基础、工程制图、电力电子技术。

3. 专业核心课程

模拟电路技术应用、数字电路技术应用、C 语言程序设计、Protel 电路设计、电子设备装接工技术、传感器应用技术、EDA 技术实践、电子产品结构工艺、楼宇智能布线技术、电机拖动与 PLC 控制、DSP 控制器原理及应用。

4. 实践实训课程

钳工实习、计算机辅助设计、简单电路设计与制作、单片机课程设计、综合课程设计。

7.5.3 主干课程知识点设计

1. 模拟电路技术应用

通过对本课程的学习，学生能正确使用仪器仪表、常用软件；判定模拟电路故障现象、分析故障原因并提出解决方法；能正确进行模拟电子产品调试、检测；能够进行电子产品设计等，培养学生理论分析及应用能力，使学生具有一定的分析问题和解决问题的能力。

课程的主要内容和要求：模拟电子线路及其电路设计与制作的基本知识与基本技能。

教学方法与手段：实行"任务驱动"的教学方法，在学习情境组织过程中，按照项目工作过程进行设计，使整个环节符合职业规律，融"教、学、练、评"四者于一体。

考核项目和要求：考试、电路制作，并结合出勤、作业、提问、学习过程等综合考核。

2. 数字电路技术应用

通过对本课程的学习，学生能正确使用仪器仪表、常用软件；判定数字电路故障现象、分析故障原因并提出解决方法；能正确进行数字电子产品调试、检测；能够进行电子产品设计等，培养学生理论分析及应用能力，使学生具有一定的分析问题和解决问题的能力。

课程的主要内容和要求：数字电子线路及其电路设计与制作的基本知识与基本技能。

教学方法与手段：实行"任务驱动"的教学方法，在学习情境组织过程中，按照项目工作过程进行设计，使整个环节符合职业规律，融"教、学、练、评"四者于一体。

考核项目和要求：考试、电路制作，并结合出勤、作业、提问、学习过程等综合考核。

3. 电子产品结构工艺

通过对本课程的学习，学生能通过电路图进行元器件装配、焊接，能够进行故障诊断并排除，完成大型电子设备的安装与调试。

课程的主要内容和要求：电子设备的防护设计、电子设备元器件布局与装配、印制电路板的结构设计及制造工艺、电子设备的整机与调试、电子产品技术文件与 CAPP、电子产品的微型化结构、电子设备的整机结构等。

教学方法与手段：实行"任务驱动"的教学方法，在学习情境组织过程中，按照项目工作过程进行设计，使整个环节符合职业规律，融"教、学、练、评"四者于一体。

考核项目和要求：考试、产品制作、故障排除，并结合出勤、作业、提问、学习过程等综合考核。

4. 楼宇智能布线技术

通过对本课程的学习，学生能掌握智能楼宇各系统的设计、安装、调试的基本知识和相关技能，能对智能楼宇的各系统进行维修、维护。

课程的主要内容和要求：楼宇智能系统的配置、监控与组织管理、程序输入、参数测试、故障诊断以及对建筑强弱电的维护及系统设计，楼宇科技工程项目的实施体系，楼宇智能化系统的实际安装、调试和系统设计等。

教学方法与手段：实行"任务驱动"的教学方法，在学习情境组织过程中，按照项目工作过程进行设计，使整个环节符合职业规律，融"教、学、练、评"四者于一体。

考核项目和要求：考试、方案设计与实施，并结合出勤、作业、提问、学习过程等综合考核。

7.5.4 参考教学计划

电子信息工程技术专业参考教学计划如表 7.7 所示。

表 7.7　电子信息工程技术专业参考教学计划

课程类别	课程性质	序号	课程名称	总学分	总学时	其中				建议修读学期与学时分配						备注
						课内		课外		第一学年		第二学年		第三学年		
						理论	实践	理论	实践	1	2	3	4	5	6	
必修课程	公共基础课程	1	军事理论与国防教育	3	（48）											
		2	思政课基础	2	30	30				2*15						
		3	思政课概论	3.5	60	60					4*15					
		4	体育	5	88	6	82			2*14	2*15	2*15				
		5	英语	8.5	150	150				4*15	4*15	2*15				
		6	计算机通用能力	3.5	64	24	40			4*12	4*4					
		7	实用应用文写作	2	30	14	16							4*7+2		
		8	信息检索与利用	1	（10）		（10）			（10）						
		9	创新能力	2	30	30				2*15						
		10	创业与就业指导	2.5	42	22	（20）			（8）	2*6	（8）	（4）	2*5		
		11	形势与政策	4.5	（80）		（80）			（15）	（15）	（10）	（15）	（15）	（10）	
		12	高等数学	3	52	52				4*13						
			小　　计	40.5	526	388	138			18	16	4		4		
	职业平台课程	13	电子产品制造工艺	5	90	2	38			2*15	4*15					
		14	电工基础	5	90	82	8			6*15						
		15	工程制图	3.5	60	60	0			4*15						
		16	模拟电路技术应用	5	90	80	10				6*15					
		17	数字电路技术应用	4	72	60	12				6*12					4
		18	C 语言程序设计	3.5	60	40	20				4*15					
	职业能力课程	19	Protel 电路设计	2	40	4	36					4*10				
		20	电力电子技术	3.5	60	54	6					4*15				
		21	单片机原理及接口技术	3.5	60	50	10					4*15				
		22	高频电路技术应用	4	70	50	20					4*10+6*5				
		23	电子测量仪器使用与维护	2.5	44	36	8					4*11				
		24	Auto CAD	2.5	44	10	34						4*11 后			
		25	电子设备装接工技术	2	42	4	38						6*7 前			
		26	传感器应用技术	2	40	30	10					4*10				

续表

课程类别	课程性质	序号	课程名称	总学分	总学时	其中				建议修读学期与学时分配						备注
						课内		课外		第一学年		第二学年		第三学年		
						理论	实践	理论	实践	1	2	3	4	5	6	
		27	EDA 技术实践	4	68	46	22						4*17			
		28	电子产品结构工艺	2	40	36	4						4*10			
		29	楼宇智能布线技术	4	68	38	30						4*17			
		30	电机拖动与 PLC 控制	3.5	68	48	20						4*17			
		31	DSP 控制器原理及应用	3.5	52	40	12							4*13		
		32	专业外语	2	32	32	0							4*8 前		
选修课程	专业选修课程	33	电子电器产品营销	2	30	30	0				2*15					每生每学期限选1门
		34	现代通信技术	2	30	20	10						2*15			
		35	质量管理	2	30	20	10						2*15			
		36	生产管理	2	30	20	10							4*7+2		
	公共选修课程	37	科技写作	2	30			20	10				4*7+2			每生每学期限选1门
		38	文学欣赏	2	30			20	10				4*7+2			
		39	音乐欣赏	2	30			20	10				4*7+2			
			小　计	8	120			90	30							
必修学时总计										1820						
学时总计										2800						
学分总计										163						

7.6　人才培养模式改革

7.6.1　教学模式和教学方法

1. 教学模式

（1）工学结合，课堂与项目部一体。

将学生的学业进步、职业定位和事业目标进行全盘考虑，以"将创新教育渗透在高职教育课程体系中"为原则，挖掘和培养学生的创造潜力，将"课堂学习"与"项目实训"融合。

（2）理论实践一体化教学模式。

教学过程要突出对学生职业能力和实践技能的培养，坚持理论教学为职业技能训练服务的原则，构建强化职业技能训练，重点培养和提高学生日后走向工作岗位所需的基本专业技能和综合职业素质的实践教学体系。

打破原来理论课程和实践教学分开的模式，充分利用实训环境和多媒体教学设备进行教学。教学过程中讲解与实践并行，讲解的目的是使实践教学成功开展，从而提高教学效果和学生学习的兴趣，实现"教、学、做"三位一体。

（3）项目式教学模式。

从学生出发，以学生为本，强调创设问题情境，引导学生感悟、理解知识，创造和发现知识的方法，加强学生能力的培养，注重学生的合作，提高学生解决实际问题的能力，进行项目式教学改革。

根据项目实施要求，引导学生利用课程网络学习平台丰富的资源、专业网站、工具书籍等进行技能训练、项目实施。让学生通过亲自动手实践完成任务，从实践中汲取经验和技能。

（4）"产学"结合教学模式。

积极探索与行业、企业和科研单位的合作模式，大力加强校外实训基地建设。根据互惠互利、优势互补原则，加强人才培养的"产学"结合，有计划地安排学生参加校外实践教学，聘请校外有经验的工程技术人员到学校和现场进行教学，同时推荐品学兼优的学生到企业就业。

邀请企业技术、管理骨干组成专业实习指导委员会，参与实践教学计划的制定，并担任学生实习指导老师。对实习中的学生进行指导和管理，并结合行业技术要求和标准对实习学生进行考核，并对学校的实践教学进行指导和评价。

2. 教学方法

转换师生角色，注重教学方法的开放性，即知识内容的开放性——课本知识和企业的生产实践有机结合，强调学生的经验、体验；人际关系的开放性——师生、生生之间的多边互动交流；教学气氛的开放性——活跃、民主、融洽、平等。构建第二课堂学习平台，将教学活动由课上延伸至课外，提供校内和企业各类课题，学生自主选择，提高学生自我学习和管理能力。主要可采用下列教学方法：

（1）项目教学法。

根据不同行业背景，选择工作项目，并将工作项目转换成教学项目。按照 APDCA（分析—计划—实施—检查—调整）项目运行流程，团队配合完成整个项目。

（2）任务驱动法。

以项目为载体设计学习情境，将项目按照工作流程分解成不同的任务。以学生为主体，通过工作任务驱动加强学生主动探究和自主学习能力的培养，让学生能够在"学中做、做中学"的过程中得到职业能力和职业素质的锻炼。

（3）角色扮演法。

在教学实施过程中，创建虚拟企业，拟设企业化教学情境，教师扮演项目总监/客户角色，既提出项目制作要求，又从技术上和知识上对学生进行引导点拨；学生扮演企业员工，一方面学生能够按照公司员工的标准来严格要求自己，另一方面组织学生成立项目组，各项目组提供不同角色的素质要求和技能要求，可以使每个学生根据兴趣爱好、能力特长选择自己最适合的角色，参与到项目组工作中，这样既能让学生充分发挥个人所长，又能体会到团队互补合作的重要性。

（4）分组讨论法。

各项目组推选一名学生作为项目经理，项目组实行学生自我管理，在小组讨论中，成员可以彼此分享个人意见和见解，并鼓励性格内向的同学多表现，多沟通，通过分组讨论培养学生自信、团队精神、创新精神。

（5）启发式教学法。

在教学实施过程中，适当地创设"问题情境"，提出疑问以引起学生的注意和积极思考，激发学生强烈的探索、追求的兴趣，引导学生积极地找寻解决问题的方法，促进学生独立思考和独立解决问题的能力。

（6）探究式教学法。

构建第二课堂学习平台，将教学活动由课上延伸至课外，通过提供校内和企业各类课题，使学生自主选择；采用探究式教学法，提高学生自我学习和管理能力；同时教师提供项目实施要求等，引导学生利用本课程网络学习平台丰富的资源、参考专业网站、工具书籍等方法进行技能的学习、项目的制作等工作。教师在整个过程中担任专业技术顾问工作，协助学生分析任务完成的步骤和技术要点，做到课前引导学生自学探索，课后协助学生巩固拓展，让学生通过自我动手实践完成任务，从实践中汲取经验和技能。

（7）鼓励教学法。

把企业的项目汇报和晨会等环节引入教学，安排一定课时用于学生工作成果汇报。教师站在项目总监或客户的角度进行鼓励性评价，激发学生表达欲望，让他们感受到工作成果获得认可的喜悦和成就感。在展示评价的过程中，不同项目组之间、师生之间也能进行思维碰撞，拓展思维空间和眼界。

7.6.2　教学过程考核与评价

课程的考核标准要以对学生的知识、能力、素质综合考核为目标，积极开展考核改革，建立科学合理的考核评价体系，能够全面客观地反映学生学习成绩，从而引导学生自主学习，不断探索，提高自身综合运用知识的能力和创新能力。

1. 知识、能力、素质考核于一体

在教学实施过程中要明确考核标准，并根据课程特点，制定合理的评价标准，考核评价由过去单纯的卷面考试逐步改为多种方式并举，建议在考核过程中采用"四结合"原则，对学生进行多层次、多角度、全方位的职业技能和素质考核。

（1）把教学考核方法和企业工作效能考核方法相结合。

在项目实施中采用企业实战情景模拟，在考核上把企业中对员工的效能考核方式引入教学考核中，两者结合，设计基于教学、源于企业的考核标准。

（2）把教师考核和学生评价相结合。

项目实施中一方面由项目总监（教师）对项目组各位员工进行工作评价；另一方面，每个项目组成员（学生）对自己的各阶段工作任务完成情况进行自评，再由项目经理（组长）对其组员进行考核，通过三个不同的视角对学生进行更全面、更准确的评价。

（3）把技能考核和综合素质考核相结合。

在考核项目的设置中，不仅注重对技术技能的考核，也加大了对于企业员工必要的基本职业素养，例如沟通表达能力、团队协作能力等方面考核的力度和比例。

（4）形成性评价和总结性评价相结合。

在每个项目实施过程中的每个任务都设置相应的任务考核表，每次任务考核的累积直接影响最终的课程考核，同时每个项目完成后，还通过项目验收的方式对项目完成情况进行考核，这使总结性考核有理有据，而且能更好地监测每个阶段的教学效果和学生各项能力的提升情况。

在过程考核时，还应对学生在项目实施过程中所体现出的企业规范化文档的编制能力、知识应用能力、与人合作能力、吃苦耐劳精神、信息资料整理处理能力、自我学习能力等综合素质进行考核。

2. 网上评分

为了调动学生参与项目的积极性，激发学生的竞争意识，可以开发考核评分系统，将学生的课外项目成果进行网上评分，由学生自评、互评，校内校外学生、教师和其他任何人员进行评价，随时可以统计出评分和排名情况，通过展示项目成果并将成果作为回报奖励给学生，使之有一种成就感。

7.6.3　教学质量监控

通过建立院、系（部、处）、教研室三级教学质量监控体系，不断完善各教育教学环节的质量标准，建立科学、合理、易于操作的质量监控、考核评价体系与相应的奖惩制度。形成教育教学质量的动态管理，促进合理、高效地利用各种教育教学资源，促进人才培养质量的不断提高，全面提升教育教学质量和人才培养工作整体水平。

明确教学质量监控的目标体系：

（1）人才培养目标系统。其主要监控点为人才培养目标定位、人才培养模式、人才培养方案、专业改造和发展方向等。

（2）人才培养过程系统。其主要监控点为教学大纲的制定和实施、教材的选用、师资的配备、课堂教学质量、实践性环节教学质量。

（3）人才培养质量系统。其主要监控点为课量、教学内容和手段的改革、考核方式和试卷质量等，制定相关的质量标准；课程合格率、各项竞赛获奖率、创新能力和科研能力、毕业率、就业率、就业层次、用人单位评价等。

按照 PDCA 模型建立相应的教学质量监控体系，如图 7.1 所示。

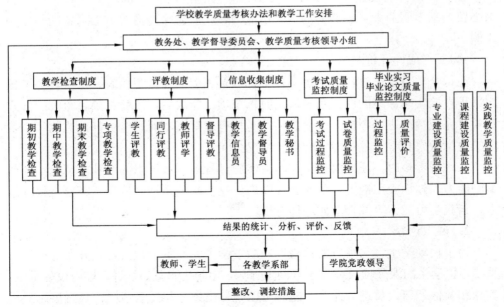

图 7.1　教学质量监控体系

7.7 专业办学基本条件和教学建议

7.7.1 教材建设

目前，在电子信息工程技术专业的教学中，不仅需要适合市场和行业需求的前沿课程体系，也需要制定课程体系中各门课程的课程标准，以规范课程的前后序关系和课程的主要教学内容、实训内容、考核机制以及教学方法等。除了这些教学文件外，教师和教材是良好教学质量保证的重要因素。其中教师作为教学的主体，肩负着引导学生，激发学生的学习兴趣，将课程内容有效地传授给学生的任务。而教材作为教学内容的载体，可以呈现课程标准的内容，同时也可以体现教学方法。一门课程除了需要优秀的教师外，内容适度、结构合理的教材也是十分重要的。

针对目前的电子信息工程技术专业教材的现状，建议从以下几个方面进一步优化教材的选用和加强教材的建设。

1. 加强"理论实践一体化"教材的建设

"理论实践一体化"的内涵应包括两个方面：一是教材中的教学载体的选择应来源于企业的实际项目，以实现专业理论知识学习和企业实际应用的一体化，即"学为所用"；二是教材设计要面向教学过程，合理设置理论教学和技能训练的环节，实现"教、学、做"合一，甚至是"教、学、做、考"合一。

在电子信息工程技术专业"理论实践一体化"的教材中，应以实际的电子设计项目为中心，每一章节（教学单元）建议按照教学导航、课堂讲解、课堂实践、课外拓展的环节开展教学。在相关的教学单元结束后，通过"单元实践"进一步提升技能；相关课程结束后，通过"综合实训"综合课程知识和技能。这样，由浅入深并围绕电子设计项目的开发组织教学。

2. 基于"课程群"进行系列教材的系统开发

教材是课程实施的有效保障，是达成专业培养目标的有效载体。电子信息工程技术专业教材的建设要站在专业的高度，按照"岗位→能力→课程→教材"的过程进行系统的考虑。从实际岗位中提炼岗位能力，岗位能力回归到知识点和技能点，定位到课程，落实到教材。

教材开发过程中应充分考虑相关联的课程群，既要面向实际的工作过程，也要考虑课程之间的关联性，尽量保证学科体系的系统性。

3. 打造精品教材

国家级的规划教材和国家级精品教材以及教指委的优秀教材代表了特定阶段

教材建设的水平，在教材建设过程中应充分把握好各种机会，多出精品教材，为专业教学提供良好的保障。

4. 贴合高职学生特点自编特色教材

自编特色教材要打破传统的"重理论，轻实践；重知识，轻技能；重结果，轻过程"的编写模式，要更加注重学生的学习过程，按照工作过程来编写项目化特色教材，建立以学生为中心的"建构式课程模式"。可紧贴生产实际，联合企业一线技术专家，合作完成教材编写。让学生能够从教材中获得更多的实际工作中实战性的知识和技能，在工作过程中得到职业情境的熏陶和工作过程的体验，从而真正掌握就业所必备的技术知识和职业能力。

7.7.2 网络资源建设

为了构筑开放的专业教学资源环境，最大限度地满足学生自主学习的需要，进一步深化专业教学内容、教学方法和教学手段的改革，电子信息工程技术专业可以配合国家级教学资源库的建设，构建体系完善、资源丰富、开放共享式的专业教学资源库。其基本配置与要求如表 7.8 所示。

表 7.8 专业教学资源库的配置与要求

大类	资源条目	说明	备注
专业建设方案库	职业标准	包括电子信息行业相关职业标准、行业相关报告等	专业基本配置
	专业简介	主要介绍专业的特点、面向的职业岗位群、主要学习的课程等	
	人才培养方案	主要包括专业目标、专业面向的职业岗位分析、专业定位、课程体系、核心课程描述等	
	课程标准	核心专业素质与技能课程标准	
	执行计划	近三年的供参与的专业教学计划	
	教学文件	教学管理有关文件	
优质核心课程库	电子教案	主要包括学时、项目教学的教学目标、项目教学任务单、教学内容、教学重点难点、教学方法建议、教学时间分配、教学设施和场地；课后总结	专业基本配置
	网络课程	自主学习型网络课程；基于教师课堂录像讲授型网络课程	
	多媒体课件	优质核心课程课件	
	案例库（情境库）	以一个完整的案例（情境）为单元，通过观看、阅读、学习、分析案例，实现知识内容的传授、知识技能的综合应用展示、知识迁移、技能掌握等，至少有 4 个完整案例	

续表

大类	资源条目	说明	备注
优质核心课程库	试题库或试卷库	主要包括题库,可以分为试题库和试卷库,试题库按试题类型排列,试题形式多样,兼有主观题和客观题	专业基本配置
	实验实训项目	主要包括实验实训目标、实验实训设备和场地、实验实训要求、实验实训内容与步骤、实验实训项目考核和评价标准、实验实训作品或结果、实验实训报告或总结、操作规程与安全注意事项	
	教学指南	主要包括课程的岗位定位与培养目标、课程与其他课程的关系、课程的主要特点、课程结构与课程内容、课时分配、课程的重点与难点、实践教学体系、课程教学方法、课程教学资源、课程考核、课程授课方案设计、课程建设与工学结合效果评价	
	学习指南	主要包括课程学习目标与要求、重点难点提示及释疑、学习方法、典型题解析、自我测试题及答案、参考资料和网站	
	录像库	主要包括课程设计录像、教学录像等	
	学生作品	主要包括学生实训及比赛的优秀作品、生产性实训作品和顶岗实习的作品等	
素材库	文献库	收录、整理与专业相关的图书、报纸、期刊、报告、专利资料、学术会议资料、学位论文、法律法规、技术资料以及国家、行业或企业标准等资源,形成规范数据库,为相关专业提供文献资源保障	专业特色选配
	竞赛项目库	收录各级、各类电子技术相关技能竞赛试题及参考答案等	
	视频库	主要包括操作视频和综合实训视频等	
	源代码	源代码工程应用实例	
	友情链接	参考网站	
自主学习型课程库	自主学习网络资源	专业选修课程网络教学资源,实现选修课网络教学	专业特色选配
开放式学习平台	开放式学习平台	在线考试系统、课件发布系统和论坛	专业特色选配

7.7.3 教学团队配置

师资队伍是在学科、专业发展和教学工作中的核心资源。师资队伍的质量对学科、专业的长远发展和教学质量的提高有直接影响。高职院校人才的培养要体现知识、能力、素质协调发展的原则,因此,要求建立一支整体素质高、结构合理、业务过硬,具有实践能力和创新精神的师资队伍。

1. 师资队伍的数量与结构

（1）师资队伍的数量。

生师比适宜，满足本专业教学工作的需要，一般不高于 16:1。

（2）师资队伍结构。

师资队伍整体结构要合理，应符合专业目标定位要求，适应学科、专业长远发展需要和教学需要。

- 年龄结构合理。

教师年龄结构应以中青年教师为主。

- 学历（学位）和职称结构合理。

具有研究生学历、硕士以上学位和讲师以上职称的教师要占专职教师比例的 80% 以上，副高级以上专职教师 30%。

- 生师比结构合理。

生师比适宜，满足本专业教学工作的需要，一般不高于 16:1。

- 双师比结构合理。

积极鼓励教师参与科研项目研发，到企业挂职锻炼，并获取电子信息工程技术专业相关的职业资格证书，逐步提高"双师型"教师比例，力争达到 60% 以上。

- 专兼比结构合理。

聘请电子信息工程企业技术骨干担任兼职教师，建议专兼比达到 1:1，以改善师资队伍的知识结构和人员结构。

2. 教师知识、能力与素质

电子信息工程技术专业是一个发展十分迅速的应用型专业，其与一些传统专业不同，需要教师具有较强的获取、吸收、应用新知识和新技术的能力。高职高专院校电子信息工程技术专业教师承担着为社会各行各业培养电子信息工程技术技能型人才的任务。

教育部明确提出，高等职业教师应具备"双师"素质，即专职教师不仅要具有传统意义上的专职教师的各项素质（包括学历、学位、职称、教师资格证），而且要具有一定的工程师素质（承担或参与过科学研究、教学研究项目）；对于兼职教师，如果是以课堂教学为主的兼职教师，应具有教师的各项素质（包括学历、学位、职称、教师资格证），如果是以实践教学为主的兼职教师，应具有工程师素质（包括学历、职称、专业技能资格证）。

（1）知识要求。

- 掌握电工技术和电子技术基本知识；
- 熟悉单片机原理及接口技术；

- 掌握电子设备的装配与焊接技术；
- 熟悉各种主流的专业软件使用；
- 掌握智能楼宇各系统的设计、安装、调试的基本知识；
- 熟悉各种仪器仪表的使用及原理；
- 掌握电子设备的产品结构工艺知识。

（2）能力要求。

- 能够使用设备和工具装配、焊接电子设备；
- 能够完成 DSP 小系统设计、调试与维修；
- 能够进行电子产品现场工艺指导和管理；
- 能够制作电子产品工艺文件；
- 能够编制整理设计文档；
- 能够完成嵌入式软件程序编写、测试；
- 能够对完成电子元器件试验与检测技术；
- 能够对单片机、ARM 设计项目进行基本管理，并进行质量控制；
- 能够运用专业软件绘制系统硬件电路原理图、PCB 设计；
- 能够对电子设备进行日常维护和故障排除；
- 具备基本的教学能力，能灵活运用分组教学法、案例教学法、项目驱动教学法和角色扮演法等方法实施课程教学；
- 具有一定的科研能力和较强的开发能力，能主持应用技术项目的开发和科研项目的研究；
- 具备较强的学习能力，能适应电子信息工程技术的快速更新和发展。

（3）素质要求。

- 拥护党的领导，拥护社会主义，热爱祖国，热爱人民；热爱教育事业，具有良好的师德风范；
- 接受过系统的教育理论培训，掌握教育学、心理学等基本理论知识；
- 取得国家或行业中高级认证证书，或教育部的"双师型"教师证书；
- 具有较强的敬业精神，具有强烈的职业光荣感、历史使命感和社会责任感，爱岗敬业，忠于职守，乐于奉献。

3. 师资队伍建设途径

为迅速提高教师的知识、能力和素质，为教师的提高提供方便条件和保证，学校可以通过"引聘训（引进、聘用、培训）"等途径加强师资队伍的建设。

- 严格执行岗前培训制度，引进的新教师要接受岗前培训，使教师适应职业教育的规范和特点；执行"师徒结对"制度，由专业教师中具有丰富经验的高职称老教师与年轻教师结对，老教师在业务、教学方法和科研上进行指点帮助，使青年教师尽快地成长起来；

- 安排教师下企业锻炼学习，时间不短于 6 个月，所有专业教师应利用寒暑假期间到企业进行短期实践，使教师能够在教学中将专业教学能力与企业文化相结合；
- 加强学历及专业技术培训，对现有非研究生学历的中青年教师有计划、有步骤地安排在职或脱产进修，同时积极引进专业对口、素质过硬的研究生以上学历人才；定期请企业工程师到学校进行新技术的培训与讲座，或有计划地安排教师参加新技术培训；
- 坚持科研与教学相结合，鼓励教师申报各类科研和教学研究项目，提高教学中的科技含量，支持教师承担企业技术服务项目，以科研促进教学水平的提高，以教学带动科研工作的发展，提升双师队伍的内涵；
- 鼓励教师参加全国性的学术研讨，指导学生参加各类技能大赛等活动，支持教师参加国家规划教材的编写出版工作；
- 改变教师评价体系。

（1）专业带头人培养。

培养目标：达到教授职称或取得博士学位，提升高职教育管理、应用技术开发等能力，主持省部级以上的科研课题或精品课程建设，指导青年骨干教师快速成长。

培养措施：

- 国内学习，提高高职教育理论和专业技术水平；国外考察，到澳大利亚学习职业教育培训包开发模式和教学特点；到英国学习 IT 项目开发新技术；
- 到实力雄厚的软件公司挂职锻炼，丰富企业现场培训经验；
- 参加软件开发新技术学习培训；
- 主持申报、承接各类应用技术开发课题；主持与企业合作或参与企业的应用技术开发。

（2）骨干教师培养。

培养目标：达到副教授职称或取得硕士学位，具备主讲 2 门以上核心专业素质与技能课程的能力，具备主持核心课程建设的能力，能指导青年教师快速成长。

培养措施：

- 国内学习，提高高职教育理论和课程建设的能力；国外考察，学习借鉴国外先进课程建设经验和教学特点；
- 参加国内产品开发新技术学习培训；

- 到实力雄厚的电子公司挂职锻炼，获得企业现场培训经验；
- 参与各类应用技术开发课题。

（3）兼师队伍建设。

建设目标：聘请电子行业、企业具有丰富实际项目开发经验和一定教学能力的行业专家和技术人员，参与到课程体系构建、课程开发、课程教学、实训指导、顶岗实习指导等专业建设各环节中，争取专兼比达到 1:1。

建设措施：

- 在知名电子公司中遴选一批高水平的技术人员，建立兼师库，从中挑选兼职教师；
- 选聘有丰富项目开发经验且具有中级以上职称的优秀的项目开发经理、技术骨干为兼职教师；
- 建立兼师的培训制度，兼师定期参与教研活动；
- 制定兼师的管理制度。

7.7.4　实训基地建设

1. 建设原则

建立"四个真实"的教学环境，在"共建、共享、共赢"的基础上，按照"四化（环境建设多元化、实践场所职业化、教学理实一体化、实践项目企业化）、三平台（职业训练平台、教学研发平台、交流服务平台）、一目标（高技能人才培养）"的原则，以适应工学课程"教、学、做"的教学需要，建设满足课程需要的"四化"多功能专业实训室，满足生产性实训需要的生产型教学公司以及顶岗实习需要的校外实习、实训基地，即"产学教一体"的校内外实训基地。

根据电子信息工程技术专业人才培养的实际需求，结合基于电子信息工程技术岗位工作过程的课程体系，以人才培养、职业培训、技能鉴定、技术服务为纽带，构建校企结合、优势互补、资源共享、双赢共进的校内生产性实训基地和校外实训基地，并建立有利于教学与实践融合的实训管理制度，以保障基于工作过程的人才培养模式的实施，突出体现专业的职业性、开放性，培养学生的核心能力。

2. 校内实训（实验）基地建设

（1）建设具有企业氛围的理实一体专业实训室。

本着"课程教学理实化、实践场所职业化"的原则，专职教师与企业兼职教师应共同根据课程实施的需要设计、建设理实一体专业实训室，应重点加强教学功能设计及企业氛围的建设，使学生在校期间能感受企业文化氛围，接受企业操作规范。

（2）引企入校共建实训室及生产型教学公司。

依据"环境建设多元化"的方针，企业提供实训项目、管理规范、设备，学校提供场地、人员等，校企共建实训室及生产型教学公司。教学公司兼顾企业项目制作和学校教学双重功能，保障生产性实训教学的有效实施，为校内生产性实训和顶岗实习提供保障。只有与企业共建，才能不断地进行技术及设备的更新，才能建设技术先进、设备常新的实训室，紧跟技术的发展。

（3）建立校内实训基地的长效运行机制。

依据"科学化、标准化、实用化"的建设原则，建立一整套实训室管理制度及突发事件应急预案等。校内实训基地的运行模式可采用"校企共建、共管"模式、"产品研发"模式、"教学公司"对外承接制作项目或开展技术服务模式，从而真正实现"基地建设企业化、师生身份双重化、实践教学真实化"的目标。

（4）校内实训室建设。

实训室建设是高职学生能力培养的最重要的环节，而实践课是培养学生能力的最佳途径。电子信息工程技术专业的实训室应能提供企业所需的软件环境，满足项目制作要求的硬件设施以及模拟的企业氛围，从而通过实践学习真正提高学生的技能和实战能力，感受企业文化氛围，使学生具有扎实的理论基础、很强的实践动手能力和良好的素质。这些都是他们将来在就业竞争中非常明显的竞争优势，对于学生来说具有现实意义，可以扩大学生在毕业时的择业范围。

根据电子行业发展和职业岗位工作的需要，应与行业知名企业合作，针对典型工作岗位，逐步建设与完善电子设备装接实训室、单片机实训室、电子技术实训室、智能楼宇实训室等，每个实训室应能完成人才培养方案中相应教学项目课程的训练及能力的培养，使学生能够满足就业岗位要求并具备持续发展能力。电子信息工程技术专业各实训室建议方案如表 7.9 所示。

表 7.9　电子信息工程技术专业各实训室建议方案

序号	实训室名称	设备名称	数量	实训内容	备注
1	单片机实训室	清华同方 E260	24	单片机项目实训 单片机课程设计	
		DVCC-598JH+	22		
		NECVT670+	1		
		兼容机	22		
		DELL 服务器/XEON	1		
		其他	32		

续表

序号	实训室名称	设备名称	数量	实训内容	备注
2	电子技术实训室	模拟电路实验单元	21	简单电路设计与制作	
		数字电路实验单元	21		
		示波器	22		
		函数发生器	11		
		扫频仪	10		
		通信原理教学实验系统	13		
		其他	66		
3	电子设备装接实训室	电源箱	18	电子设备装接考证培训 综合课程设计	
		电机	46		
		多媒体	1		
		电机及自动控制实验装置	7		
4	智能楼宇实训室	DDC 控制器	1	综合课程设计	
		消防系统	1		
		防盗报警系统	1		
		监控系统	1		
		门禁实验系统	1		
		中央空调系统	1		
		对讲系统	1		
		其他	9		

要加强与重视实训室软环境的建设，可引入规模、难度适中的企业真实项目，进行可教学化改造，组成动态更新的项目库，根据实际情况为学生配置适合在半年至一年的时间内进行不同方向实践能力训练的项目，供实训教学使用；可将项目开发所需关键知识、技能及技术参考资料系统化为实例参考手册，作为实训学员的参考教材；可引入企业实际应用的行业规范化项目文档，整理后形成项目文档库，指导学生在实际项目开发训练中进行参考，从而提高学生项目文档的撰写和阅读能力。

3. 校外实训基地建设

校外实训基地是指具有一定规模并相对稳定的，能够提供学生参加校外教学实习和社会实践的重要实训场所。校外实训基地是高职院校实训基地的重要组成部分，是对校内实训的重要补充和扩展，是"工学交替、校企合作"的重要形式。校外实习基地可以给学生提供真实的工作环境，使学生直接体验将来的职业或工作岗位，校外实训基地建设要实现"校外实习实训与学校教学活动融为一体"、"校外实习实训基地与就业基地融为一体"、"学生校外实习实训提高技能与企业选拔人才过程融为一体"、"学生校外实习实训基地建设与学生的创新能力和创业能力培养融为一体"。

校外实训基地的建设要按照统筹规划、互惠互利、合理设置、全面开放和资源共享的原则，紧密性合作企业数量与学生比例大约为 1:5，松散性合作企业与学生比例约为 1:2，以保证学生校外实训有充足的数量与质量。学校要与紧密性合作企业签订校外实训基地合作协议。协议应包括以下内容：双方合作目的，基地建设目标与受益范围，双方权利和义务，实习师生的食宿、学习等安排，协议合作年限及其他。

要加强对校外实训基地的指导与管理，建立校外实习实训管理制度，建立定期检查指导工作制度，协助企事业单位解决实训基地建设和管理工作中的实际问题，使学生养成遵纪守法的习惯，培养学生爱岗敬业的精神，帮助实训基地做好建设、发展、培训的各项工作。校外实训基地的实习指导教师要有合理的学历、技术职务和技能结构，以保证学生校外实训质量。

顶岗实习环节是教学课程体系的重要组成部分，一般安排在第 6 学期，是学生步入行业的开始。应制定适合本地实际与顶岗实习有关的各项管理制度。在专兼职教师的共同指导下，以实际工作项目为主要实习任务，通过在企业真实环境中的实践，使学生积累工作经验，具备职业素质综合能力，达到"准职业人"的标准，从而完成从学校到企业的过渡。

7.8　校企合作

7.8.1　合作机制

校企合作是以学校和企业紧密合作为手段的现代教育模式。高等职业技术院校通过校企合作，能够使学生在理论和实践相结合的基础上获得更多的实用技术和专业技能。要保证高职教育的校企合作走稳定、持久、和谐之路，关键在于校企合作机制的建设。

1. 政策机制

校企合作关系政府、学校、企业的权利、责任和义务。所以，应推动从法律层面上建立法律体系，界明政府、学校、企业在校企合作教育中的权利、责任和义务，在《中华人民共和国职业教育法》、《中华人民共和国劳动法》等法律法规的指导下，出台校企合作教育实施条例，在法律范畴内形成校企合作的驱动环境。同时，要积极推动政府层面上严格实施就业准入制度，并制定具体执行规则，规范校企合作行为，有效推动企业自觉把自身发展与参与职教捆绑前进。

2. 效益机制

企业追求经济利益，学校追求社会效益，要实现互惠共赢，对于企业来说，要参与制定人才培养的规格和标准，开放"双师型"教师锻炼发展与学生实践实习基地；从学校的角度来说，要为企业员工培训提升企业竞争力提供学校资源，为企业新产品、新技术的研制和开发提供信息与技术等服务。

为保障校企双方利益，在组织上成立行业协会或校企合作管理委员会，推进校企合作的深入，及时发布信息咨询，指导合作决策，进行沟通协调，全面监督评估，规避校企合作中的短视、盲区和不作为。

3. 评价机制

完善校企合作评价机制，从签订协议、协议执行、执行效度等几方面施行量化考核。对于校企合作中取得显著绩效的学校和企业，政府和相关主管部门应给予物质奖励和精神激励，如给予企业税收、信贷等方面的优惠，授予学校荣誉称号、晋升星级等；并采取自评、互评、他评等多种形式，把校企合作的社会满意度情况与绩效考核对等挂钩。对于校企合作中满意度较低的校企予以一定的惩戒，以评价为杠杆，充分发挥校企合作应有的效应。

7.8.2 合作内容

1. 共建专业建设指导委员会，共同制定专业人才培养方案

学校以书信、电子邮件、电话、年会等形式，与专业指导委员会委员和企业人员共同研究人才培养的目标，确定专业工作岗位的业务内容、工作流程以及毕业生所需要具备的知识、能力、素质等，共同探讨制定人才培养方案、选择教学项目、制定课程标准等教学文件。

2. 校企共建校内项目工作室和校外实训基地

模拟企业环境，引进企业文化，学校与企业合作建设项目工作室，在虚拟现实、网站开发、三维建模等方面进行项目开发合作，为学生校内的项目实践提供场地和条件。节省学校投资，开创双赢局面。

定期组织学生到企业中认识参观、顶岗实习等，挑选经验丰富的骨干技术人员作为学生的校外实习指导老师。

3. 共同开发企业项目，共建专业教学项目库

鼓励学生与教师共同参与技术开发、技术服务，逐步提高学生的实践能力和创新能力。教师利用自己的技术优势，在帮助企业解决实际问题的同时，也为自己的课堂教学内容提供了项目素材。

4. 校企员工互聘，共同培养师资

学校选派青年教师到企业去挂职锻炼，培养具有工程素质和能力的教师，提高"双师"队伍比例。企业选派优秀的现场员工到学校进行专业课程教学、毕业设计指导等，参与学生评价，传播企业文化并将行业新技术带入课堂。

7.9 技能竞赛参考方案

7.9.1 设计思想

电子大赛、单片机技能竞赛设计紧扣"贴近产业实际，把握产业趋势，体现高职水平"的思想，与秦皇岛地区企业合作，展示知识经济时代高技能人才培养的特点。通过比赛，展示和检验学生对单片机、电子技术接受的水平和深度，进一步培养学生的实践动手能力和团队协作能力，缩小学生职业能力与产业间的差距，保证专业培养目标的实现。

7.9.2 竞赛目的

适应电子信息产业快速发展的趋势，体现高素质技能型人才的培养，促进电子信息产业前沿技术在高职院校中的教学应用，引导电子信息工程技术专业的教学改革方向，优化课程设置；深化校企合作，推进产学结合人才培养模式改革；促进学生实训实习与就业。

有助于高等学校实施素质教育，培养大学生的实践创新意识与基本能力，形成团队协作的人文精神和理论联系实际的学风；有助于学生工程实践素质的培养，提高学生针对实际问题进行电子设计制作的能力；有助于吸引、鼓励广大青年学生踊跃参加课外科技活动，为优秀人才的脱颖而出创造条件。

7.9.3 竞赛内容

根据比赛要求完成电子电路设计，实现设计功能，以单片机应用设计为主，

涉及模拟电路、数字电路、高频电路、传感器、可编程器件等内容。

7.9.4　竞赛形式

比赛采用团队方式进行，每支参赛队由 2 名选手组成，其中队长 1 名，分工完成比赛项目功能。每支参赛队可以配 1 名指导教师。

比赛期间，允许参赛队员在规定时间内按照规则接受指导教师指导。参赛选手可自主选择是否接受指导，接受指导的时间计入竞赛总用时。

赛场开放，允许观众在不影响选手比赛的前提下现场参观和体验。

7.10　继续专业学习深造建议

电子信息工程技术专业的专业知识和技术更新快，为跟上行业与企业要求，电子信息工程技术从业人员必须树立终身学习理念，不断更新知识和技术，继续专业学习。可以有目的地参与各大公司技术论坛交流，紧跟技术发展方向，有条件者可申请进入本科院校进行深入的专业理论知识学习。

第 8 章　应用电子技术专业教学实施规范

8.1　专业概览

1. 专业名称：应用电子技术
2. 专业代码：590202
3. 招生对象：普通高中（或中职）毕业生和同等学历者
4. 标准学制：三年

8.2　就业面向

1. 就业面向岗位

本专业毕业生的就业主要面向现代电子制造业、电子产品与设备使用企业和政府机关，以及企事业单位所需电子产品的生产、操作、安装、调试、设备维修维护等岗位。

2. 岗位工作任务与内容

应用电子技术专业相关职业岗位与工作任务、工作内容的对应关系如表 8.1 所示。

表 8.1　应用电子技术专业相关职业岗位与工作任务、工作内容对应表

序号	岗位名称	工作任务	工作内容
1	电子产品工艺工程师	工艺管理	深入生产现场，熟悉电子产品生产过程的工艺和质量控制要求，协调和指导生产工艺的各部分，及时解决电子产品生产中出现的技术问题
		编写文档	根据电子产品生产工艺过程编写和完善相应的生产工艺文件
2	PCB 设计工程师	熟悉产品	熟悉需要设计 PCB 板的电子产品各部分电路的功能和要求，并了解 PCB 制造厂家的工艺水平
		设计电路和制造跟踪	根据电子产品技术要求及 PCB 生产工艺要求，设计出符合功能、性能要求的印制电路板图；与 PCB 板厂交流解决印制电路板加工时可能遇到的各种问题，跟踪 PCB 加工及电路板焊接，对工艺提出要求和负责成品检验
		编写文档	协调、编写和更新相关印制电路板设计规范

序号	岗位名称	工作任务	工作内容
3	产品测试工程师	制定测试计划	根据电子产品的功能要求及性能指标,制定测试方案及测试计划,并选择恰当的测试工具
		系统测试	根据电子产品技术文件的要求,严格按照规定的测试项目及顺序进行系统测试与检验,并对测试过程及结果进行记录
		提交测试文档	在测试过程中,编写缺陷报告,并根据测试结果提交测试报告,由产品开发人员进行缺陷的审核和确认
4	电子装配工程师	制定装配计划	根据电子产品的功能要求及性能指标,制定合理的装配方案和装配顺序
		电子装配	根据装配方案和装配顺序,实现电子元件和整机安装调试
		编写文档	根据电子产品装配过程编写和完善相应的电子产品生产所需文档
5	质量管理工程师	质量管理	根据电子产品企业及生产过程组织实施质量监督检查及质量改进,进行质量的检查、检验、分析、鉴定、咨询和产品的认证和审核,组织对重大质量事故调查分析,进行客户满意度调查分析,研究开发检验技术、检验方法和检验仪器设备
		编写文档	编写质量手册及体系文件

3. 岗位能力要求

应用电子技术专业相关职业岗位及能力要求如表 8.2 所示。

表 8.2　应用电子技术专业相关职业岗位及能力要求

序号	职业岗位	能力要求
1	电子产品工艺工程师	1. 能熟练掌握电子产品的焊接与装配 2. 能进行电子产品生产设备的维护与使用 3. 能进行电子元件测试与电子产品调试检测 4. 能阅读和分析电路 5. 能熟悉电子产品生产工艺过程与技术要求 6. 能阅读和编写规范的电子产品生产的工艺文件和技术文件 7. 具有综合分析问题的能力 8. 能与团队成员进行友好沟通交流
2	PCB 设计工程师	1. 能熟练掌握电子产品设计开发环境 2. 能分析电子产品的电路功能并熟练掌握电子元器件的焊接 3. 能按照电子产品硬件工艺规范完成电路绘制 4. 能熟悉印制电路板的制作工艺流程 5. 能熟练掌握元器件封装制作 6. 能按照生产工艺要求实现印制电路板的设计制作 7. 能协调编写相关 PCB 设计规范 8. 能与客户和团队成员友好沟通交流

续表

序号	职业岗位	能力要求
3	产品测试工程师	1. 能熟练掌握电子元器件识别、筛选与测试 2. 能熟练掌握电子产品焊接技术 3. 能分析电子电路原理及相关知识 4. 能合理选择测试方法和测试工具 5. 能熟练使用电子产品测试的基本仪器 6. 能规范地书写电子产品测试报告及故障分析 7. 能与团队成员友好沟通交流
4	电子装配工程师	1. 能熟练掌握电子元器件的识别和选用 2. 能进行电子元器件的检测和预处理 3. 能按工艺要求正确装配电子电气设备 4. 能熟练掌握电子产品的焊接技术 5. 能使用与维护常用仪器仪表 6. 能与团队成员友好沟通交流
5	质量管理工程师	1. 能熟练掌握电子元器件的识别和选用 2. 能进行电子元器件的检测和预处理 3. 能熟悉电子产品工作原理及制造工艺工序 4. 能熟练掌握电子产品生产工艺技术及应用 5. 能制定规范的产品质量检验标准及产品信息反馈 6. 能熟悉国际质量体系及认证相关知识 7. 能迅速排解生产工艺问题 8. 能与客户和团队成员友好沟通交流

8.3 专业目标与规格

8.3.1 专业培养目标

本专业主要服务于电子产品制造和电子设备使用企业，培养与社会主义现代化建设要求相适应的德、智、体、美全面发展，适应生产、建设、管理和服务第一线需要，具有良好的职业道德和敬业精神，掌握电子及相关技术知识，具备电子产品装配调试维修及电子设备使用维护的专项能力以及电子工艺设计与管理、电子产品检测与维修的高素质技能型专门人才。

8.3.2 专业培养规格

1. 素质结构

（1）思想政治素质。

具有科学的世界观、人生观和价值观，践行社会主义荣辱观；具有爱国主义精神；具有责任心和社会责任感；具有法律意识。

（2）文化科技素质。

具有合理的知识结构和一定的知识储备；具有不断更新知识和自我完善的能力；具有持续学习和终身学习的能力；具有一定的创新意识、创新精神及创新能力；具有一定的人文和艺术修养；具有良好的人际沟通能力。

（3）专业素质。

具备熟练地读电路图、计算机辅助绘制电路图及 PCB 图能力，熟悉相关国家标准和行业标准；较好的电子电路设计能力，掌握模拟与数字电路技术、EDA 技术、单片机及 PLC 技术，具备一定的电子设计、电路分析和调试能力；较强的电子生产工艺与管理、电子检测与控制技术的应用能力，熟悉各种生产工艺技术，有一定的工艺规划与工艺管理能力。

（4）职业素质。

具有良好的职业道德与职业操守；具备较强的组织观念和集体意识。

（5）身心素质。

具有健康的体魄和良好的身体素质；拥有积极的人生态度和良好的心理调适能力。

2. 知识结构

（1）工具性知识。

外语、计算机基础等。

（2）人文社会科学知识。

政治学、社会学、法学、思想道德、职业道德，有较强的语言表达能力和沟通能力等。

（3）自然科学知识。

数学等。

（4）专业技术基础知识。

- 掌握各类专业技术报告、工作总结文档的整理、撰写以及汇报演示能力；
- 本专业技术资料的阅读；
- 基本的电路设计流程、电子产品生产组装与调试方法、电子工艺与管理的基础知识及电子工艺文件、设计文件编制规范；
- 熟悉相关国家标准和行业标准；
- 产品推销的方式和技巧，基本的市场营销知识。

（5）专业知识。
- 电子读图与绘图；
- 电子产品组装、调试与维修；
- 电子元器件、电子整机的检测；
- 电子线路及小型智能电子产品的初步设计与调试；
- 电子工艺设备、制程以及工艺设计、设备检修调试。

3. 专业能力

（1）职业基本能力。
- 良好的沟通表达能力；
- 计算机软硬件系统的安装、调试、操作与维护能力；
- 利用 Office 工具进行项目开发文档的整理（Word）、报告的演示（PowerPoint）、表格的绘制与数据的处理（Excel）；
- 阅读并正确理解电路图的能力；
- 阅读本专业相关中英文技术文献、资料的能力；
- 熟练查阅各种资料，并加以整理、分析与处理，进行文档管理的能力；
- 通过网络搜索、专业书籍等途径获取专业技术帮助的能力。

（2）专业核心能力。
- 电子读图能力及采用 EDA 工具绘制电路原理图的能力；
- 简单的电路设计及印制电路板的设计能力；
- 电子产品组装、调试与维修能力；
- 电子元器件、电子整机的检测能力；
- 电子工艺文件阅读与编制能力；
- 电子工艺流程特别是 SMT 的初步设计能力；
- 电子工艺设备的检测、调试、维护的基本能力；
- 小型电子智能产品与自动控制类产品的初步设计能力；
- 编写电子产品设计及工艺文件的能力；

4. 其他能力

（1）方法能力：分析问题与解决问题的能力；应用知识的能力；创新能力。
（2）工程实践能力：人员管理、时间管理、技术管理、流程管理等能力。
（3）组织管理能力。

8.3.3 毕业资格与要求

（1）学分：获得本专业培养方案所规定的学分；

（2）职业资格（证书）：至少取得一项初级或中级职业资格（证书）；

（3）外语：通过高等学校英语应用能力等级考试，获得 B 级或以上证书（其他语种参考此标准）；

（4）顶岗实习：参加半年以上的顶岗实习并成绩合格。

8.4 职业证书

实施"双证制"教育，即学生在取得学历证书的同时，需要获得电子技术类相关职业资格证书。本专业学生在校期间可以获得的职业资格证书如表 8.3 所示。

表 8.3 职业资格证书

序号	职业资格（证书）名称	颁证单位	等级
1	电子装调工技能鉴定证书	人力资源和社会保障部	高级
2	维修电工技能鉴定证书	人力资源和社会保障部	高级
3	计算机辅助设计绘图员证（电子类）	人力资源和社会保障部	中级

8.5 课程体系与核心课程

8.5.1 建设思路

1. 课程体系开发思路

应用电子技术专业课程体系的设计面向职业岗位，由职业岗位分析并得到本专业职业岗位群中各岗位所需要的岗位能力。在此基础上进行能力的组合或分解，设计符合学生职业成长规律的课程体系。 课程体系开发以"岗位→能力→课程"为主线，其工作流程如图 8.1 所示。

2. 理论与实践教学一体化

依托本地电子制造业规模优势，强化工学结合，实施"工学交替、课堂与车间一体化"的人才培养模式，实现"理论实践一体化"教学，将培养学生实践动手能力的系统与培养学生可持续发展能力的基础知识系统灵活、交叉地进行应用，构建与实践教学相融合的基础知识培养系统，在强调以实践能力为重点的基础之上，也要重视理论知识的学习，真正为实现专业人才培养目标服务。

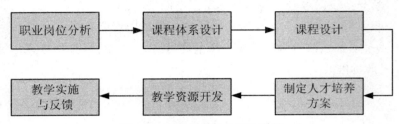

图 8.1　课程体系开发工作流程

（1）基础知识培养系统。

思想政治课教学从高职学生的实际出发，建议全部采用案例教学，以增强教学的针对性、实效性，将社会实践、竞赛、主题班会等纳入课程模块。教学形式上采用主题演讲、辩论赛、案例讨论、实地调研、专家讲座、观看电视片、拍摄校园内热点难点问题等方式。改革教学考核评价，课程成绩由任课教师、辅导员、班主任、团委共同给出，将学生日常行为和实习表现作为课程考核的一部分。

职业指导课程设计应体现全面素质发展与专业能力培养相结合，按照学习知识、具备能力、发展自己、发展社会的多层次培养目标进行设计。课程内容建议通过三个学年的多个模块（如专业教育、岗位体验指导、职业指导课、专业技术应用指导、预就业顶岗实习指导、预就业指导）全程化服务于学生就业、职业和创业教育，服务于专业人才培养目标。

英语课教学可以进行情境教学和分层教学，通过开放语音室、建立英语角、举办英语剧比赛、播放英语广播等方式，培养学生听、说、读、写、译的能力。计算机应用基础可以通过求职简历、学生毕业设计等作为案例贯穿整个教学始终。

（2）实践动手能力培养系统。

为进一步强化学生动手能力的培养，突出以实践为重点，实现培训高素质技能型专门人才的目标，应建立相对独立的实践教学体系。建议设计的实践体系如表 8.4 所示。

表 8.4　应用电子技术专业实践体系

序号	实践名称	设计目的	开设时间	主要培养能力
1	军训与入学教育	培养吃苦耐劳的精神，锻炼健康的体魄	第 1 学期	社会能力
2	电工基础实训	训练电子类岗位的通识知识与技能	第 2 学期	专业能力
3	模拟电子实训	训练模拟电子技术的综合运用实践技能	第 2 学期	专业能力

续表

序号	实践名称	设计目的	开设时间	主要培养能力
4	社会实践	尽早接触社会，培养沟通和表达能力	第 2 学期暑期	社会能力
5	数字电子技术实训	训练数字电子技术的综合运用实践技能	第 3 学期	专业能力
6	单片机技术实训	训练单片机技术的综合运用实践技能	第 3 学期	专业能力
7	高频电子技术实训	训练高频电子技术的综合运用实践技能	第 3 学期	专业能力
8	高级电工考证实训	强化实践技能并取得职业技能鉴定证书	第 3 学期	专业能力
9	电子装调工综合实训	强化实践技能并取得职业技能鉴定证书	第 4 学期	专业能力
10	PCB 设计与电路仿真实训	训练 PCB 设计及电路仿真的实践技能	第 4 学期	专业能力
11	PLC 应用技术实训	训练 PLC 的设计应用与维护的实践技能	第 4 学期	专业能力
12	SMT 表面组装技术实训	训练表面贴装工艺的相关实践技能	第 5 学期	专业能力
13	毕业设计	综合应用专业知识，强化项目开发能力，提升分析问题和解决问题能力	第 5 学期	专业能力
14	顶岗实习	锻炼意志、感受企业文化，进一步培养良好的职业习惯并遵循良好的规范	第 6 学期	专业能力、社会能力

3. 双证书课程

根据毕业资格要求，本专业毕业生需具备两个证明学生能力和水平的证书：一是学历证，二是职业资格证。它们既反映学生基础理论知识的掌握程度，又反映实践技能的熟练程度。建议应用电子技术专业通过电工电子系列通识课程以及电路设计、电子工艺技术等专业课程，将相关企业认证融入课程内容。

8.5.2　课程设置

根据"岗位→能力→课程"的基本过程，以培养学生专业实践能力为中心，进行职业基本素质课程的系统化设计，在技能培养过程中融入职业资格证书课程。在此基础上，明确各课程模块对应的主要课程，构建应用电子技术专业的课程体系。

1. 基础课程

思想道德修养与法律基础，毛泽东思想、邓小平理论和"三个代表"重要思想概论，形势与政策，军事理论，英语，数学，体育与健康，职业道德与就业指导。

2. 专业基础课程

电路基础、模拟电子技术、数字电子技术、C 语言编程、电子测量技术、高频电子技术、传感器应用技术等。

3. 专业核心课程

PCB 设计与电路仿真、单片机及接口技术、PLC 技术、EDA 技术、电子产品工艺、SMT 表面组装技术、平板显示原理与维修、家用电子产品维修等。

4. 实践实训课程

入学军训、社会实践、桌面软件开发实训、电工考证实训、电子装调工综合实训、单片机应用技术实训、SMT 表面组装技术实训、生产性实训、顶岗实习、毕业设计。

8.5.3 主干课程知识点设计

应用电子技术专业主干课程知识点说明如下：

1. 工程识图与制图

投影作图的基本知识、图示方法，电子工程图的制图方法和国家制图标准，中等复杂程度的零件图和装配图，AutoCAD 绘图软件的功能和操作方法。通过课程学习与训练，具备阅读和绘制机械图样的能力，能正确阅读中等复杂程度的零件图和装配图，能用 AutoCAD 绘图软件进行计算机绘图。

2. 计算机网络基础

计算机网络的定义、计算机网络的分类、计算机局域网的组建、主流网络操作系统、简单网络管理、Internet 及其应用、常用办公软件使用等。通过课程学习与训练，掌握办公处理软件中的 Word 文档、Excel 电子表格、PowerPoint 演示文稿、网络基础操作基本操作能力。

3. 电路基础

电路的基本概念和定律，直流电路、交流电路的分析计算方法，耦合电路、变压器、双口网络及电路的动态分析。通过课程学习与训练，具备常用元器件的辨认、测量能力，能正确使用常用电工仪表，能解决实际中一般性的电路问题。

4. 模拟电子技术

晶体二极管、晶体三极管、场效应管的基本特性，放大器基础、放大电路中的负反馈、集成运算放大器及其基本应用电路和放大电路的频率响应，直流稳压电源等。通过课程学习与训练，能阅读中等复杂的电子电路图，分析电路的工作原理，排除电路的一般故障；能正确辨认常用电子元器件，检测元器件、集成电路基本参数；THT 及 SMT 器具的焊接、解焊能力；具备查阅电子手册和相关资料的能力；能独立安装、调试简单电子产品。

5. 电子测量技术

测量误差与数据处理、示波测试与测量技术、频率与时间的测量、电压测量技术、信号源测量、频域测量。通过课程学习与训练，具备熟练使用常用电子测量仪器进行常规的电子产品调试和检验能力。

6. C 语言编程

C 语言的语法特点，介绍 C 语言的指针、数组及结构，C 语言工程应用实例。通过课程学习与训练，了解 C 语言的开发环境；理解 C 语言的语法；能设计中等复杂的应用程序；掌握面向过程的 C 语言，了解面向对象的 C 语言。

7. 数字电子技术

门电路；常用数制及转换、常用编码及码制间的转换；布尔代数、逻辑函数表达、化简和变换；组合逻辑电路分析和设计的一般方法；各种触发器的工作特性及分析方法；时序逻辑电路分析方法；DAC 与 ADC 的基本原理和常用的电路及相关的技术指标。通过课程学习与训练，具有正确使用万用表、信号发生器、示波器等实验仪器的能力；具有查阅手册合理选用模数字集成器件的能力；具有用逻辑思维方法分析常用数字电路逻辑功能的能力；初步具有设计数字电路的能力。

8. 传感器检测技术

检测技术的基本概念，电阻式传感器，热电偶传感器，光电传感器，数字式位置传感器，检测系统的抗干扰技术及现代检测系统。通过课程学习与训练，掌握常用传感器的识别；常用检测系统的组成；典型传感器的应用；光电子器件的应用。

9. 高频电子技术

高频小信号放大器、高频功率放大器、正弦波振荡器、振幅调制与解调电路、混频器、角度调制与解调电路、锁相环路与频率合成技术等。通过课程学习与训练，具有对非线性电路的分析能力；具有阅读和分析典型高频整机电路的能力；具有对常用高频电子仪器仪表的操作能力；具有一般高频电子线路的设计、调试、测试、故障分析能力；具有查阅电子器件、集成电路手册的能力。

10. PLC 应用技术

PLC 原理、组成结构及应用；PLC 的基本指令、步进指令和功能指令及使用方法；PLC 外部设备选择、I/O 分配及外部接线；PLC 经验编程方法、顺序功能图编程法；PLC 控制系统的设计与调试方法；PLC 与触摸屏、变频器通信控制。通过课程学习与训练，明确 PLC 在工业控制系统中的作用，应能进行 PLC 外部接线，能够进行 PLC 程序编制、PLC 控制系统的联机调试、电气控制系统的 PLC 改造，能进行 PLC 与触摸屏、变频器通信控制。

11. PCB 设计与电路仿真

Protel 2004 原理图设计和 PCB 设计，Multisim 9 仿真分析方法在电路基础、模拟电子技术、数字电子技术等课程中的应用。通过课程学习与训练，能利用 Protel 2004 进行电路原理图的绘制以及印制电路板的设计，能解决 PCB 设计布线中的实际问题并具有一定的设计技巧。能用 Multisim 9 进行电路的计算机仿真分析。

12. 单片机应用技术

单片机基本知识、单片机基本系统、单片机指令系统、接口技术、定时/计数器及中断系统、单片机开发工具、综合性设计等。通过课程学习与训练，掌握单片机功能，熟悉其结构、指令、接口应用，掌握综合设计控制系统的设计步骤、方法以及应用技能。

13. 单片机接口设计

接口原理、存储器接口、并行接口、串行通信接口、模数和数模转换接口的电路设计和编程方法等。通过课程学习与训练，掌握 MCS-51 单片机汇编语言程序设计和接口技术的综合知识；掌握 MCS-51 单片机控制外部接口电路的基本应用和方法；初步掌握 MCS-51 单片机在嵌入式自动控制中的基本应用和方法。

14. 电子产品工艺

电子产品制造技术、印制电路板设计与制作方法、焊接工艺及安装工艺、可靠性与防护、电子产品整机结构、生产工艺文件与工艺体系。通过课程学习与训练，具备电子产品主要生产设备的基本应用操作能力；掌握电子产品生产工艺流程和工艺规范，能够进行产品工艺文件的编制和基本的工艺技术管理，逐步达到组织电子产品生产、解决电子企业生产现场技术问题的目标。

15. SMT 表面组装技术

SMT 技术的特点、作用、现状及发展；SMT 生产流程；SMT 元器件规格及识别方法；SMT 生产线设备及检验仪表的原理、操作、保养及维护，SMT 网板的工作原理及主要特性和设计方法，SMT 生产安全操作规程，静电产生的原理及防护措施；SMT 编程原理及方法；钎焊理论；SMT 生产加工的组织与管理；SMT 组线原理；IPC610A 检验标准；PCB 设计规范。通过课程学习与训练，掌握 SMT 常规元件、SO、QFP、BGA 等系列元件的焊接方法与焊接技能，具备焊接工艺检测知识、检测仪器的使用知识，具备对 SMT 元件焊接 SMB 板、焊点、元件、通孔等方面的工艺检测能力。

16. 平板显示原理与维修

平板显示的基本原理；电子整机产品电路分析、调试和维修的一般方法；综合应用模电、数电、高频、单片机等课程的知识分析、处理电子产品方面的实际问题。通过课程学习与训练，掌握平板显示的工作原理及显示新技术；整机电路的识图与故障分析；非常用仪器的使用，非常规元件的测量，以及跨课程跨知识领域的复杂电路的分析与故障判断；整机产品的维修理论及维修方法。具体以液晶显示技术为主，以液晶显示器和彩色电视机的应用进行实例教学。

17. 家用电子产品维修

常用家用电器结构与原理，要求掌握电阻式、红外线等电热器件及温控器件的作用与性能，电饭锅、微波炉、电风扇、冰箱、空调等常用家用电器的结构和工作原理。能按操作要求对这些器具进行拆装，能够使用常用仪器仪表进行检测，能正确判断和排除常见故障。通过课程学习与训练，能规范地拆装家用电器，能正确使用常用仪器仪表进行检测，具有判断和排除常见故障的基础能力。

18. EDA 技术

EDA 的基本知识、常用的 EDA 工具（Quartus II）的使用方法和目标器件的结构原理，初步掌握在计算机的操作环境中进行 EDA 开发的能力；使学生掌握应用计算机的实际工程设计能力；熟练掌握设计输入方法、VHDL 设计优化，能进行基于 EDA 技术较典型设计项目的开发设计。通过课程学习与训练，能在 EDA 软件平台上，利用硬件描述语言 VHDL（Hardware Description Language）进行数字系统设计，完成系统的逻辑描述，完成逻辑编译、逻辑化简、逻辑分割、逻辑综合、结构综合以及逻辑优化和仿真测试，下载到 FPGA 或 CPLD 中，实现既定的逻辑电子线路系统功能。

19. 质量管理

质量管理概论、全面质量管理、ISO9000 簇标准、常用的质量控制技术与方法，过程质量控制、质量检验、质量成本及控制企业质量文化等内容。通过课程学习与训练，能进行质量体系的一般设计（策划）工作，运用质量改进、质量管理的工具和方法（质量抽样检验方法和控制方法）进行全面质量管理与质量控制。

20. 企业管理

用企业管理理论、方法分析和解决管理、成本、质量、市场、效益等方面的问题，培养学生综合素质，使其成为具有创造性、实用性、竞争性、开拓性的应用型人才。通过课程学习与训练，掌握现代企业管理的基本理论和方法，重点内容有现代企业的人本原理、现代企业的资源管理、现代企业文化和现代企业生产、质量管理（如 ISO9000 体系、EPR）等，建立现代企业生产规范的概念。对学生进行基本操作技能的训练。

8.5.4 参考教学计划

应用电子技术专业参考教学计划如表 8.5 所示。

表 8.5 应用电子技术专业参考教学计划

课程类别	课程性质	序号	课程名称	总学分	总学时	课内理论	课内实践	课外理论	课外实践	1	2	3	4	5	6	备注
必修课程	公共基础课程	1	公共英语	7	126											
		2	思想道德修养与法律基础	3	54	45			9	54						
		3	毛泽东思想和中国特色社会主义理念体系概论	4	72	54	18				72					
		4	形势与政策	1	20		20			4	4	4	4	4		
		5	体育	4	72		72			36	36					
		6	应用写作	2	36	36							36			
		7	职业指导与创业教育	2	36	36								36		
		8	心理健康教育	2	36	36								36		
			小计	25	452	333	110		9	148	184	76	40	4		
	职业平台课程	9	工程识图与制图	3	54	36	18			54						
		10	计算机应用基础	4	54	22	32			54						
		11	高等数学	5	90	90				45	45					
		12	电路基础	3	72	54	18			72						
		13	模拟电子技术	5	98	54	44				98					
		14	数字电子技术	4	80	36	44					80				
		15	高频电子技术	4	80	42	38					80				
		16	电子测量技术	3	54	36	18				54					
		17	C 语言编程	3	54	24	30				54					
	职业能力课程	18	单片机应用技术	4	80	36	44					80				
		19	单片机接口技术	4	80	36	44						80			
		20	传感器与检测技术	3	54	36	18					54				
		21	PCB 设计与电路仿真	4	80	36	44						80			
		22	PLC 应用技术	4	80	36	44						80			
		23	电子产品生产工艺	3	54	36	18						54			

续表

课程类别	课程性质	序号	课程名称	总学分	总学时	课内理论	课内实践	课外理论	课外实践	1	2	3	4	5	6	备注
		24	SMT 表面组装技术	3	62	30	32							62		
		25	平板显示原理与维修	3	54	42	12							54		
		26	家用电子产品维修	2	54	36	18							54		
实践实训课程		27	军训与入学教育	4	82	12	70			82						4 周
		28	电工基础实训	1	26		26				26					1 周
		29	电工考证实训	2	52		52					52				2 周
		30	电子装调工综合实训	2	52		52						52			2 周
		31	顶岗实习	24	624		624		624						624	24 周
		32	论文设计综合实训	4	104		104		104						104	4 周
	小　　计			101	2174	730	1444	0	728	307	277	346	346	170	728	
选修课程	专业选修课程	33	AutoCAD 应用/市场营销	2	36	18	18				36					
		34	EDA 技术/电源技术	3	54	36	18						54			
		35	质量管理/现代企业管理	3	36	28	8							36		
	公共选修课程		人文素质类	6	108	108						36	36	36		
	小　　计			14	234	190	44									

必修学时总计	2626
学时总计	2860
学分总计	140

8.6　人才培养模式改革指导

8.6.1　教学模式和教学方法

1. 教学模式

（1）工学结合，推进课堂与车间一体化建设。

将学生的学业进步、职业定位和事业目标进行全盘考虑，以"将创新教育渗透在高职教育课程体系中"为原则，发掘和培养学生的创造潜力，将"课堂学习"与"项目实训"融合，实现"PTLF"的教学模式，即项目导向（Project-oriented），任务驱动（Task-driven），层层递进（Layers of progressive），四真环境（Four kinds of simulation environment）。

（2）理论实践一体化教学模式。

教学过程要突出对学生职业能力和实践技能的培养，坚持理论教学为职业技能训练服务的原则，构建强化职业技能训练，重点培养和提高学生日后走向工作岗位所需的基本专业技能和综合职业素质的实践教学体系。

打破原来理论课程和实践教学分开的模式，充分利用实训环境和多媒体教学设备进行教学。教学过程中讲解与实践并行，讲解的目的是使实践教学成功开展，从而提高教学效果和学生学习的兴趣，实现"教、学、做"三位一体。

（3）跨课程的项目式实训教学模式。

在研究各门课程及对应技能特点基础上，对各课程实训的关联性与递进性进行分析、整合，构建一个或多个以项目（实际产品）为主线的跨课程实训体系，将以前对应于各课程的实训孤岛整合后，按工作流程划分为该项目的阶段性任务（对应于实际产品过程中的各环节），以提高实训效率并降低实训成本。

根据项目实施要求，引导学生利用课程实训、综合实训、课外兴趣小组以及技能竞赛等形式进行技能训练、项目实施。让学生通过亲自动手实践完成任务，从实践中汲取经验和技能。

（4）"产学"结合教学模式。

在"产学"结合模式上，积极探索与行业、企业合作模式，大力加强校外实训基地建设。根据互惠互利、优势互补原则，加强人才培养的"产学"结合，有计划地安排学生参加校外实践，聘请校外有经验的工程技术人员到学校和现场进行教学，同时推荐品学兼优的学生到企业就业。邀请企业技术、管理骨干组成专业实习指导委员会，参与实践教学计划的制定，并担任学生实习指导老师。对实习中的学生进行指导和管理，结合行业技术要求和标准对实习学生进行考核，并对学校的实践教学进行指导和评价。

2. 教学方法

将课本知识和企业的生产实践有机结合，构建第二课堂学习平台，将教学活动由课上延伸至课外，提供校内和企业各类课题，学生自主选择，提高学生自我学习和管理能力。主要可采用下列教学方法：

（1）项目教学法。

根据电子行业背景，选择工作项目，并将工作项目转换成教学项目。按照 APDCA（分析—计划—实施—检查—调整）项目运行流程，团队配合完成整个项目。

依据电子行业技能要求特点及电子专业课程设置情况，发展跨课程项目实训，合理选择项目，贯穿多个课程实训，实现电子行业典型工作过程与专业学习领域中的职业能力训练相一致。

（2）任务驱动法。

以项目为载体设计学习情境，将项目按照工作流程分解成不同的任务。以学生为主体，通过工作任务驱动加强学生主动探究和自主学习能力的培养，让学生能够在"学中做、做中学"的过程中得到职业能力和职业素质的锻炼。

（3）角色扮演法。

在教学实施特别是实训过程中，按车间化管理，教师和学生分别承担企业不同岗位角色，如教师扮演车间领导，学生扮演不同岗位角色（如焊接员、调试员、检验员，工艺组长），并且在一定时间内进行角色互换，让学生体验到企业中不同岗位的权责和技能要求，也能得到不同岗位技能的训练，并在此过程中增强团队意识，体会到团队互补合作的重要性。

（4）启发式教学法。

在教学实施过程中，适当地创设"问题情境"，提出疑问以引起学生的注意和积极思维，激发学生强烈的探索、追求的兴趣，引导学生积极地找寻解决问题的方法，促进学生独立思考和独立解决问题的能力。

（5）探究式教学法。

利用课外兴趣小组、学生电子协会等方式构建第二课堂学习平台，将教学活动由课上延伸至课外，通过提供校内和企业各类课题，使学生自主选择；采用探究式教学法，提高学生自我学习和管理能力；同时教师提供项目实施要求等，引导学生利用本课程网络学习平台丰富的资源、参考专业网站、工具书籍等方法进行技能的学习、项目的制作等工作。教师在整个过程中担任专业技术顾问工作，协助学生分析任务完成的步骤和技术要点，做到课前引导学生自学探索，课后协助学生巩固拓展，让学生通过自我动手实践完成任务，从实践中汲取经验和技能。

（6）鼓励教学法。

把企业的项目汇报和生产例会等环节引入教学，安排一定课时用于学生工作成果汇报。教师站在企业管理人员角度进行鼓励性评价，激发学生表达欲望，让他们感受到工作成果获得认可的喜悦和成就感。在展示评价的过程中，不同项目组之间、师生之间也能进行思维碰撞，拓展思维空间和眼界。

8.6.2　教学过程考核与评价

专业基础理论知识平台学习和专业基本技能平台课程的教学评价与考核可按常规方式进行。学习领域课程评价采取中间过程评价（分环节评价）与最终结果评价相结合的方式，并重视过程评价。评价中还应包括学生的团队协作、应变能力、创新能力以及自我管理、沟通合作等要素。

评价的方式可采取教师评价与学生监督评价相结合，当以团队方式完成工作过程时，团队负责人对成员进行评价，教师对团队进行总体评价，两者结合形成团队成员的个体评价结果。

8.6.3 教学质量监控

通过建立院、系（部、处）、教研室三级教学质量监控体系，不断完善各教育教学环节的质量标准，建立科学、合理、易于操作的质量监控、考核评价体系与相应的奖惩制度。形成教育教学质量的动态管理，促进合理、高效地利用各种教育教学资源，促进人才培养质量的不断提高，全面提升教育教学质量和人才培养工作整体水平。

明确教学质量监控的目标体系：

（1）人才培养目标系统。其主要监控点为人才培养目标定位、人才培养模式、人才培养方案、专业改造和发展方向等；

（2）人才培养过程系统。其主要监控点为教学大纲的制定和实施、教材的选用、师资的配备、课堂教学质量、实践性环节教学质量；

（3）人才培养质量系统。其主要监控点为课量、教学内容和手段的改革、考核方式和试卷质量等，制定相关的质量标准；课程合格率、各项竞赛获奖率、创新能力和科研能力、毕业率、就业率、就业层次、用人单位评价等。

按照 PDCA 模型建立相应的教学质量监控体系，如图 8.2 所示。

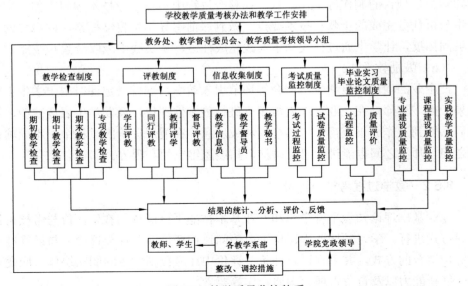

图 8.2　教学质量监控体系

8.7 专业办学基本条件和教学建议

8.7.1 教材建设

目前，在应用电子技术专业的教学中，不仅需要适合市场和行业需求的前沿课程体系，也需要制定课程体系中各门课程的课程标准，以规范课程的前后序关系和课程的主要教学内容、实训内容、考核机制以及教学方法等。

针对目前应用电子技术专业教材的现状，建议从以下几个方面进一步优化教材的选用和加强教材的建设。

1. 加强"理论实践一体化"教材的建设

"理论实践一体化"教材建设应以实际项目产品为载体，按产品单元或制造过程环节合理设置理论教学和技能训练的环节，实现"教、学、做"合一，并尽量推进"教、学、做、考"合一。

2. 基于工作过程的跨课程综合实训教材的开发

跨课程的实训体系设计，主要思想是在研究各门课程及对应实训特点基础上，对各课程实训的关联性与递进性进行分析、整合，构建一个或多个以项目（实际产品）为主线的跨课程实训体系，将以前对应于各课程的实训孤岛整合后，按工作流程划分为该项目的阶段性任务（对应于实际产品过程中的各环节），以提高实训效率并降低实训成本。

3. 贴合高职学生特点自编教材和校企合作开发特色教材

打破传统的"重理论，轻实践；重知识，轻技能；重结果，轻过程"的编写模式自编特色教材，将学生的学习过程与实际工作过程相结合来编写项目化特色教材，建立以学生为中心的"建构式课程模式"。应紧贴生产实际，与企业一线技术专家合作完成教材编写，形成校企合作的特色教材。让学生能够从教材中获得更多的实际工作中实战性的知识和技能，在工作过程中得到职业情境的熏陶和工作过程的体验，从而真正掌握就业所必备的技术知识和职业能力。

8.7.2 网络资源建设

为了构筑开放的专业教学资源环境，最大限度地满足学生自主学习的需要，进一步深化专业教学内容、教学方法和教学手段的改革，应用电子技术专业可以配合国家级教学资源库的建设，构建体系完善、资源丰富、开放共享式的专业教学资源库。其基本配置与要求如表 8.6 所示。

表 8.6 专业教学资源库的配置与要求

大类	资源条目	说明	备注
专业建设方案库	职业标准	包括电子行业相关职业标准、行业相关报告等	专业基本配置
	专业简介	主要介绍专业的特点、面向的职业岗位群、主要学习的课程等	
	人才培养方案	主要包括专业目标、专业面向的职业岗位分析、专业定位、课程体系、核心课程描述等	
	课程标准	核心专业素质与技能课程课程标准	
	执行计划	近三年的供参与的专业教学计划	
	教学文件	教学管理有关文件	
优质核心课程库	电子教案	主要包括学时、项目教学的教学目标、项目教学任务单、教学内容、教学重点难点、教学方法建议、教学时间分配、教学设施和场地、课后总结	专业基本配置
	网络课程	基于 Web 网页形式自主学习型网络课程;基于教师课堂录像讲授型网络课程	
	多媒体课件	优质核心课程课件	
	案例库(情境库)	以一个完整的案例(情境)为单元,通过观看、阅读、学习、分析案例,实现知识内容的传授、知识技能的综合应用展示、知识迁移、技能掌握等,至少有 4 个完整案例	
	试题库或试卷库	主要包括题库,可以分为试题库和试卷库,试题库按试题类型排列,试题形式多样,兼有主观题和客观题	
	实验实训项目	主要包括实验实训目标、实验实训设备和场地、实验实训要求、实验实训内容与步骤、实验实训项目考核和评价标准、实验实训作品或结果、实验实训报告或总结、操作规程与安全注意事项	
	教学指南	主要包括课程的岗位定位与培养目标、课程与其他课程的关系、课程的主要特点、课程结构与课程内容、课时分配、课程的重点与难点、实践教学体系、课程教学方法、课程教学资源、课程考核、课程授课方案设计、课程建设与工学结合效果评价	
	学习指南	主要包括课程学习目标与要求、重点难点提示及释疑、学习方法、典型题解析、自我测试题及答案、参考资料和网站	
	录像库	主要包括课程设计录像、教学录像等	
	学生作品	主要包括学生实训及比赛的优秀作品、生产性实训作品和顶岗实习的作品等	

第 8 章
应用电子技术专业教学实施规范 | 183

续表

大类	资源条目	说明	备注
素材库	文献库	收录、整理与专业相关的图书、报纸、期刊、报告、专利资料、学术会议资料、学位论文、法律法规、技术资料以及国家、行业或企业标准等资源，形成规范数据库，为相关专业提供文献资源保障	专业特色选配
	竞赛项目库	收录各级、各类电子与制造工艺相关技能竞赛试题及参考答案等	
	视频库	主要包括操作视频和综合实训视频等	
自主学习型课程库	自主学习网络资源	专业选修课程网络教学资源，实现选修课网络教学	专业特色选配
开放式学习平台	开放式学习平台	在线考试系统、课件发布系统和论坛	专业特色选配

8.7.3 教学团队配置

师资队伍是在学科、专业发展和教学工作中的核心资源。师资队伍的质量对学科、专业的长远发展和教学质量的提高有直接影响。高职院校人才的培养要体现知识、能力、素质协调发展的原则，因此，要求建立一支整体素质高、结构合理、业务过硬，具有实践能力和创新精神的师资队伍。

1. 师资队伍的数量与结构

可聘请和培养专业带头人 2 名，其中企业一线校外专业带头人 1 名。专业带头人和骨干教师要占到教师总数的 50%以上，同时需有企业专业技术人员作为兼职教师，人数应超过 30%，承担的专业课程教学工作量可达到 50%。

学校应该有师资队伍建设长远规划和近期目标，有吸引人才、培养人才、稳定人才的良性机制，以学科建设和课程建设推动师资队伍建设，提高教学质量和科研水平，以改善教师知识、能力、素质结构为原则，通过科学规划，制定激励措施，促进师资队伍整体水平的提高。

（1）师资队伍的数量。

生师比适宜，满足本专业教学工作的需要，一般不高于 16:1。

（2）师资队伍结构。

师资队伍整体结构要合理，应符合专业目标定位要求，适应学科、专业长远发展需要和教学需要。

● 年龄结构合理。

教师年龄结构应以中青年教师为主。

- 学历（学位）和职称结构合理。

具有研究生学历、硕士以上学位和讲师以上职称的教师要占专职教师比例的80%以上，副高级以上专职教师30%。

- 双师比结构合理。

积极鼓励教师参与科研项目研发，到企业挂职锻炼，并获取应用电子技术专业相关的职业资格证书，逐步提高"双师型"教师比例，力争达到60%以上。

- 专兼比结构合理。

聘请电子企业技术骨干担任兼职教师，建议专兼比达到1:1，以改善师资队伍的知识结构和人员结构。

2. 教师知识、能力与素质

应用电子技术是一门综合技术，是电子技术、通信技术、自动控制技术、计算机技术、生产工艺与质量管理等多学科的综合，专业应用领域涵盖电子线路及产品设计、电子检测与控制、电子产品生产与制造、产品售后服务等，涉及整个产品研发、生产、销售与售后全过程。高职高专院校应用电子技术专业教师必须熟悉电子行业最新技术以及各种主流生产工艺，有较强的动手能力，并能够随着行业的飞速发展进行必要的消化、吸收、改进和创新。

教育部明确提出，高等职业教师应具备"双师"素质，即专职教师不仅要具有传统意义上的专职教师的各项素质（包括学历、学位、职称、教师资格证），而且要具有一定的工程师素质（承担或参与过科学研究、教学研究项目）；对于兼职教师，如果是以课堂教学为主的兼职教师，应具有教师的各项素质（包括学历、学位、职称、教师资格证），如果是以实践教学为主的兼职教师，应具有工程师素质（包括学历、职称、专业技能资格证）。

（1）知识要求。

- 掌握电工电子技术、电路基本理论、数字电子技术、模拟电子技术、电子元器件等基本理论知识；
- 掌握电子组装工艺的基本理论知识，熟悉SMT技术、电子工艺组线、电子设备、工艺制程等，熟悉质量检测与质量管理知识；
- 掌握电子测量的基本原理以及常用仪器仪表的构造与测量理论；
- 掌握1门及以上电子产品设计与开发技术，如单片机、PLC、传感器、EDA嵌入式系统等；
- 掌握1门及以上计算机辅助电路设计工具及计算机仿真工具，如Protel、PADS、Multisim、Proteus等。

（2）能力要求。

- 能熟练进行电子产品的焊接、组装、调试，并对故障进行检修；
- 能使用常用仪器，如万用表、信号发生器、示波器、扫描仪等仪器进行电子元器件、电子线路的测量与调试；
- 能熟练使用 PCB 设计软件工具进行电路图的绘制和电子线路板的设计，能使用仿真软件进行电路的仿真；
- 能设计开发典型单片机、PLC、EDA 应用产品中的一种；
- 具备基本的教学能力，能灵活运用分组教学法、案例教学法、项目驱动教学法和角色扮演法等方法实施课程教学；
- 具有一定的科研能力和较强的开发能力，能主持应用技术项目的开发和科研项目的研究；
- 具备较强的学习能力，能适应电子技术、电子工艺的快速更新和发展；
- 具备较强的计算机使用能力。

（3）素质要求。

- 拥护党的领导，拥护社会主义，热爱祖国，热爱人民；热爱教育事业，具有良好的师德风范；
- 接受过系统的教育理论培训，掌握教育学、心理学等基本理论知识；
- 取得国家或行业中高级认证证书，或教育部的"双师型"教师证书；
- 具有较强的敬业精神，具有强烈的职业光荣感、历史使命感和社会责任感，爱岗敬业，忠于职守，乐于奉献。

3. 师资队伍建设途径

高职人才培养目标的特点，要求高职教师不仅需要扎实的理论功底，也必须具备较高的实践技能，了解企业及行业的技术与工艺特点，了解一线用人单位的人才需求。因此，高职教师的知识、能力和素质应采用符合高职特点的"引聘训评"等途径加强建设。

- 引进教师时，有企业工作经历并具有一线工作经验的教师应占 50%及以上比例，引进后严格执行岗前培训制度，使教师适应职业教育的规范和特点；执行"师徒结对"制度，由专业教师中具有丰富经验的高职称老教师与年轻教师结对，老教师在业务、教学方法和科研上进行指点帮助，使青年教师尽快地成长起来；
- 注重教师"双师型"素质的不断提升及知识技能的不断更新。专业教师应定期到企业进行顶岗实践，使教师能够在教学中将专业教学能力与企业文化相结合；教师的知识与技能应与行业主流技术、主流工艺同步，并接受新技术、新工艺和企业文化的熏陶。

- 加强学历及专业技术培训，对现有非研究生学历的中青年教师有计划、有步骤地安排在职或脱产进修，同时积极引进专业对口、素质过硬的研究生以上学历人才；定期请企业工程师到学校进行新技术的培训与讲座，或有计划地安排教师参加新技术培训；
- 坚持科研与教学相结合，鼓励教师申报各类科研和教学研究项目，提高教学中的科技含量，支持教师承担企业技术服务项目，以科研促进教学水平的提高，以教学带动科研工作的发展，提升双师队伍的内涵；
- 鼓励教师参加全国性的学术研讨、指导学生参加各类技能大赛等活动，支持教师参加国家规划教材的编写出版工作；
- 改变教师评价体系。

（1）专业带头人培养。

培养目标：达到教授职称或取得博士学位，提升高职教育管理、应用技术开发等能力，主持省部级以上的科研课题或精品课程建设，指导青年骨干教师快速成长。

培养措施：

- 国内学习和国外考查相结合，借鉴国外先进课程建设经验和教学特点，提高高职教育理论和专业技术水平；
- 到实力雄厚的企业挂职锻炼，丰富企业现场培训经验；
- 参加行业新技术学习培训；
- 主持申报、承接各类应用技术开发课题；主持与企业合作或参与企业的应用技术开发。

（2）骨干教师培养。

培养目标：达到副教授职称或取得硕士学位，具备主讲 2 门以上核心专业素质与技能课程的能力，具备主持核心课程建设的能力，能指导青年教师快速成长。

培养措施：

- 国内学习和国外考查相结合，借鉴国外先进课程建设经验和教学特点，提高高职教育理论和课程建设的能力；
- 参加行业新技术学习培训；
- 到实力雄厚的企业挂职锻炼，获得企业现场培训经验；
- 参与各类应用技术开发课题。

（3）兼师队伍建设。

建设目标：聘请电子型企业具有丰富电子产品研发及生产工艺经验和一定教

学能力的行业专家和技术人员，参与到课程体系构建、课程开发、课程教学、实训指导、顶岗实习指导等专业建设各环节中，争取专兼比达到 1:1。

建设措施：

- 在电子企业中遴选一批高水平的技术人员，建立兼师库，从中挑选兼职教师；
- 选聘有丰富实践经验且具有中级以上职称的优秀的现场生产管理人员、技术骨干为兼职教师；
- 建立兼师的培训制度，兼师定期参与教研活动；
- 制定兼师的管理制度。

8.7.4 实训基地建设

1. 建设原则

结合电子行业和区域经济发展需求，依据"工艺先进、技术实用、职业氛围、校企一体"的建设原则，建立集"教学、生产、培训、技能鉴定、技术开发和技术服务"于一体的综合性应用电子技术实训基地。

2. 校内实训（实验）基地建设

（1）建设具有职业氛围的理实一体专业实训室。

本着"工艺先进、技术实用、职业氛围"的原则，建设校内理实一体专业实训室，应重点加强教学功能设计及企业氛围的建设，使学生在校期间感受企业文化氛围，接受企业操作规范。

（2）引企入校共建校内生产性实训基地。

本着"校企一体"的原则，学校提供场地、生产环境保障，企业提供实训项目、管理规范、设备，校企共建实训室及生产型教学车间。教学车间兼顾企业项目制作和学校教学双重功能，保证生产性实训教学的有效实施，为校内生产性实训和顶岗实习提供保障。

（3）建立校内实训基地的长效运行机制。

依据"科学化、标准化、实用化"的建设原则，建立一整套实训室管理制度及突发事件应急预案等。校内实训基地的运行模式可采用"校企共建、共管"模式，对外承接制作项目或开展技术服务模式，从而真正实现"基地建设企业化、师生身份双重化、实践教学真实化"的目标。

（4）校内实训室建设。

实训室建设是高职学生能力培养的最重要的环节，而实践课是培养学生能力的最佳途径。应用电子技术专业的实训室应能提供企业所需的生产、研发环境，满足产品生产制作要求的硬件设施以及模拟的企业氛围，从而通过实践学习真正提高学生的技能和实战能力，感受企业文化氛围，使学生具有扎实的理论基础、很强的实践动手能力和良好的素质。这些都是他们将来在就业竞争中非常明显的竞争优势，对于学生来说具有现实意义，可以扩大学生在毕业时的择业范围。

根据电子技术行业发展和职业岗位工作的需要，应与行业龙头企业合作，针对典型工作岗位，逐步建设与完善生产实训室、工艺实训室、PCB 制作实训室、单片机与 EDA 实训室以及创新实训等。实训室的建设应与行业技术工艺发展同步，每个实训室应能完成人才培养方案中相应教学项目课程的训练及能力的培养，使学生能够满足就业岗位要求并具备持续发展能力。

应用电子技术专业各实训室建议方案如表 8.7 所示。

表 8.7　应用电子技术专业各实训室建议方案

序号	实训室名称	设备名称	数量	实训内容	备注
1	THT 生产实训室	标准生产工位	50 个	采用 THT 工艺的电子产品生产、组装、调试、检验、维修等	按企业车间环境布置生产工位,配置质量要求及工艺挂图等　常规生产工具包括：30W 电烙铁、镊子、斜口钳、尖嘴钳、万用表等
		常规电子生产工具	50 套		
		可调直流稳压电源	25 台		
		示波器	25 台		
		函数信号发生器	25 台		
		毫伏表	25 台		
		扫频仪	2 台		
		频率计	2 台		
		晶体管测试仪	2 台		
		多媒体投影系统	1 套		
2	SMT 工艺实训室	手工贴片机	10 台	采用 SMT 工艺的电子产品生产、组装、调试、检验、维修等	有条件时可配置全自动贴片机、小型工业回流焊设备,对外承接小批量 SMT 产品组装订单
		半自动贴片机	2 台		
		小型回流焊	2 台		
		BAG 焊接台	1 台		
		热风枪	2 把		
3	PCB 制作实训室	PCB 曝光制版蚀刻系统	1 套	单面、双面 PCB 板制作	曝光制版系统应可以制作双面板并使用环保制剂
		FeCl$_3$ 蚀刻制版槽	3 套		
		热转印机	3 台		
		小型 PCB 高速台钻	5 台		
		雕刻机（配套电脑及软件）	1 套		

续表

序号	实训室名称	设备名称	数量	实训内容	备注
4	创新实训室	100M 数字示波器	2 台	学生电子竞赛、教师科研	按不同竞赛及科研项目进行设备增配或调配
		函数信号发生器	2 台		
		高频信号发生器	2 台		
		低频信号发生器	2 台		
		EDA 竞赛版	3 块		
		单片机开发板	3 块		
		机器人开发模型	3 套		
		常规电子生产工具	5 套		
		计算机	1 套		
5	单片机/EDA实训室	单片机实验箱	50 台	单片机、EDA 的项目开发实训	实训室计算机组成局域网
		单片机接口实验箱	50 台		
		EDA 实验平台	50 台		
		多媒体投影系统	1 套		
		计算机	51 套		
6	维修电工实训室	维修电工技能实训柜	25 台	电机的各种驱动联动实训,电度表、互感器安装等,电工考证实训	室内配置三相交流电和用电安全保障系统
		多媒体投影系统	1 台		

要加强与重视实训室软环境的建设,可引入规模、难度适中的企业真实项目,进行可教学化改造,组成动态更新的项目库,根据实际情况为学生配置适合在半年至一年的时间内进行不同方向实践能力训练的项目,供实训教学使用;可将项目开发所需关键知识、技能及技术参考资料系统化为实例参考手册,作为实训学员的参考教材;可引入企业实际应用的行业规范化项目文档,整理后形成项目文档库,指导学生在实际项目开发训练中进行参考,从而提高学生项目文档的撰写和阅读能力。

3. 校外实训基地建设

校外实训基地是高职院校实训基地的重要组成部分,是对校内实训的重要补充和扩展,是"工学交替、校企合作"的重要形式。校外实训基地建设应充分利用地域经济特点,形成有一定规模并相对稳定的,能够提供学生参加校外教学实习和社会实践的重要实训场所。

校外实习基地可以给学生提供真实的工作环境,使学生直接体验将来的职业或工作岗位,校外实训基地建设要实现"校外实习实训与学校教学活动融为一体"、"校外实习实训基地与就业基地融为一体"、"学生校外实习实训提高技能与企业选拔人才过程融为一体"、"学生校外实习实训基地实训建设与学生的创新能力和创业能力培养融为一体"。

校外实训基地的建设要按照统筹规划、互惠互利、合理设置、全面开放和资源共享的原则,紧密性合作企业数量与学生比例大约为 1:5,松散性合作企业与学生比例约为 1:2,以保证学生校外实训有充足的数量与质量。学校要与紧密性合作企业签订校外实训基地合作协议。协议书应包括以下内容:双方合作目的,基地建设目标与受益范围,双方权利和义务,实习师生的食宿、学习等安排,协议合作年限及其他。

要加强对校外实训基地的指导与管理,建立校外实习实训管理制度,建立定期检查指导工作制度,协助企事业单位解决实训基地建设和管理工作中的实际问题,使学生养成遵纪守法的习惯,培养学生爱岗敬业的精神,帮助实训基地做好建设、发展、培训的各项工作。校外实训基地的实习指导教师要有合理的学历、技术职务和技能结构,以保证学生校外实训质量。

顶岗实习环节是教学课程体系的重要组成部分,一般安排在第 6 学期,是学生步入行业的开始。应制定适合本地实际与顶岗实习有关的各项管理制度。在专兼职教师的共同指导下,以实际工作项目为主要实习任务,通过在企业真实环境中的实践,使学生积累工作经验,具备职业素质综合能力,达到"准职业人"的标准,从而完成从学校到企业的过渡。

8.8　校企合作

8.8.1　合作机制

校企合作是以学校和企业紧密合作为手段的现代教育模式。高等职业技术院校通过校企合作,能够使学生在理论和实践相结合的基础上获得更多的实用技术和专业技能。要保证高职教育的校企合作走稳定、持久、和谐之路,关键在于校企合作机制的建设。

1. 政策机制

校企合作关系政府、学校、企业的权利、责任和义务。所以,应推动从法律层面上建立法律体系,界明政府、学校、企业在校企合作教育中的权利、责任和义务,在《中华人民共和国职业教育法》、《中华人民共和国劳动法》等法律法规的指导下,出台校企合作教育实施条例,在法律范畴内形成校企合作的驱动环境。同时,要积极推动政府层面上严格实施就业准入制度,并制定具体执行规则,规范校企合作行为，有效推动企业自觉把自身发展与参与职教捆绑前进。

2. 效益机制

企业追求经济利益，学校追求社会效益，要实现互惠共赢，对于企业来说，要参与制定人才培养的规格和标准，开放"双师型"教师锻炼发展与学生实践实习基地；从学校的角度来说，要为企业员工培训提升企业竞争力提供学校资源，为企业新产品、新技术的研制和开发提供信息与技术等服务。

为保障校企双方利益，在组织上成立行业协会或校企合作管理委员会，推进校企合作的深入，及时发布信息咨询，指导合作决策，进行沟通协调，全面监督评估，规避校企合作中的短视、盲区和不作为。

3. 评价机制

完善校企合作评价机制，从签订协议、协议执行、执行效度等几方面施行量化考核。对于校企合作中取得显著绩效的学校和企业，政府和相关主管部门应给予物质奖励和精神激励，如给予企业税收、信贷等方面的优惠，授予学校荣誉称号、晋升星级等；并采取自评、互评、他评等多种形式，把校企合作的社会满意度情况与绩效考核对等挂钩。对于校企合作中满意度较低的校企予以一定的惩戒，以评价为杠杆，充分发挥校企合作应有的效应。

8.8.2 合作内容

1. 实行双专业带头人制度，共建专业建设指导委员会，共同制定人才培养方案

实行双专业带头人制度，即学校一名专业带头人，从企业聘请一名具备资质和能力的专业带头人。在制定人才培养方案时，学校以书信、电子邮件、电话、年会等形式，与专业指导委员会委员和企业人员共同研究人才培养的目标，确定专业工作岗位的业务内容、工作流程以及毕业生所需要具备的知识、能力、素质等，共同探讨制定人才培养方案、选择教学项目、制定课程标准等教学文件。

2. 校企共建校内项目工作室和校外实训基地

模拟企业环境，引进企业文化，学校与企业合作建设项目工作室，在电子产品研发、生产工艺技术改造等方面进行项目开发合作，为学生校内的项目实践提供场地和条件。节省学校投资，开创双赢局面。

定期组织学生到企业中认识参观、顶岗实习等，挑选经验丰富的骨干技术人员作为学生的校外实习指导老师。

3. 共同开发企业项目，共建专业教学项目库

鼓励学生与教师共同参与技术开发、技术服务，逐步提高学生的实践能力和创新能力。教师利用自己的技术优势，在帮助企业解决实际问题的同时，也为自

己的课堂教学内容提供了项目素材。

4. 校企员工互聘，共同培养师资

学校选派青年教师到企业去挂职锻炼，培养具有工程素质和能力的教师，提高"双师"队伍比例。企业选派优秀的现场员工到学校进行专业课程教学、毕业设计指导等，参与学生评价，传播企业文化并将行业新技术带入课堂。

8.9　技能竞赛参考方案

8.9.1　设计思想

应用电子技术技能竞赛设计应紧扣"贴近产业实际，把握产业趋势，体现高职水平"的思想，适应国家产业结构调整与社会发展需要，展示知识经济时代高技能人才培养的特点。通过比赛展示和检验学生对应用电子技术接受的水平和深度，进一步培养学生实践动手能力和团队协作能力，缩小学生职业能力与产业间的差距，保证专业培养目标的实现。

8.9.2　竞赛目的

适应应用电子相关产业快速发展的趋势，体现高素质技能型人才的培养，促进应用电子相关产业前沿技术在高职院校中的教学应用，引导应用电子技术专业的教学改革方向，优化课程设置；深化校企合作，推进产学结合人才培养模式改革；促进学生实训实习与就业。

8.9.3　竞赛内容

1. "电子线路制图员"技能竞赛

"电子线路制图员"技能竞赛以实际操作技能为主，要求根据提供的软件和硬件设备以及相关素材，按照竞赛要求，完成 Protel DXP 制图及 Multisim 仿真的设计。具体的竞赛内容包括：

（1）阅读并理解电路功能及要求；

（2）完成电路原理图设计；

（3）完成印刷电路板图的布局布线；

（4）PCB 元件封装的编辑和使用；

（5）Multisim 仿真；

（6）整理输出打印报表；

（7）项目答辩。

"电子线路制图员"竞赛评分细则如表 8.8 所示。

表 8.8　"电子线路制图员"竞赛评分细则

评分项目	技术要求	分数	评分标准	扣分标准
总体规划	根据题目要求规划项目整体结构	10	（1）项目整体规划合理，0～2 分 （2）电路原理图纸统一规划，布局合理、结构清晰，0～3 分 （3）印制电路板图结构清晰、层次清楚、目录规范，0～5 分	（1）电路功能不明确扣 1 分，与题目要求主题不符合不得分 （2）电路原理图与要求不符合扣 1 分 （3）电路布局结构不合理扣 2 分 （4）印制电路板图与题目要求不符不得分
图纸设计 schdoc	根据题目给出的功能及要求，设计电路原理图	30	（1）SchematicDoc 设计符合项目要求，0～10 分 （2）标题、署名、备、案编号等信息齐全，0～4 分 （3）所有元件符合项目要求（包括属性设置、引脚标注、文字说明），0～6 分 （4）布线、布局简单，页面美观，0～6 分 （5）主电路与子模块链接正确，模块命名清楚明了、结构清晰，0～4 分	（1）原理图无所属项目扣 1 分 （2）命名和题目要求不符扣 1 分 （3）电路功能无法实现扣 3 分 （4）标题、署名、尺寸等信息不全各扣 1 分 （5）电路中元件参数错误每项扣 0.5 分 （6）元件布局不合理扣 1 分 （7）导线放置混乱扣 1 分 （8）图纸中各元件放置不美观 1 分 （9）模块层次，结构处理不合理扣 1 分 （10）模块中链接不合理扣 1 分
图纸设计 pcbdoc	根据题目要求使用合理的封装，布线过程中使用合理的线宽	35	（1）元件封装选择合乎要求，各元件间距合理，0～10 分 （2）焊盘、过孔、丝印等层次清晰，0～15 分 （3）图形布局，线宽布置合理，结构紧凑，0～10 分	（1）PCB 图无所属项目扣 1 分 （2）命名和题目要求不符扣 1 分 （3）图形布局不合理扣 1 分 （4）元件封装错误每个扣 1 分 （5）布线有重叠或者断线每个扣 1 分 （6）焊盘（X/个）、过孔（X/个）、丝印等工作层放置错误每个扣 1 分
文档输出及 Multisim 仿真	网络表、元件清单及各项检验报告完整，仿真实现	15	（1）正确加载网络表（Validate Change 后纠正原理图中所有错误），0～4 分 （2）完整载入网络表和所有元件，0～3 分 （3）完成布线规则检查，注意表面贴片规则、阻焊层及助焊层规则、电源层连接规则以及其他有涉及的规则，0～3 分 （4）Multisim 仿真完成，0～5 分	（1）在 Engineering Change Order 里面每个出错的 Status Check 扣 2 分，超过 2 处第一项不得分。 （2）网络表或元件载入报错扣 1～3 分 （3）规则检查 Clearance、Short-Circuit、Un-Routed Net、Un-Connected Pin，每违反一项扣 1 分 （4）布线的 Width、Routing Topology、Routing Priority、Routing Layers、Routing Corners、Routing Via Style、Fanout Control 等，错一项扣 1 分
项目答辩	能正确演示并讲解项目，能准确回答评委提问	10	（1）演示过程正确，讲解清楚，0～5 分 （2）回答问题简洁、准确，0～5 分	（1）演示过程出错扣 0～5 分 （2）回答问题错误扣 0～5 分
合计	100			

2. "SMT 表面组装" 技能竞赛

"SMT 表面组装" 技能竞赛以实际操作技能为主，要求根据提供的硬件设备以及相关材料，按照竞赛要求，完成电子线路表面贴装的设计与制作。具体的竞赛内容包括：

（1）阅读并理解电路功能及贴装要求；

（2）完成物料准备；

（3）完成设备调试，设置；

（4）准确控制贴装制造过程；

（5）缺陷分析并制定工艺文件；

（6）项目答辩。

"SMT 表面组装" 竞赛评分细则如表 8.9 所示。

表 8.9　"SMT 表面组装" 竞赛评分细则

评分项目	技术要求	分数	评分标准	扣分标准
总体规划	根据题目要求规划项目整体结构	10	（1）项目整体规划合理，0～2 分 （2）项目选材用料科学（PCB 及 BOM 的元件），0～3 分 （3）项目整体制程安排有序、合理，需要考虑设备运转时间及速率的预估，0～3 分 （4）项目实施所需环境的设计安排合理，0～2 分	（1）整体规划缺乏条理性扣 1 分，与题目要求主题不符合不得分 （2）选材用料明显过余或不足，与要求不符扣 1 分 （3）项目整体安排，工时分配不合理扣 2 分 （4）没有设计项目所需环境温度、湿度、防尘、防静电的不得分
设备及用料的检验	根据题目给出的制作要求，检验并准备硬件设备和元件及其他材料	30	（1）所有需要使用的硬件设备调试检测，以备用，0～10 分 （2）所有元件清单中的元件检验，确认符合项目要求（包括属性、尺寸、性能），0～10 分 （3）焊锡膏、助焊剂、网板、无纺清洁布等材料准备到位，0～10 分	（1）钢网、刮刀清洁度检验、锡膏回温搅拌，不符合项目要求的每项扣 3 分 （2）贴片机校正，吸嘴、喂料器准备未做或与题目要求不符每项扣 3 分 （3）回流炉炉温曲线设置与题目要求不符扣 0～5 分 （4）PCB 及所有元件防潮防静电包装检查，品名、型号、尺寸、日期检查，与题目要求不符每项扣 3 分
制程	根据题目要求在规定时间内完成项目指定的电路板贴装	36	（1）锡膏正确印制在 PCB 的焊盘上，0～12 分 （2）贴片机在正确的指令下进行贴片，0～12 分 （3）按照项目要求给出的炉温曲线设置回流炉，完成回流焊，0～12 分	（1）钢网对正、固定、锡膏上料与题目要求不符每项扣 4 分 （2）贴片中吸嘴使用不当每次扣 3 分 （3）贴片速度明显不合理扣 1～4 分 （4）回流炉操作错误扣 1～12 分

续表

评分项目	技术要求	分数	评分标准	扣分标准
分析检验工艺文件	印刷缺陷分析、贴片准确性分析及回流焊缺陷分析	14	（1）对印刷结束后的 PCB 进行缺陷分析，并能根据分析结果给出改进方案，写入工艺文件 0～4 分 （2）对贴片结果进行缺陷分析，并能根据分析结果给出改进方案，写入工艺文件 0～5 分 （3）对回流焊结果进行缺陷分析，并能根据分析结果给出改进方案，写入工艺文件 0～5 分	（1）根据题目给的误差范围检验印刷缺陷，遗漏一处扣 2 分 （2）根据题目给的误差范围检验贴片结果，贴片不符合精度要求的每一处扣 2 分 （3）根据题目给的要求检验焊接缺陷，遗漏一处扣 2 分 （4）所有工艺文件格式错误，缺陷分析错误，成因分析错误，纠正意见错误，每错一项扣 1 分
项目答辩	能正确演示并讲解项目，能准确回答评委提问	10	（1）演示过程正确，讲解清楚，0～5 分 （2）回答问题简洁、准确，0～5 分	（1）演示过程出错扣 0～5 分 （2）回答问题错误扣 0～5 分
合计		100		

8.9.4　竞赛形式

比赛采用团队方式进行，每支参赛队由 2 名选手组成，其中队长 1 名，分工完成比赛项目功能。每支参赛队可以配 1 名指导教师。

比赛期间，允许参赛队员在规定时间内按照规则接受指导教师指导。参赛选手可自主选择是否接受指导，接受指导的时间计入竞赛总用时。

赛场开放，允许观众在不影响选手比赛的前提下现场参观和体验。

8.10　继续专业学习深造建议

应用电子技术专业的专业知识和技术更新快，为跟上行业与企业要求，电子技术从业人员必须树立终身学习理念，不断更新知识和技术，继续专业学习。可以有目的地参与各大公司技术论坛交流，紧跟技术发展方向，有条件者可申请进入本科院校进行深入的专业理论知识学习。

第三部分

电子信息类专业课程标准案例

第9章 软件技术专业课程标准

9.1 ASP.NET 应用程序开发课程标准

9.1.1 课程定位和课程设计

1. 课程性质与作用

课程的性质：《ASP.NET 应用程序开发》课程是软件技术专业的专业核心课程，是校企合作开发的基于工作过程的课程。该课程涉及整个.NET 平台 Web 应用开发的全过程；涵盖计算机网络配置、硬件环境搭建及配置、结构化程序设计、面向对象的程序分析与设计、软件编码、数据库设计等各项技术。是软件技术专业训练学生综合技能的实践教学平台。

课程的作用：本课程主要定位于培养学生的 Web 项目开发技能和作为一个程序员的职业素养，使学生能在.NET 平台上创建 Web 应用，了解 Web 应用程序开发的工业过程，并能够独自完成企业级的常规 Web 应用程序的开发。

与其他课程的关系：

（1）前导课程。

《数据库原理及 SQL 程序设计》、《C#高级程序设计》等。

（2）后续课程。

《Web 框架应用程序开发（.NET）》等。

2. 课程基本理念

课程开发本着以专业能力培养为主线，兼顾社会能力、方法能力培养的设计理念，着重发展学生的实践技能。整个课程教学设计紧紧围绕高技能人才培养的目标展开教学，选取典型工作任务作为学习载体，以任务的开发过程为主线，将知识的讲解贯穿于任务的开发过程中，随着任务的进展来推动知识的扩展。根据开发过程中需要的知识与技能规划教学进度，组织课堂教学，确定学生实训任务。在循序渐进完成任务开发的同时实现教学目标，做到学习与工作的深度融合。

3. 课程设计思路

以"项目导向，任务驱动"的教学模式为主，通过引入实用的任务，以任务的开发过程为主线，贯穿于每个知识点的讲解，随着任务的不断拓展来推动整个课程的进展。对于每个知识点的讲解采用以实际工作中软件开发的过程和步骤为出发点，采用"五步"教学法，整个教学过程分为任务描述、计划、实施、检测、评价五大步骤，分别对应软件开发的需求分析、设计、编码、测试、验收五个工作环节。使得学生在学习的过程中自然而然地了解程序开发的步骤和流程，为将来参加实际工作进行项目开发打下良好的基础。同时通过采用"教、学、做"三位一体的教学法，教师边示范、边讲解、边提问，学生边做、边学、边思考，从而实现在做中教，在做中学，提高学生的实践能力和专业水平。

9.1.2 课程目标

课程工作任务目标：经过课程学习，学生应该能够完成具体的工作任务，能在.NET 平台上创建 Web 应用，了解 Web 应用程序开发的工业过程，并能够独自完成企业级的常规 Web 应用程序的开发。

职业能力目标：突出基本职业能力和关键能力（专业能力、方法能力、社会能力）培养要求。要深化对职业能力的理解，既要重视外显化、行为化的职业技能、职业资格要求，又要重视职业能力的内隐性、过程性、动态性。职业能力目标如表 9.1 所示。

表 9.1 职业能力目标

专业能力	方法能力	社会能力
Web 应用设计 Web 应用开发 阅读程序 分析程序 软件文档书写 将模型用编码实现 信息检索 使用 Visual Studio.NET 开发工具	自主学习 制定项目计划 管理控制 交流学习 独立思考 开拓创新 分析判断	团队协作 沟通交流 社会责任心 职业道德 服务意识 保密意识

9.1.3 课程内容与要求

学习情境规划和学习情境设计如表 9.2 所示。

表 9.2 学习情境规划和学习情境设计

学习情境	情境描述	职业能力（知识、技能、态度）	课时
1. 网上会员登录和注册	要求学生设计一个会员注册页面，验证用户的个人信息是否合法，实现个人信息的提交	能掌握 Web 服务器控件的用法，利用验证控件验证表单；具有获取信息并进行学习的能力	16
2. 简易聊天室	要求学生设计一个聊天室，能存储聊天内容和用户列表，显示在线人数	能使用 ASP.NET 内置对象，利用 Cookie 对象存储信息；具有 Web 应用设计能力及分析能力	16
3. 网络留言板	要求学生设计一个留言板，能够编写和查看用户留言并能显示发布时间	能在 ASP.NET 中操作 XML 文件；掌握网络数据传递和实现共享的方法	16
4. 网络书店	通过一个 B2C 模式的网络书店的开发，从分析设计到具体实现，将 Web 开发的各个知识点应用到项目中	能运用所学知识进行数据库设计和实现、分析设计程序，完成一个完整的 Web 应用项目；具备编码与测试能力、抽象概括能力、分析决策能力、项目计划能力	60

9.1.4 课程实施

1. 教学条件

（1）软硬件条件。

校内实训基地条件：课程要求有专业的实训室，所有实训室设备按企业实际运行拓扑结构组建，设置数据服务器。主要配套的教学仪器设备与媒体要求如下：

硬件要求：所有计算机必须具备 P4 2.4 以上主频，512MB 以上内存。

软件要求：操作系统为 Windows XP 及后续版本。

开发工具：IIS 6 及后续版本、SQL Server 2005 及后续版本、Visual studio 2005 及后续版本。

校外实训基地能提供学生进入相关企业顶岗实习的机会。

（2）师资条件。

对任课教师的职业能力和知识结构的要求：任课教师能将课程体系、教学内容与企业对应岗位直接对接，实现企业开发团队与实际项目应用于教学过程，课程学习与项目开发实训合二为一。

专职教师和兼职教师组成的具有"双师"结构特点的教学团队要求：专职教师 100% 为双师素质教师，专兼结合的教学团队中包含软件企业研发一线的行业专家，直接承担专业课程的实践教学，成为专业教学团队的重要组成部分，教学团队成员 80%同时具备学院讲师、企业工程师双重资格。

2. 教学方法建议

根据软件技术专业课程的特点和高职学生的特点，对于实践课程，可采用具有专业特色的教学模式——PTLF，即项目导向（Project-oriented），任务驱动（Task-driven），层层递进（Layers of progressive），四真环境（Four kinds of simulation environment）。

（1）课程的完备性。通过项目贯穿和任务分解，使学生了解软件开发的真实过程，熟悉软件开发各个阶段软件产品的建模及项目文档的编写，获得了完成某类项目的系统知识。

（2）任务的导向性。每一阶段都有明确的目标和产品，各项任务逐层递进，引导学生一步一步完成整个项目。

（3）教学情景的完整性。每个教学情景都是一个完整过程，从信息的收集、整理、分析、建模到软件文档书写；设计有明确的输入、加工和输出项。通过学习，学生除了掌握相关技能外，还可以领悟到解决问题的一些基本方法和思路。

（4）技能的适应性。教学情景的设计具有典型性，通过这些教学情景的训练，学生的专业技术能力具有一定的适应性，可以在其他的项目中得以应用。

3. 教学评价、考核要求

为贯彻教学设计的理念和思路，并对课程目标的实现起到进一步的提升作用，实践课程可将"行业标准"引入课程评价体系，采用以下考核方式：

（1）项目答辩。学生完成一个完整的任务后，通过项目答辩由"专家组"评分。这种形式让学生置身于仿真的环境中，不仅系统地巩固了理论知识，强化了专业技能，还训练了他们的职业综合素质，提升了学生团队协作的意识。项目答辩的"专家组"评委由聘请的教师、行业专家以及学生代表组成，让学生参与评分的特别设计，使学生由学到做再到评，对软件的认识由程序上升到系统的高度，对软件项目的质量标准也有了更深的理解。

（2）产品发布。小组完成整个项目后，对成熟的产品举行"产品发布会"，向各个"用户"推销自己的产品。

课程的评价根据课程标准的目标和要求，实施对教学全过程和结果的有效监控。采用形成性评价与终结性评价相结合的方式，既关注结果，又关注过程。其中形成性评价注重平时表现和实践能力的考核。主要根据学生完成每个学习情境的情况，结合平时表现，进行综合评分。评分标准如表 9.3 所示。

表 9.3　评分标准

评价指标	一级指标	二级指标	分值	得分
教师评价	职业能力	专业能力	知识的运用能力	20	
		程序编写及阅读能力	10	
		程序调试能力	10	
	方法能力	独立思考和解决问题的能力	15	
		自主学习能力	15	
	社会能力	团队合作、沟通能力	10	
	出勤		10	
	合计		100	

终结性评价主要以课程设计为主。

课程总成绩由形成性评价与终结性评价两部分组成，其中形成性评价占总成绩的 60%，终结性评价占 40%。

4．教材编写

教材编写体例建议：

（1）教学目标：培养学生进行 Web 应用程序开发的职业核心能力。

（2）工作任务：通过本课程的学习，使学生掌握使用 Visual Studio .NET 创建 Web 应用的相关技能，了解 Web 应用程序开发的工业过程，并能够独自完成企业级的常规 Web 应用程序的开发。

（3）实践操作（相关实践知识）：Web 控件、母版页、数据访问与表示、状态管理、Web 认证与授权、创建 Web 控件、开发 Web 应用程序的界面、使用 ASP.NET 组件、开发和使用 XML Web Service、配置管理和部署 Web 应用程序、Web 应用程序的安全性。

（4）问题探究（相关理论知识）：Web 应用的理论基础、全球化与本地化、个性化和主题。

（5）知识拓展（选学内容）：性能调优与跟踪检测技术、Web 移动应用开发。

（6）练习：实训习题能结合相关知识点。

9.1.5　课程资源开发与利用

1．学习资料资源

推荐教材：

（1）《ASP.NET 网络程序设计教程》，张恒著，人民邮电出版社，2009-2，ISBN

9787115192707。

（2）《ASP.NET 程序设计实例教程（第 2 版）》，宁云智著，人民邮电出版社，2011-4，ISBN 9787115248701。

推荐参考书：

（1）《ASP.NET 2.0 网站开发全程解析（第 2 版）》，（美）Marco Bellinaso 著，杨剑译，清华大学出版社，2008-5，ISBN 9787302174646。

（2）《ASP.NET 2.0 揭秘》，（美）Stephen Walther 著，人民邮电出版社，2007-10，ISBN 9787115164636。

（3）《Web 应用开发——ASP.NET 2.0》，微软公司著，高等教育出版社，2007-7，ISBN 9787040216387。

2. 信息化教学资源

多媒体课件、网络课程、多媒体素材、电子图书和专业网站的开发与利用。

9.2 基于.NET 的 WCF 应用程序开发课程标准

9.2.1 课程定位和课程设计

1. 课程性质与作用

课程的性质：《基于.NET 的 WCF 应用程序开发》课程是软件技术专业的专业核心课程，是校企合作开发的基于工作过程的课程。该课程涉及整个.NET 平台通信接口开发的全过程；涵盖计算机网络配置、硬件环境搭建及配置、结构化程序设计、面向对象的程序分析与设计、软件编码、数据库设计等各项技术。是软件技术专业训练学生综合技能的实践教学平台。

课程的作用：本课程主要定位于培养学生的.NET 项目开发技能和作为一个程序员的职业素养，使学生能建立一个跨平台的、安全、可信赖、事务性的解决方案，且能与已有系统兼容协作。

与其他课程的关系：

（1）前导课程。

《数据库原理及 SQL 程序设计》，《C#高级程序设计》。

（2）后续课程。

《Web 应用系统开发（.NET）》。

2. 课程基本理念

课程开发本着以专业能力培养为主线，兼顾社会能力、方法能力培养的设计理念，着重发展学生的实践技能。整个课程教学设计紧紧围绕高技能人才培养的目标展开教学，选取典型工作任务作为学习载体，以任务的开发过程为主线，将知识的讲解贯穿于任务的开发过程中，随着任务的进展来推动知识的扩展。根据开发过程中需要的知识与技能规划教学进度，组织课堂教学，确定学生实训任务。在循序渐进完成任务开发的同时实现教学目标，做到学习与工作的深度融合。

3. 课程设计思路

以"项目导向，任务驱动"的教学模式为主，通过引入实用的任务，以任务的开发过程为主线，贯穿于每个知识点的讲解，随着任务的不断拓展来推动整个课程的进展。对于每个知识点的讲解采用以实际工作中软件开发的过程和步骤为出发点，采用"五步"教学法，整个教学过程分为任务描述、计划、实施、检测、评价五大步骤，分别对应软件开发的需求分析、设计、编码、测试、验收五个工作环节。使得学生在学习的过程中自然而然地了解程序开发的步骤和流程，为将来参加实际工作进行项目开发打下良好的基础。同时通过采用"教、学、做"三位一体的教学法，教师边示范、边讲解、边提问，学生边做、边学、边思考，从而实现在做中教，在做中学，提高学生的实践能力和专业水平。

9.2.2 课程目标

课程工作任务目标：经过课程学习，学生应该能够完成具体的工作任务，能在.NET 平台上创建 WCF 应用，了解 WCF 应用程序开发的工业过程，并能够独自完成企业级的常规 WCF 应用程序的开发。

职业能力目标：突出基本职业能力和关键能力（专业能力、方法能力、社会能力）培养要求。要深化对职业能力的理解，既要重视外显化、行为化的职业技能、职业资格要求，又要重视职业能力的内隐性、过程性、动态性。职业能力目标如表 9.4 所示。

表 9.4 职业能力目标

专业能力	方法能力	社会能力
WCF 应用设计 WCF 应用开发 阅读程序 分析程序 软件文档书写 将模型用编码实现 信息检索 使用 Visual Studio.NET 开发工具	自主学习 制定项目计划 管理控制 交流学习 独立思考 开拓创新 分析判断	团队协作 沟通交流 社会责任心 职业道德 服务意识 保密意识

9.2.3 课程内容与要求

学习情境规划和学习情境设计如表 9.5 所示。

表 9.5 学习情境规划和学习情境设计

学习情境	情境描述	职业能力（知识、技能、态度）	课时
1. WCF 概述	讲解 WCF 的基本概念，WCF 背景介绍	WCF 的基本概念；WCF 背景介绍	4
2. 设计与实现服务协定	讲解服务协定创建方法，数据协定，Out 与 Ref 参数	创建服务协定；数据协定；Out 与 Ref 参数	12
3. 配置服务，承载服务	讲解服务配置，配置绑定的方法，配置终结点方法，在 IIS 中承载服务，在 WAS 中承载服务，在托管应用程序中承载服务	配置服务概述；配置绑定；配置终结点；在 IIS 中承载服务，在 WAS 中承载，在托管应用程序中承载	24
4. 生成 WCF 客户端	讲解获取服务终结点的服务协定、绑定以及地址信息，使用这些信息创建 WCF 客户端，调用操作，处理错误，为双工服务创建回调对象，异步调用服务	获取服务终结点的服务协定、绑定以及地址信息，使用这些信息创建 WCF 客户端，调用操作，处理错误；为双工服务创建回调对象；异步调用服务	24
5. Message 类	讲解 Message 类的概念，使用 Message 类创建消息方法，读取 Message 类消息方法	Message 类概述；使用 Message 类创建消息；读取 Message 类消息	24
6. 会话、实例化与并发	讲解会话、实例化、并发的概念	会话；实例化；并发	20

9.2.4 课程实施

1. 教学条件

（1）软硬件条件。

校内实训基地条件：课程要求有专业的实训室，所有实训室设备按企业实际运行拓扑结构组建，设置数据服务器。主要配套的教学仪器设备与媒体要求如下：

硬件要求：所有计算机必须具备 P4 2.4 以上主频，512MB 以上内存。

软件要求：操作系统为 Windows XP 及后续版本。

开发工具：IIS 6 及后续版本、SQL Server 2005 及后续版本、Visual Studio 2008 及后续版本。

校外实训基地能提供学生进入相关企业顶岗实习的机会。

（2）师资条件。

对任课教师的职业能力和知识结构的要求：任课教师能将课程体系、教学内容与企业对应岗位直接对接，实现企业开发团队与实际项目应用于教学过程，课程学习与项目开发实训合二为一。

专职教师和兼职教师组成的具有"双师"结构特点的教学团队要求：专职教师 100%为双师素质教师，专兼结合的教学团队中包含软件企业研发一线的行业专家，直接承担专业课程的实践教学，成为专业教学团队的重要组成部分，教学团队成员 80%同时具备学院讲师、企业工程师双重资格。

2. 教学方法建议

根据软件技术专业课程的特点和高职学生的特点，对于实践课程，可采用具有专业特色的教学模式——PTLF，即项目导向（Project-oriented），任务驱动（Task-driven），层层递进（Layers of progressive），四真环境（Four kinds of simulation environment）。

（1）课程的完备性。通过项目贯穿和任务分解，使学生了解软件开发的真实过程，熟悉软件开发各个阶段软件产品的建模及项目文档的编写，获得了完成某类项目的系统知识。

（2）任务的导向性。每一阶段都有明确的目标和产品，各项任务逐层递进，引导学生一步一步完成整个项目。

（3）教学情景的完整性。每个教学情景都是一个完整过程，从信息的收集、整理、分析、建模到软件文档书写；设计有明确的输入、加工和输出项。通过学习，学生除了掌握相关技能外，还可以领悟到解决问题的一些基本方法和思路。

（4）技能的适应性。教学情景的设计具有典型性，通过这些教学情景的训练，学生的专业技术能力具有一定的适应性，可以在其他的项目中得以应用。

3. 教学评价、考核要求

为贯彻教学设计的理念和思路，并对课程目标的实现起到进一步的提升作用，实践课程可将"行业标准"引入课程评价体系，采用以下考核方式：

（1）项目答辩。学生完成一个完整的任务后，通过项目答辩由"专家组"评分。这种形式让学生置身于仿真的环境中，不仅系统地巩固了理论知识，强化了专业技能，还训练了他们的职业综合素质，提升了学生团队协作的意识。项目答辩的"专家组"评委由聘请的教师、行业专家以及学生代表组成，让学生参与评分的特别设计，使学生由学到做再到评，对软件的认识由程序上升到系统的高度，对软件项目的质量标准也有了更深的理解。

（2）产品发布。小组完成整个项目后，对成熟的产品举行"产品发布会"，向各个"用户"推销自己的产品。

课程的评价根据课程标准的目标和要求，实施对教学全过程和结果的有效监控。采用形成性评价与终结性评价相结合的方式，既关注结果，又关注过程。其中形成性评价注重平时表现和实践能力的考核。主要根据学生完成每个学习情境的情况，结合平时表现，进行综合评分。评分标准如表 9.6 所示。

表 9.6 评分标准

评价指标	一级指标	二级指标	分值	得分
教师评价	职业能力	知识的运用能力	20	
	专业能力 程序编写及阅读能力	10	
		程序调试能力	10	
	方法能力	独立思考和解决问题的能力	15	
		自主学习能力	15	
	社会能力	团队合作、沟通能力	10	
	出勤		10	
	合计		100	

终结性评价主要以课程设计为主。

课程总成绩由形成性评价与终结性评价两部分组成，其中形成性评价占总成绩的 60%，终结性评价占 40%。

4. 教材编写

教材编写体例建议：

（1）教学目标：培养学生进行 WCF 应用开发的职业核心能力。

（2）工作任务：通过本课程的学习，使学生掌握使用 Visual Studio .NET 创建 WCF 应用的相关技能，了解 WCF 应用开发的工业过程，并能够独自完成企业级的常规 WCF 应用的开发。

（3）实践操作（相关实践知识）：设计与实现服务协定、配置服务、承载服务、生成 WCF 客户端。

（4）问题探究（相关理论知识）：数据协定、消息协定、Message 类、会话与实例化及并发。

（5）练习：实训习题能结合相关知识点。

9.2.5　课程资源开发与利用

1．学习资料资源

推荐教材：

（1）《WCF 编程（第 2 版）》，（美）罗威著，张逸，徐宁译，机械工业出版社，2009-10，ISBN 9787111278900。

（2）《WCF 核心技术》，（美）雷斯尼可，克兰，鲍恩著，鲁成东，戚文敏译，人民邮电出版社，2009-10，ISBN 9787115205483。

推荐参考书：《WCF 服务编程（第三版）》，（美）Juval Louml 著，徐雷，徐扬译，华中科技大学出版社，2011-5，ISBN 9787560970837。

2．信息化教学资源

多媒体课件、网络课程、多媒体素材、电子图书和专业网站的开发与利用。

9.3　C#高级程序设计课程标准

9.3.1　课程定位和课程设计

1．课程性质与作用

《C#高级程序设计》是软件技术专业的专业核心课程。针对本专业的办学定位和培养目标，软件技术专业学生的技术能力主要落实在软件开发上，软件开发需要程序设计技术、数据库技术和软件工程技术三大技能的支撑。因此本学习领域主要定位于培养学生的程序设计技术和作为一个程序员的职业素养，为后续课程的学习打下坚实的基础，并为武汉"8+1"城市圈 IT 行业培养合格的 C#软件工程师。

本课程先修课程：《计算机应用基础》、《C#初级程序设计》。

2．课程基本理念

C#高级程序设计是一门实践性很强的课程，课程最终的目的是能够开发 C# 应用项目。

（1）准确定位，确定明确的培养目标。

本课程以企业需求为导向，以培养学生的实际技能为目标，针对 Web 应用开发领域，明确课程目标及定位。将课程定位为突出技术实用性与再学习能力的培养。通过对本课程的学习，培养学生作为程序员所应具备的职业素质，启发学生的创新意识，提高学生的程序设计能力和开发能力。

（2）在教学内容、教学方式、考试方式的组织上，既要求学生掌握最基本的语法知识，又要求学生具有实际上机操作和调试能力。

（3）教学过程中积极推行"项目导向，任务驱动"的教学模式。

以"工学结合"为切入点，精选真实项目，提炼出以职业能力培养为特色的教学内容，突出技术实用性。充分考虑高职学生认知能力，对每个知识点的讲解采用"任务驱动+启发式教学"的方法，通过"提出任务→分析任务→完成任务→边学边做→总结"的过程，体现出互动创新、提倡个性、重在应用、团结协作的教学风格，有效地提高了学生的实践能力和职业素质。

（4）改革课程考核方式，注重过程考核和能力考核。

改革考试考核方式，注重对动手能力的考核。除了采用常规考试之外，还设计了上机考试、实习实训考试、答辩式考试等多种不同的方法，努力做到"概念理解和实际操作相结合，知识掌握和能力培养相结合"的考核模式，突出过程考核和能力考核。

3. 课程设计思路

（1）设计理念。

本学习领域本着以专业能力培养为主线，兼顾社会能力、方法能力培养的设计理念，着重发展学生的实践技能。整个课程教学设计紧紧围绕高技能人才培养的目标展开教学，选取实际的企业项目作为学习载体，以项目的开发过程为主线，将知识的讲解贯穿于项目的开发过程中，随着项目的进展来推动知识的扩展。根据开发过程中需要的知识与技能规划教学进度，组织课堂教学，确定学生实训任务。在循序渐进完成项目开发的同时实现教学目标，做到学习与工作的深度融合。

（2）内容组织。

在课程内容的选择上，遵循学生职业能力培养的基本规律，以一个源于企业，用于企业的真实项目（银行客户管理系统）作为教学载体，按照项目开发的流程进行相应的分解，科学地设计了六个学习情境。通过学习情境的构建将传统的教学内容进行重构、重组，并融入到项目开发的过程中，随着项目的进展，知识由易到难，能力的培养由窄到宽，课程内容和项目开发内容相一致，理论与实践一体化。同时，为了适应行业发展的需要，适度提升课程内容的深度和广度，为学生可持续发展奠定良好的基础。

（3）学习情境安排。

本课程的学习情境安排如表 9.7 至表 9.12 所示。

表 9.7　学习情境 1

学习情境 1：银行客户管理系统的分析与设计	参考学时：6

学习目标

1．了解程序设计的基本流程　　　　2．了解软件建模的基本思路
3．培养面向对象的分析与设计能力　4．培养分析问题、解决问题的能力
5．培养团队合作及沟通能力

学习任务		建议使用的教学方法
任务名称	任务主要内容	
1．了解程序设计的基本流程	了解程序设计的基本流程	多媒体演示；案例分析法；启发引导法
2．了解软件建模的基本思路	了解软件建模的方式，了解软件建模工具	案例分析法；启发引导法
3．面向对象分析与设计	需求分析；建立对象模型；建立系统总体结构图	分组讨论法；项目导向
4．银行客户管理系统的分析与设计	利用所学知识，完成银行客户管理系统的分析与设计；完成需求开发、产品需求规格说明书的填写，最终给出系统用例图、类图和功能结构图	分组讨论法；角色扮演法；学生自主完成

表 9.8　学习情境 2

学习情境 2：搭建银行客户管理系统运行环境及开发准备	参考学时：20

学习目标

1．掌握 Visual Studio 2008 的安装
2．掌握 Visual Studio 2008 的基本使用方法
3．掌握 C#的基本语法，学会用 C#语言编写程序
4．培养程序调试能力

学习任务		建议使用的教学方法
任务名称	任务主要内容	
1．Visual Studio 2008 环境的搭建	Visual Studio 2008 的安装 Visual Studio 2008 的安装注意事项	多媒体演示；示例教学；边讲边学边做
2．掌握 Visual Studio 2008 的基本使用方法	C#程序结构 新建控制台程序及应用程序	多媒体演示；示例教学；边讲边学边做
3．掌握 C#的基本语法，学会用 C#语言编写程序	C#编程规范；C#的数据类型；运算符及表达式；程序的流程控制语句	多媒体演示；示例教学；边讲边学边做
4．培养程序调试能力	能够使用 Visual Studio2008 调试程序并改正错误	多媒体演示；任务驱动

表 9.9 学习情境 3

学习情境 3：银行客户管理系统中使用数组		参考学时：8
学习目标		

1. 掌握数组的使用
2. 根据数组和流程控制语句掌握一定的算法

学习任务		建议使用的教学方法
任务名称	任务主要内容	
1. 掌握数组的使用	使用数组，客户由 1 个变为多个	多媒体演示；示例教学；边讲边学边做
2. 根据数组和流程控制语句掌握一定的算法	实现客户的查找、添加、删除、修改	多媒体演示；示例教学；边讲边学边做

表 9.10 学习情境 4

学习情境 4：银行客户管理系统的面向对象设计		参考学时：22
学习目标		

1. 掌握 C#的面向对象编程   2. C#面向对象高级
3. 掌握 C#中的异常处理   4. 完成银行客户管理系统中的实体类

学习任务		建议使用的教学方法
任务名称	任务主要内容	
1. C#面向对象的编程	类的定义与对象的创建；构造方法的作用及应用；方法	任务驱动；多媒体演示；启发引导法；边讲边学边做
2. C#面向对象高级	封装性、继承性和多态性的 C#语言实现；抽象类与接口的应用；命名空间；访问控制符的应用	示例教学法；任务教学法
3. 异常处理	异常的概念；异常处理机制；异常处理的两种方式；自定义异常	案例分析法；分组讨论法；对比教学法
4. 完成银行客户管理系统中的实体类	设计类，使用集合与泛型	分组讨论法；学生自主完成

表 9.11 学习情境 5

学习情境 5：银行客户管理系统用户登录模块及主界面的实现	参考学时：10
学习目标	

1. 能够使用流和文件处理数据
2. 培养应用程序编写能力
3. 培养程序调试能力
4. 培养分析问题、解决问题的能力

续表

学习任务		建议使用的教学方法
任务名称	任务主要内容	
1. 银行客户管理系统的界面及功能实现	完成银行客户管理系统的界面及功能常用控件使用	多媒体演示；示例教学；任务驱动；边讲边学边做
2. 使用流和文件处理数据	流和文件的使用	多媒体演示；示例教学；任务驱动

表 9.12　学习情境 6

学习情境 6：银行客户管理系统的整体实现		参考学时：6

学习目标

1. 培养分析问题、解决问题的能力
2. 培养知识的融会贯通能力
3. 培养动手实践能力

学习任务		建议使用的教学方法
任务名称	任务主要内容	
1. 银行客户管理系统的整体实现	综合利用所学知识，完成银行客户管理系统的其他功能模块，创建安装文件	学生自主学习
2. 进行系统测试	系统的组装与集成测试演示数据库的访问	案例分析；任务驱动

9.3.2　课程目标

通过本学习领域的学习，让学生掌握面向对象程序设计的基本思想，掌握 C# 语言的基本语法和编程规范，在项目实战中培养学生的编程能力、程序调试能力、团队合作与沟通能力、自主学习与创新能力，为今后学习 ASP.NET 编程技术和从事软件编程工作奠定坚实的基础。具体目标按职业能力的三个方面进行描述。

1. 专业能力

（1）理解面向对象的思想，掌握面向对象的分析与设计方法；

（2）掌握 C# 基本语法；

（3）掌握 C# 程序流程控制；

（4）掌握 C# 的面向对象编程的思想和实现；

（5）掌握 C# 的应用程序编写；

（6）具有基本编程能力，能用 C# 语言解决实际问题。

2．方法能力

（1）培养分析问题、解决问题的能力；

（2）培养知识的融会贯通和举一反三的能力；

（3）培养动手实践能力；

（4）培养自主学习和创新能力。

3．社会能力

（1）遵纪守法，爱岗敬业，具有良好的职业道德和职业形象；

（2）具有严谨科学的作风和踏实的工作态度，积极的求知欲和进取心；

（3）具有自觉的规范意识和团队精神，并具有良好的沟通和交流能力；

（4）身心健康，能精力充沛地工作；

（5）思维敏捷，反应速度快。

9.3.3 课程内容与要求

本课程由银行客户管理系统的分析与设计、搭建银行客户管理系统运行环境及开发准备、银行客户管理系统中使用数组、银行客户管理系统的面向对象设计、银行客户管理系统用户登录模块及主界面的实现、银行客户管理系统的整体实现六个学习情境组成。各情境学习内容与要求如表 9.13 所示。

表 9.13　学习内容与要求

学习情境	情境描述	学习内容	参考学时
1．银行客户管理系统的分析与设计	要求为某一银行设计一个客户管理系统，能够实现客户的添加、修改、删除。学生成立项目开发小组，划分角色，推选项目经理和 CTO（首席技术师），展开与客户（老师扮演）的调研，根据调研结果完成系统的需求分析与设计，完成需求开发、产品需求规格说明书的填写，最终给出系统用例图、类图和功能结构图	了解程序设计的基本流程 了解软件建模的基本思路 培养面向对象的分析与设计能力 培养分析问题、解决问题的能力 培养团队合作及沟通能力	6
2．搭建银行客户管理系统运行环境及开发准备	要求每个学生自己搭建系统的运行环境，具体包括：自行下载、安装 Visual Studio 2008，掌握 Java 程序的基本语法与编程规范，为项目开发做好准备	掌握 Visual Studio 2008 的安装 掌握 Visual Studio 2008 的基本使用方法 掌握 C#的基本语法，学会用 C#语言编写程序	20
3．银行客户管理系统中使用数组	将客户由一个变为多个，通过数组实现客户的增删查找，了解简单算法	掌握数组的使用 根据数组和流程控制语句掌握一定的算法	8

续表

学习情境	情境描述	学习内容	参考学时
4. 银行客户管理系统的面向对象设计	使用抽象和继承设计类,将客户分为 2 种类型 使用集合与泛型,实现客户的添加、删除、修改 为程序添加异常处理机制	掌握 C#的面向对象编程 C#面向对象高级 掌握 C#中的异常处理 完成银行客户管理系统中的实体类	22
5. 银行客户管理系统用户登录模块及主界面的实现	使用流和文件保存及处理数据 程序界面及功能实现 常用控件基本用法	能够使用流和文件处理数据 培养应用程序编写能力 培养程序调试能力 培养分析问题、解决问题的能力	10
6. 银行客户管理系统的整体实现	将程序制作成为安装文件 演示 C#访问数据库	培养分析问题、解决问题的能力 培养知识的融会贯通能力 培养动手实践能力	6

9.3.4 课程实施

1. 教学条件

（1）软硬件条件。

本课程所属软件技术专业为省级教育教学改革试点专业、中央财政支持的高等职业教育实训基地、省高等职业教育实训基地、"楚天技能名师"设岗专业、省高等学校教学团队。软件技术专业构建了"工学交替"、"课堂与项目部"一体化的人才培养模式,带动了其他专业的人才培养模式改革。

（2）师资条件。

对任课教师的职业能力和知识结构的要求:任课教师能将课程体系、教学内容与企业对应岗位直接对接,实现企业开发团队与实际项目应用于教学过程,课程学习与项目开发实训合二为一。

专职教师和兼职教师组成的具有"双师"结构特点的教学团队要求:专职教师100%为双师素质教师,专兼结合的教学团队中包含软件企业研发一线的行业专家,直接承担专业课程的实践教学,成为专业教学团队的重要组成部分,教学团队成员80%同时具备学院讲师、企业工程师双重资格。

2. 教学方法建议

以"项目导向,任务驱动"的教学模式为主,通过引入实用的任务,以任务的开发过程为主线，贯穿于每个知识点的讲解，随着任务的不断拓展来推动整个课程的进展。对于每个知识点的讲解采用以实际工作中软件开发的过程和步骤为出发点，采用"五步"教学法，整个教学过程分为任务描述、计划、实施、检测、评价五大步骤，分别对应软件开发的需求分析、设计、编码、测试、验收五个工作环节。使得学生在学习的过程中自然而然地了解程序开发的步骤和流程，为将来参加实际工作进行项目开发打下良好的基础。同时通过采用"教、学、做"三位一体的教学法，教师边示范、边讲解、边提问，学生边做、边学、边思考，从而实现在做中教，在做中学，提高学生的实践能力和专业水平。

3. 教学评价、考核要求

（1）本课程考核类别为考试，采用机考的形式。

（2）总评成绩的计算。

考试成绩 60%；平时成绩 40%（含出勤 20%和课内实验 20%）。

【课程设计】

内容：学生根据选题完成一个完整的 Web 应用项目，即业务建模→分析需求（需求建模）→系统分析→系统设计→系统的物理实现。

目的：掌握 Web 应用开发方法；了解软件开发全过程；熟练使用相关工具软件；锻炼学生综合运用所学知识与技术的能力。

学生课程考核评价标准和教学效果评价分别如表 9.14 和表 9.15 所示。

表 9.14　学生课程考核评价标准

评价等级	典型工作任务完成情况	专业技能标准	综合素质体现	备注
A（100~90）	项目功能达到验收标准，文档详细准确	能按照软件开发生命周期的要求进行开发；代码清晰；框架运用正确；功能实现完整；技术运用全面	学生体现出很强的自主学习能力；具有一定的创新精神	建议将项目组验收与学生自评相结合，通过取均值给出等级
B（89~70）	项目功能基本达到验收标准、文档基本准确	能按照软件开发生命周期的要求进行开发；代码清晰；使用框架；基本功能实现	学生具有自主学习能力；有一定的团队协作精神；对所学知识融会贯通使用	
C（69~60）	项目基本达到验收标准，文档规范性不符合要求	能基本按照软件开发生命周期的要求进行开发；各个阶段会应用建模技术；基本功能实现	有一定的自主学习能力；对所学知识融会贯通	
D（59~0）	项目达不到验收标准	不能按照软件开发生命周期的要求进行开发；基本功能没有实现		

表 9.15　教学效果评价

教学效果等级	标准	
	学生合格率	学生优秀率
优秀	90%以上	30%以上
良好	80%以上	20%以上
合格	70%以上	5%以上
不合格	低于 70%	5%以下

4．教材编写

（1）教学目标：培养学生进行 C#应用程序开发的职业核心能力；

（2）工作任务：通过对本课程的学习，使学生掌握创建 C#应用的相关技能，了解 C#应用程序开发的工业过程，并能够独自完成企业级的常规 C#应用程序的开发；

（3）实践操作（相关实践知识）：数据访问与表示、C#程序开发；

（4）问题探究（相关理论知识）：C#应用的理论基础、全球化与本地化、个性化和主题；

（5）知识拓展（选学内容）：性能调优与跟踪检测技术、C#移动应用开发；

（6）练习：实训习题能结合相关知识点。

9.3.5　课程资源开发与利用

推荐教材：《Visual C#2008 程序设计》，曹静主编，中国水利水电出版社，2010-7，ISBN 9787508476360。

9.4　Web 应用系统开发（.NET）课程标准

9.4.1　课程定位和课程设计

1．课程性质与作用

《Web 应用系统开发（.NET）》是软件技术专业.NET 系列的专业核心课程。针对本专业的办学定位和培养目标，软件技术专业学生的技术能力主要落实在软件开发上，软件开发需要程序设计技术、数据库技术和软件工程技术三大技能的支撑。因此本学习领域主要定位于培养学生的 Web 项目开发技能和作为一个程序员的职业素养，为武汉及周边地区 IT 行业培养合格的.NET 软件工程师。

本学习领域先修学习领域：《C#高级程序设计》、《数据库原理及 SQL 程序设计》、《ASP.NET 应用程序开发》。

2. 课程基本理念

《Web 应用系统开发（.NET）》是一门实践性很强的课程，课程最终的目的是能够开发 Web 应用项目。本着这样的目标，几年来，课程组成员大胆进行"项目驱动，工学结合"的教学改革，提高了教学质量，取得了显著的成效。

（1）准确定位，确定明确的培养目标。

本课程以企业需求为导向，以培养学生的实际技能为目标，针对 Web 应用开发领域，明确课程目标及定位。将课程定位为突出技术实用性与再学习能力的培养。通过对本课程的学习，培养学生作为程序员所应具备的职业素质，启发学生的创新意识，提高学生的程序设计能力和开发能力。

（2）在教学内容、教学方式、考试方式的组织上，既要求学生掌握最基本的语法知识，又要求学生具有实际上机操作和调试能力。

（3）教学过程中积极推行"项目导向，任务驱动"的教学模式。

以"工学结合"为切入点，精选真实项目，提炼出以职业能力培养为特色的教学内容，突出技术实用性。充分考虑高职学生认知能力，对每个知识点的讲解采用"任务驱动+启发式教学"的方法，通过"提出任务→分析任务→完成任务→边学边做→总结"的过程，体现出互动创新、提倡个性、重在应用、团结协作的教学风格，有效的提高了学生的实践能力和职业素质。

（4）改革课程考核方式，注重过程考核和能力考核。

改革考试考核方式，注重对动手能力的考核。除了采用常规考试之外，还设计了上机考试、实习实训考试、答辩式考试等多种不同的方法，努力做到"概念理解和实际操作相结合，知识掌握和能力培养相结合"的考核模式，突出过程考核和能力考核。

3. 课程设计思路

（1）设计理念。

本学习领域本着以专业能力培养为主线，兼顾社会能力、方法能力培养的设计理念，着重发展学生的实践技能。整个课程教学设计紧紧围绕高技能人才培养的目标展开教学，选取四个实用常见的任务作为学习载体，以任务的开发过程为主线，将知识的讲解贯穿于任务的开发过程中，随着任务的进展来推动知识的扩展。根据开发过程中需要的知识与技能规划教学进度，组织课堂教学，确定学生实训任务。在循序渐进完成任务开发的同时实现教学目标，做到学习与工作的深度融合。

（2）内容组织。

在课程内容的选择上，遵循学生职业能力培养的基本规律，以人事管理系统、网上购书、图书管理系统这三个比较实用且趣味性较强的任务作为教学载体，采用"项目驱动"的教学方式，边讲解边编写程序的模式，科学地设计了四个学习情境，如表 9.16 所示。通过学习情境的构建将传统的教学内容进行重构、重组，并融入到任务开发的过程中，随着情境的进展，知识由易到难，能力的培养由窄到宽，课程内容和任务开发内容相一致，理论与实践一体化。同时，为了适应行业发展的需要，适度提升课程内容的深度和广度，为学生可持续发展奠定良好的基础。

表 9.16　学习情境

教学情境	1．搭建 .NET 开发环境	2．人事管理系统	3．网上购书	4．图书管理系统
学时	8	32	40	46
教学内容	.NET 平台基本概念与优势；Visual Studio.NET 开发 Web 项目的方法	ASP.NET 开发方法；ADO.NET 技术	JavaScript 技术；三层架构	MVC.NET 技术；XML 应用技术

9.4.2　课程目标

通过对本学习领域的学习，让学生掌握在 .NET 平台上开发 Web 项目的技能；了解 .NET 平台上 Web 应用程序架构，掌握 ASP.NET 的应用和 Web 框架等。在项目实战中培养学生的编程能力、程序调试能力、团队合作与沟通能力、自主学习与创新能力，为今后应用 .NET 平台编程技术和从事软件编程工作奠定坚实的基础。具体目标按职业能力的三个方面进行描述。

1．专业能力

（1）掌握 .NET 开发环境的搭建；

（2）掌握 Visual Studio.NET 开发 Web 应用程序项目的方法；

（3）掌握 C#基本语法与内置对象；

（4）掌握 JavaScript 基本语法与应用；

（5）掌握 ASP.NET 与 MVC.NET 的编写与应用；

（6）掌握 ADO.NET 技术访问操作数据库系统的方法；

（7）掌握 XML 文档及使用 .NET 程序访问的方法；

（8）具有编写与调试程序的能力，程序有问题时，能找出原因并解决问题。

2．方法能力

（1）培养分析问题、解决问题的能力；

（2）培养知识的融会贯通和举一反三的能力；

（3）培养动手实践能力；

（4）培养自主学习和创新能力。

3．社会能力

（1）遵纪守法，爱岗敬业，具有良好的职业道德和职业形象；

（2）具有严谨的科学作风和踏实的工作态度，积极的求知欲和进取心；

（3）具有自觉的规范意识和团队精神，并具有良好的沟通和交流能力；

（4）身心健康，能精力充沛地工作；

（5）思维敏捷，反应速度快。

9.4.3 课程内容与要求

本学习领域由搭建.NET 开发环境、人事管理系统、网上购书、图书管理系统五个学习情境组成，如表 9.17 所示。

表 9.17 学习情境描述

学习情境	情境描述	职业能力	课时
1．搭建.NET 开发环境	介绍.NET 基本概念与优势，边演示讲解边让学生自己搭建.NET 开发运行环境，并练习 Visual Studio.NET 的使用方法，为实现下面的学习情境做好准备	.NET 基本概念与优势 .NET 的运行环境 VisualStudio.NET 开发 Web 项目的基本方法	8
2．人事管理系统	讲解人事管理系统的具体要求，引入 ASP.NET 内置对象，边讲解边应用到聊天室的程序开发中去	人事管理系统具体要求 ASP.NET 内置对象 ADO.NET 连接数据库	32
3．网上购书	讲解网上购书的具体要求，引入三层架构开发方式，边讲解边应用到网上购书的程序开发中去	网上购书的具体要求 JavaScript 技术 三层架构	40
4．图书管理系统	讲解图书管理系统的具体要求，引入 MVC.NET 技术与 XML 应用技术，边讲解边应用到图书管理系统的程序开发中去	图书管理系统的具体要求 MVC.NET 技术 XML 应用技术	46

9.4.4 课程实施

1. 教学条件

（1）软硬件条件。

本课程所属软件技术专业为省级教育教学改革试点专业、中央财政支持的高等职业教育实训基地、省高等职业教育实训基地、"楚天技能名师"设岗专业、省高等学校教学团队。计算机信息管理专业也是省级教改试点专业和"楚天技能名师"设岗专业。软件技术专业构建了"工学交替"、"课堂与项目部"一体化的人才培养模式，带动了其他专业的人才培养模式改革。

（2）师资条件。

对任课教师的职业能力和知识结构的要求：任课教师能将课程体系、教学内容与企业对应岗位直接对接，实现企业开发团队与实际项目应用于教学过程，课程学习与项目开发实训合二为一。

专职教师和兼职教师组成的具有"双师"结构特点的教学团队要求：专职教师 100%为双师素质教师，专兼结合的教学团队中包含软件企业研发一线的行业专家，直接承担专业课程的实践教学，成为专业教学团队的重要组成部分，教学团队成员 80%同时具备学院讲师、企业工程师双重资格。

2. 教学方法建议

以"项目导向，任务驱动"的教学模式为主，通过引入实用有趣的任务，以任务的开发过程为主线，贯穿于每个知识点的讲解，随着任务的不断拓展来推动整个课程的进展。对于每个知识点的讲解采用以实际工作中软件开发的过程和步骤为出发点，采用"五步"教学法，整个教学过程分为任务描述、计划、实施、检测、评价五大步骤，分别对应软件开发的需求分析、设计、编码、测试、验收五个工作环节。使得学生在学习的过程中自然而然地了解程序开发的步骤和流程，为将来参加实际工作进行项目开发打下良好的基础。同时通过采用"教、学、做"三位一体的教学法，教师边示范、边讲解、边提问，学生边做、边学、边思考，从而实现在做中教，在做中学，提高学生的实践能力和专业水平。

3. 教学评价、考核要求

课程的评价根据课程标准的目标和要求，实施对教学全过程和结果的有效监控。采用形成性评价与终结性评价相结合的方式，既关注结果，又关注过程。其中形成性评价注重平时表现和实践能力的考核。主要根据学生完成每个学习情境的情况，结合平时表现，进行综合评分。评分标准如表 9.18 所示。

表 9.18　评分标准

评价指标	一级指标	二级指标	分值	得分
教师评价	职业能力			
	专业能力	知识的运用能力	20	
		程序编写及阅读能力	10	
		程序调试能力	10	
	方法能力	独立思考和解决问题的能力	15	
		自主学习能力	15	
	社会能力	团队合作、沟通能力	10	
出勤			10	
合计			100	

终结性评价主要以试卷的形式进行笔试和上机考试。

课程总成绩由形成性评价与终结性评价两部分组成，其中形成性评价占总成绩的 60%，终结性评价占 40%。

4．教材编写

教材编写体例建议：

（1）教学目标：培养学生进行 Web 应用程序开发的职业核心能力；

（2）工作任务：通过对本课程的学习，使学生掌握使用 Visual Studio .NET 创建 Web 应用的相关技能，了解 Web 应用程序开发的工业过程，并能够独自完成企业级的常规 Web 应用程序的开发；

（3）实践操作（相关实践知识）：Web 控件、母版页、数据访问与表示、状态管理、Web 认证与授权、创建 Web 控件、开发 Web 应用程序的界面、使用 ASP.NET 组件、开发和使用 XML Web Service、配置管理和部署 Web 应用程序、Web 应用程序的安全性；

（4）问题探究（相关理论知识）：Web 应用的理论基础、全球化与本地化、个性化和主题；

（5）知识拓展（选学内容）：性能调优与跟踪检测技术、Web 移动应用开发；

（6）练习：实训习题能结合相关知识点。

9.4.5　课程资源开发与利用

1．学习资料资源

推荐教材：

（1）《ASP.NET 网络程序设计教程》，张恒著，人民邮电出版社，2009-2，ISBN

9787115192707。

（2）《ASP.NET 程序设计实例教程（第 2 版）》，宁云智著，人民邮电出版社，2011-4，ISBN 9787115248701。

推荐参考书：

（1）《ASP.NET 2.0 网站开发全程解析（第 2 版）》，（美）Marco Bellinaso 著，杨剑译，清华大学出版社，2008-5，ISBN 9787302174646。

（2）《ASP.NET 2.0 揭秘》，（美）Stephen Walther 编，人民邮电出版社，2007-10，ISBN 9787115164636。

（3）《Web 应用开发——ASP.NET 2.0》，微软公司著，高等教育出版社，2007-7，ISBN 9787040216387。

2．信息化教学资源

多媒体课件、网络课程、多媒体素材、电子图书和专业网站的开发与利用。

9.5　数据库原理及 SQL 程序设计课程标准

9.5.1　课程定位和课程设计

1．课程性质与作用

《数据库原理及 SQL 程序设计》课程是软件技术专业的专业核心课程，是校企合作开发的基于工作过程的课程，为本专业岗位培养数据库程序设计、软件开发的高技能人才。

本学习领域课程先修课程有《计算机应用基础》，平行学习领域课程有《C#高级程序设计》，后续学习领域课程有《ASP.NET 应用程序开发》等。

2．课程基本理念

本课程开发遵循"设计导向"的现代职业教育指导思想，课程的目标是职业能力开发，课程教学内容的取舍和内容排序遵循职业性原则，课程实施行动导向的教学模式，为了行动而学习、通过行动来学习、校企合作开发课程等。

本课程以软件技术专业学生的就业为导向，根据用人单位对软件技术专业所涵盖的岗位群要进行的任务和职业能力进行分析，以 SQL Server 及数据库管理系统为主线，以本专业应共同具备的岗位职业能力为依据，遵循学生认知规律，紧密结合劳动部职业资格证书中的相关考核项目，确定本课程的工作模块和课程内容。为了充分体现任务引领、实践导向课程思想，将本课程的教学活动分解设计成若干实验项目或工作情景，以具体的项目任务为单位组织教学，以典型实际问题为载体，引出相关专业理论知识，使学生在实训过程中加深对专业知识、技能的理解和应用，培养学生的综合职业能力，满足学生职业生涯发展的需要。

3. 课程设计思路

按照"以能力为本位、以职业实践为主线、以项目课程为主体的模块化专业课程体系"的总体设计要求，该门课程以形成数据库管理能力和利用高级编程语言进行数据库编程能力为基本目标，紧紧围绕完成工作任务的需要来选择和组织课程内容，突出工作任务与知识的联系，让学生在职业实践活动的基础上掌握知识，增强课程内容与职业能力要求的相关性，提高学生的就业能力。

选取项目的基本依据是该门课程涉及的工作领域和工作任务范围，但在具体设计过程中还以数据库系统开发流程与典型的项目为载体，使工作任务具体化，并依据完成工作任务的需要、职业院校学习特点和职业能力形成的规律，确定课程的知识、技能等内容，产生具体的项目模块。依据各项目模块的内容总量以及在该门课程中的地位分配各项目模块的学时数。

9.5.2 课程目标

通过对本学习领域课程的学习，使学生具备成为本专业的高素质技能型人才所必需的数据库系统应用、设计、开发的基本知识和基本技能；使学生能全面掌握数据库开发技术和技能，具备适应职业变化的能力以及继续学习新知识的能力；通过项目的实现，使学生具备良好的综合素质和职业道德，能够吃苦耐劳、爱岗敬业、团结合作。具体目标按职业能力的三个方面进行描述。

1. 专业能力

（1）能进行数据库系统的安装与维护；

（2）能在应用程序开发中设计数据库结构；

（3）会借助 SQL Server 数据库内置的各种工具，进行 SQL 语句编写与调试；

（4）能通过建立索引、约束等实现数据库完整性；

（5）能编写与调用触发器、存储过程处理复杂数据；

（6）能在高级语言中连接、查询、更新数据库；

（7）能够进行数据备份与恢复操作；

（8）能够设计小型系统的数据库。

2. 方法能力

（1）善于发现问题并积极寻求解决问题的方法；

（2）具备良好的自学能力；

（3）能够理论联系实际，自主学习提高；

（4）善于观察、总结规律，积累经验，并在工作中推广应用；

（5）相应的信息收集和应用拓展能力。

3．社会能力

（1）具备良好的协调和沟通能力；

（2）具备耐心细致的工作作风和坚持不懈的精神；

（3）具备良好的职业规范、职业素质及团队合作精神。

9.5.3 课程内容与要求

学习情境规划和学习情境设计如表 9.19 所示。

表 9.19 学习情境规划和学习情境设计

学习情境	情境描述	职业能力（知识、技能、态度）	课时
1．关系数据库的基本理论知识	关系模型 关系模型的定义 完整性约束条件 关系代数 SQL 概述	熟练绘制 E-R 图 能理解关系模型中的概念 能进行关系代数中的运算选择、投影、连接、除 了解 SQL 语句的作用	18
2．宏文软件人事管理系统	在 SQL Server 中建立人事管理数据库，并在此基础上，进行数据库的备份、还原操作，进行表的创建、数据的查询与管理操作，建立索引、触发器、存储过程、视图	会安装和配置 SQL Server 能熟练使用 SQL Server 的基本操作 熟练掌握 SQL 语句	70
3．教学管理系统	分析教学管理系统中表的关系，学习关系数据库中理论知识	会画 E-R 图 理解关系模型中的概念 理解关系模式规范化的作用 掌握函数依赖及其关系范式	6
4．图书管理系统	根据关系数据模式的规范化理论设计图书管理系统	掌握数据库规范化理论 掌握设计数据库的方法和步骤 能设计一个小型数据库系统	6

本课程的学习情境安排如表 9.20 至表 9.32 所示。

表 9.20 学习情境 1

学习情境 1：关系数据库的基本理论知识	参考学时：18

学习目标

1．掌握数据库的相关基本概念

2．掌握 E-R 图的绘制

3．掌握关系模型的定义

4．理解关系的三类完整性约束

5．掌握关系代数的运算

续表

主要学习内容	建议使用的教学方法
1. 数据库技术的发展 2. 数据库的相关基本概念 3. 概念模型的表示方法 4. 数据库的系统结构 5. 关系模型的定义 6. 关系的三类完整性约束 7. 关系代数的运算	讲授法

表 9.21　学习情境 2

学习情境 2：宏文软件人事管理系统	参考学时：24
学习目标	

1. 熟练掌握 SQL Server 的安装、配置、使用 2. 掌握 SQL 语句 3. 熟练索引、视图、触发器、存储过程的建立 4. 培养动手实践的能力	

主要学习内容	建议使用的教学方法
1. SQL Server 的安装与配置 2. SQL Server 数据库管理 3. SQL Server 表管理 4. SQL Server 数据管理 5. SQL Server 数据查询 6. 视图 7. 存储过程 8. 数据库安全	多媒体演示；示例教学； 边讲边学边做

表 9.22　学习情境 2：模块一 SQL Server 的安装与配置

参考学时	4 课时
工作任务	SQL Server 能够正常运行
学习目标	1. 掌握 SQL Server 的安装和配置 2. 理解什么是数据库管理系统
实践技能	安装与配置 SQL Server 系统
知识要点	SQL Server 系统的功能
拓展知识	市面上其他常用数据库管理系统

表 9.23　学习情境 2：模块二 数据库、基本表的设计与修改

参考学习	8 课时
工作任务	1. 绘制 E-R 图 2. 使用 SQL Server 企业管理器建立数据库和表 3. 使用 SQL Server 企业管理器导入其他类型数据库数据 4. 使用 SQL 脚本建立基本表
学习目标	1. 理解关系型数据库模型 2. 理解 E-R 图在数据库设计中的作用 3. 理解数据库的设计原则 4. 能绘制 E-R 图并建立项目中所需的主要基本表 5. 理解数据库中基本数据类型
实践技能	1. 设置表的主键 2. 使用工具查看生成基本表的 SQL 脚本 3. 在 SQL Server 查询分析器中使用 SQL 脚本建立基本表 4. 在 SQL Server 查询分析器中使用模板建立基本表 5. 在 SQL Server 查询分析器中通过模板建立数据库
知识要点	1. 数据库的设计原则 2. SQL Server 中的数据类型 3. E-R 图及其中符号的含义 4. 数据库的数据文件和日志文件及相关属性 5. 字段与记录的关系 6. SQL 语句的基本格式
拓展知识	1. 理解实体与关系的概念 2. 根据需求设计 E-R 图 3. 减少数据的冗余
考核要求	掌握数据库和表的设计，完成数据库中表的设计

表 9.24　学习情境 2：模块三 基本表记录的插入、修改和删除

参考学时	8 课时
工作任务	显示、插入、修改和删除记录
学习目标	1. 能分别用交互方式与命令方式进行数据表中记录的插入、修改和删除 2. 能使用 SQLServer 查询分析器 3. 能编写与执行 SQL 语句 4. 理解数据完整性的概念
实践技能	1. SQL Server 企业管理器 2. SQL Server 查询分析器 3. 用 SQL 语句进行记录的显示、插入、修改和删除操作

续表

知识要点	1. SQL 语句的种类和用途 2. 主键、外键 3. 数据完整性
拓展知识	1. 常用 SQL 语句简介 2. 运算符与条件表达式
考核要求	掌握表的基本操作，能对表进行记录的显示、插入、修改和删除操作

表 9.25　学习情境 2：模块四　查询与视图

参考学时	8 课时
工作任务	1. 查询单一基本表中的记录 2. 找出项目中记录查询语句与输出 3. 构造查询条件表达式 4. 使用视力保存查询语句
学习目标	1. 能实现单一基本表的数据查询 2. 能选择查询结果的输出方式
实践技能	1. 基于企业管理器的查询操作 2. 基于查询分析器的查询操作 3. 将查询保存为视图 4. 字符串处理函数 5. 日期处理函数 6. 分组和聚合函数 7. 其他函数
知识要点	1. 数据库内置函数 2. 视图的作用 3. 筛选与投影
拓展知识	1. 函数的作用和使用方法 2. 对视图进行查询操作
考核要求	掌握查询和视图的创建以及使用

表 9.26　学习情境 2：模块五　索引与约束

参考学时	6 课时
工作任务	1. 建立数据库的约束和索引 2. 应用数据库的约束
学习目标	1. 理解约束和索引在数据库操作中的意义 2. 能根据需要建立相应的约束和索引

续表

实践技能	1. 使用企业管理器建立约束和索引 2. 查看生成的约束和索引的 SQL 脚本
知识要点	1. 约束在保持数据完整性中的作用 2. 建立索引的原理以及存储方式 3. 索引对查询效率的影响
拓展知识	数据完整性
考核要求	掌握表中索引和约束的建立方法以及基本操作

表 9.27　学习情境 2：模块六 多表查询与子查询

参考学时	12 课时
工作任务	1. 实现多表间连接查询 2. 实现单表内连接查询 3. 实现嵌套查询 4. 找出项目中所使用的各种复杂查询
学习目标	1. 能实现多表查询与子查询 2. 理解数据库的规范化
实践技能	1. 多表查询的连接方式 2. 子查询的语句格式 3. 多表连接查询执行结果及其分析
知识要点	1. 子查询中的谓词 2. 多表连接查询和嵌套查询的使用场合和需求分析 3. 主键、外键的作用，加深对 E-R 图的理解 4. 数据库规范化（第一范式、第二范式、第三范式）
拓展知识	带参数的数据查询定义与调用操作
考核要求	掌握多表查询和子查询的方法，能完成对表中数据的查询操作

表 9.28　学习情境 2：模块七 存储过程

参考学时	6 课时
工作任务	1. 创建存储过程 2. 调试存储过程 3. 调用存储过程
学习目标	1. 理解存储过程的作用 2. 会使用模板建立存储过程 3. 会使用存储过程进行数据库的复杂数据操作

实践技能	1. T-SQL 程序的调试 2. 存储过程与用户定义函数调用时的参数传递 3. 触发器的高度和运行结果的观察与分析
知识要点	1. T-SQL 语言中的流程控制结构 2. 单一 SQL 语言、存储过程、触发器和用户定义函数使用场合的比较 3. 复杂数据处理的过程分析
拓展知识	存储过程、用户定义函数和触发器的调试技巧
考核要求	掌握存储过程、触发器的使用，以及用户自定义函数的使用

表 9.29　学习情境 2：模块八 数据库的安全

参考学时	12 课时
工作任务	1. 使用 T-SQL 语言编写 T-SQL 脚本 2. 使用事务实现数据修改的提交与回滚
学习目标	1. 会编写及调用 T-SQL 脚本 2. 能使用流程控制语句、事务与游标等手段实现数据库的数据处理 3. 能按数据处理系统需求，完成数据查询、处理和计算 4. 理解事务与游标在数据处理中的作用
实践技能	1. 创建游标并读取游标中的记录 2. 流程控制语句 3. 事务操作语句
知识要点	1. T-SQL 语言中数据类型与变量的定义和使用 2. 数据库操作的数据处理过程分析
拓展知识	1. 信息系统开发过程中的数据处理需求分析 2. 流程控制语句嵌套
考核要求	掌握使用流程控制语句、事务与游标等手段实现数据库的数据处理的方法

表 9.30　学习情境 2：模块九 数据库管理和维护

参考学时	4 课时
工作任务	1. 登录数据库 2. 设置和操作数据库角色 3. 设置数据库对象的访问权限 4. 备份与恢复数据库 5. 导入与导出数据库中的数据

学习目标	1. 能实现数据库管理、维护的基本操作（包括安全管理、数据库备份和恢复等） 2. 理解数据库管理、维护工作在管理信息系统开发、调试和维护过程中的应用
实践技能	1. 数据库对象的访问权限 2. 数据库用户 3. 根据管理信息系统的用例设计用户、角色和操作权限 4. 使用视图实现安全性 5. 数据库文件的备份、恢复和附加
知识要点	1. 软件工程中的用例设计方法 2. 登录、用户、角色、密码、操作权限的概念和原理 3. 视图在数据库安全方面的作用 4. 数据库备份的原理和过程 5. 数据库恢复的原理和过程
拓展知识	数据库管理和维护操作在管理信息系统开发、调试和维护过程中的应用
考核要求	掌握数据库管理和维护过程中的基本方法

表 9.31　学习情境 3

学习情境 3：教学管理系统	参考学时：6
学习目标	

1. 掌握进行关系规范化的目的
2. 掌握函数依赖相关概念
3. 掌握关系规范化的主要方法

主要学习内容	建议使用的教学方法
1. 关系模式规范化的作用，数据库的相关基本概念 2. 函数依赖 3. 1 范式、2 范式、3 范式、BC 范式	讲授法

表 9.32　学习情境 4

学习情境 4：图书管理系统	参考学时：24
学习目标	

1. 了解数据库设计的内容
2. 掌握数据库的设计步骤
3. 掌握数据库的设计方法
4. 了解数据库系统技术文档的编写

主要学习内容	建议使用的教学方法
1. 数据库设计的目的、意义及内容 2. 软件工程的规范化设计方法 3. 数据库设计分为六个阶段：需求分析、概念结构设计、逻辑结构设计、物理结构设计、数据库实施、数据库运行和维护	讲授法

9.5.4 课程实施

1. 教学条件

（1）软硬件条件。

校内实训基地条件，课程对校内生产性或物理仿真（实物模拟仿真）、半物理仿真（混合仿真）和计算机仿真（数字仿真）实训基地条件的要求，主要配套的教学仪器设备与媒体要求。

校外实训基地及条件要求，工学结合、社会资源等。

网络资源建设，如精品课程网站、网络课程资源等。

（2）师资条件。

对职课教师的职业能力和知识结构的要求。

专职教师和兼职教师组成的具有"双师"结构特点的教学团队要求。

2. 教学方法建议

本课程是一门理论和实践并重的课程。对于理论部分主要采用讲授法、项目教学法、任务驱动法；实践部分主要采用项目教学法、任务驱动法、讲授法、情境教学法、实训作业法等。

3. 教学评价、考核要求

本课程考核类别为考试，采用笔试的形式。考试成绩占本课程成绩的60%；平时成绩（含考勤、实践性环节）占本课程成绩的40%（其中考勤占本课程成绩的50%，实践性环节占本课程成绩的50%）。

4. 教材编写

教材编写要体现项目课程的特色与设计思想，教材内容体现先进性、实用性，典型项目的选取要科学，体现产业特点，具有可操作性。其呈现方式要图文并茂，文字表述要规范、正确、科学。

教学要采取项目教学法，以工作任务为出发点激发学生的学习兴趣，教学过程中要注重创设教育情境，采取理论实践一体化教学模式，要充分利用挂图、投影、多媒体等教学手段。

采取阶段评价和目标评价相结合，理论考核与实践考核相结合，学生作品的评价与知识点考核相结合。

充分利用课堂实验，确保学生对知识的灵活应用。

本门课程理论较多，要多通过实践来掌握理论，采用项目教学的方法，提高学生对知识的掌握水平。

9.5.5 课程资源开发与利用

1. 学习资料资源

推荐教材：《数据库系统原理及 SQL Server 教程》，王路群主编，人民邮电出版社，2006-12，ISBN 9787115153280。

推荐参考书：

（1）《数据库原理与应用——SQL Server 2000》，仝春灵，沈祥玖主编，中国水利水电出版社，2003-8，ISBN 9787508415515。

（2）《关系数据库与 SQL Server 2008》，龚小勇主编，机械工业出版社，2013-6，ISBN 9787111418009。

（3）《数据库系统实验指导和习题解答》，苗雪兰等，机械工业出版社，2004-1，ISBN 9787111136497。

（4）《数据库系统概述（第三版）》，萨师煊，王珊编著，高等教育出版社，2002-1，ISBN 978704007494X。

（5）《数据库系统导论（第 7 版）》，原著 C. J.Date，机械工业出版社，2000-10，ISBN 9787111078861。

2. 信息化教学资源

校级精品课程网站：http://www.whvcse.com/jpindex.asp?nid=651。

9.6 Java 高级程序设计课程标准

9.6.1 课程定位和课程设计

1. 课程性质与作用

课程的性质：本课程属软件技术专业的一门必修主干课程。

课程的作用：本课程以企业人才标准作为培养目标，以培养学生软件开发的应用能力和基本素质为主线，围绕着 Java 应用程序开发的基本理论和知识进行学习，使学生掌握 Java 应用程序设计的编程规范、设计思想和技术，为后续课程打下良好的基础，为武汉及周边地区 IT 行业培养合格的 Java 软件工程师。

在整个课程体系中，本课程处于承上启下的关键位置。《Java 高级程序设计》前导课程有《Java 初级程序设计》等。后续课程主要是 J2EE 类课程和实训类课程。

2. 课程基本理念

本课程以专业能力培养为主线，兼顾社会能力、方法能力培养的设计理念，着重发展学生的实践技能。整个课程的教学设计紧紧围绕高技能人才培养的目标展开，选取实际的企业项目作为学习载体，以项目的开发过程为主线，将知识的讲解贯穿于项目的开发过程中，随着项目的进展来推动知识的扩展。根据开发过程中需要的知识与技能规划教学进度，组织课堂教学，确定学生实训任务。在循序渐进完成项目开发的同时实现教学目标，做到学习与工作的深度融合。

3. 课程设计思路

以"项目导向，任务驱动"的教学模式为主，通过引入企业代表性项目，以项目的开发过程为主线，贯穿于每个知识点的讲解，随着项目的不断拓展来推动整个课程的进展。对于每个知识点的讲解采用以实际工作中软件开发的过程和步骤为出发点，采用"五步"教学法，整个教学过程分为任务描述、计划、实施、检测、评价五大步骤，分别对应软件开发的需求分析、设计、编码、测试、验收五个工作环节。使学生在学习过程中自然而然地了解程序开发的步骤和流程，为将来参加实际工作进行项目开发打下良好的基础。同时通过采用"教、学、做"三位一体的教学法，教师边示范、边讲解、边提问，学生边做、边学、边思考，从而实现在做中教，在做中学，提高学生的实践能力和专业水平。

9.6.2 课程目标

通过对本学习领域的学习，让学生掌握 Java 语言的语法和编程规范，在项目实战中培养学生的编程能力、程序调试能力、团队合作与沟通能力、自主学习与创新能力，为今后学习 J2EE 编程技术和从事软件编程工作奠定坚实的基础。

具体职业能力目标按以下三个方面进行描述：

1. 专业能力

（1）理解面向对象的思想，掌握面向对象的分析与设计方法；

（2）掌握 Java 异常处理；

（3）掌握 Java 的图形用户界面的实现；

（4）掌握 Java 多线程编程；

（5）掌握 Java 输入输出编程；

（6）掌握 Java 的数据库编程；

（7）具有基本编程能力，能用 Java 语言解决实际问题。

2．方法能力

（1）培养分析问题、解决问题的能力；

（2）培养知识的融会贯通和举一反三的能力；

（3）培养动手实践能力；

（4）培养自主学习和创新能力。

3．社会能力

（1）遵纪守法，爱岗敬业，具有良好的职业道德和职业形象；

（2）具有严谨科学的作风和踏实的工作态度，积极的求知欲和进取心；

（3）具有自觉的规范意识和团队精神，并具有良好的沟通和交流能力；

（4）身心健康，能精力充沛地工作；

（5）思维敏捷，反应速度快。

9.6.3　课程内容与要求

学习情境规划和学习情境设计如表 9.33 所示。

表 9.33　学习情境规划和学习情境设计

学习情境	情境描述	职业能力（知识、技能、态度）	课时
1．"记事本"系统	构建记事本的基本页面 构建菜单栏、工具栏 处理各种组件上的事件 对文件进行读写操作	AWT 中的基本 GUI 组件、基本布局 菜单栏、工具栏的使用 事件授权模型 复杂的 GUI 组件、I/O 处理	20
2．"信息管理"系统	构建基本的信息管理系统布局 构建系统的多个页面，并能够响应各种事件 访问数据库，对数据进行读写操作	Swing 中的简单组件应用，复杂的布局方式的应用 Swing 表格组件等复杂组件的应用，多种事件处理的方法 JDBC 的应用，数据访问的异常处理	20
3．"信息管理"系统	构建客户端界面 客户端事件处理 构建服务器端界面 服务器事件处理 访问数据库	Swing 组件的应用 网络编程，网络访问过程中的异常处理，多线程编程的应用 网络编程，多线程编程的应用 JDBC 的应用，数据访问的异常处理	30

9.6.4　课程实施

1．教学条件

（1）软硬件条件。

校内实训基地要求配备有：Intel 及其兼容计算机，Pentium1GHz 或者更高处理器；1GB 内存计算机的机房。

校外实训基地要求企业提供实训场所、实习指导和管理，并由企业技术人员担任实训指导教师。

要求提供案例库；电子教材；学习网站等网络资源。

（2）师资条件。

教师队伍要求年龄层次清晰，梯队结构合理，要求教师教学经验丰富，具有较强的创新精神，要求具有"双师"结构的特点。教学团队要求由专职教师和兼职教师组成。

2. 教学方法建议

拥有先进的教学理念和教学方法是课程教学的重要保证。要采用先进的教学方法，充分利用现代化的教学方法和手段，以确保教学质量的提高。

（1）"项目驱动"教学法。

在讲解知识点之前，通过一个实际的项目，引出知识点。为了解决项目的问题，讲解知识点，提高学生兴趣。

（2）分层实践教学法。

始终坚持以技术应用为本位、以学生为主体的教育思想，把提高学生的技术应用能力放在重要位置，实行层次化分阶段的实践能力培养方法是实现这一目标的有效手段。

（3）与职业认证结合的教学法。

教学中贯穿计算机等级考试的要求，课程考核内容来源于等级考试试题库。与职业认证的结合，让学生的学习更具有目的性和学习动力。

（4）问题引导法。

教师在课堂上提出问题，引导学生分析问题，最后达到解决问题的目的。这种教学方法以问题的设计和回答为主要形式，实施要点是教师引导学生去分析问题、解决问题这一探究过程。

（5）案例教学法。

围绕一定的目的，把实际中真实的情景加以典型化处理，形成供学员思考分析和决断的案例，通过独立研究和相互讨论的方式，来提高学员的分析问题和解决问题的能力。

（6）角色扮演法。

角色扮演是一项参与性的活动，可以充分调动学生参与的积极性，为了获得较高的评价，学生通常会充分表现自我，施展自己的才华。角色扮演是在模拟状态下进行的，为学生提供了广泛地获取多种工作经验，锻炼能力的机会。在角色扮演过程中，需要角色之间的配合、交流与沟通，能够培养学生的集体荣誉感和团队精神。

3. 教学评价、考核要求

课程的评价是根据课程标准的目标和要求，实施对教学全过程和结果的有效监控。采用形成性评价与终结性评价相结合的方式，既关注结果，又关注过程。其中形成性评价注重平时表现和实践能力的考核。主要根据学生完成每个学习情境的情况，结合平时表现，进行综合评分。评分标准如表 9.34 所示。

表 9.34　评分标准

评价指标		所占比例（%）
课程的参与度	出勤情况	5
	回答问题的情况	5
	书面作业的完成情况	10
实践任务的质量	课堂实践完成的质量	15
	参与交流的次数	5
期末考试	期末考试	60
总评成绩		100

4. 教材编写

（1）教学目标：培养学生进行 Java 应用程序开发的职业核心能力；

（2）工作任务：通过对本课程的学习，使学生掌握创建 Java 应用的相关技能，了解 Java 应用程序开发的工业过程，并能够独自完成企业级的常规 Java 应用程序的开发；

（3）实践操作（相关实践知识）：Java 应用程序开发；

（4）问题探究（相关理论知识）：Java 应用的理论基础、全球化与本地化、个性化和主题；

（5）知识拓展（选学内容）：性能调优与跟踪检测技术；

（6）练习：实训习题能结合相关知识点。

9.6.5　课程资源开发与利用

1. 学习资料资源

推荐教材：《Java 高级程序设计》，王路群著，中国水利水电出版社，2009-2，ISBN 978-7-5084-3907-5。

推荐参考书：

（1）《Java 程序设计》，鲁辉著，地质出版社，2008-5，ISBN 9787116048618。

（2）《Java 编程思想》，（美）Bruce Eckel 编，机械工业出版社，2007-10，ISBN 9787111213826。

2. 信息化教学资源

多媒体课件、网络课程、多媒体素材、电子图书和专业网站的开发与利用。

9.7 Java EE 轻量级框架开发课程标准

9.7.1 课程定位和课程设计

1. 课程性质与作用

课程的性质：本课程是软件技术专业的专业核心课程，是校企合作开发的基于工作过程的课程。

课程的作用：本课程在专业人才培养过程中的第四学期开设，通过课程学习让学生掌握 Java EE 轻量级框架 Struts2 的应用。

与其他课程的关系：前导课程包括《网页制作》、《Java 高级程序设计》、《Web 应用程序设计基础—JSP》、《数据库原理及 SQL Server 程序设计》。

2. 课程基本理念

课程开发以学生为主体，能力为本位，就业为导向，遵循"设计导向"的现代职业教育指导思想，突出课程的职业性、实践性和开放性，紧紧盯住产业需求。课程教学内容的取舍和内容排序遵循职业性原则，课程实施采用行动导向的教学模式，为了行动而学习，通过行动来学习。

3. 课程设计思路

主要指课程设计的总体思路：基于工作过程的课程设计，工作任务的结构模式，课程内容依据任务完成的需要、学生的认知特点和相应职业资格标准来确定。

将组成课程的每一教学单元的知识、技能和态度，尽量按照相应的专项能力在实际职业工作中出现的频度、内容的难度和要求掌握的程度进行排序。排序的原则是：将专项能力中频度高和要求掌握程度高者所对应的教学单元确定为教学中的重点内容，低的转化为一般要求；将难度高的专项能力所对应的教学单元定为教学中的难点。针对行业生产特点，以真实自动化项目为导向整合、序化教学内容。

9.7.2　课程目标

课程工作任务目标：经过课程学习，学生应该能够完成基于 Struts2 的用户管理功能。要求学生能够正确理解 Struts2 的运行机制，包括加载类的原理、配置文件的读取、Action 请求的派发、拦截器的运用、响应的处理等。除了技能上的要求外，学生还应该具备一定的团队开发能力，小组成员能够进行分工合作共同完成指定的功能。

职业能力目标从以下三个方面进行描述：

1．专业能力

（1）具备功能模块分析的能力；

（2）使用各种数据类型及基本数据存储的能力；

（3）使用 Struts2 框架完成项目界面的能力；

（4）使用 Struts2 框架完成项目查询模块的能力；

（5）使用 Struts2 框架完成添加系统用户的能力；

（6）使用 Struts2 框架完成修改系统用户的能力；

（7）使用 Struts2 框架完成删除系统用户的能力。

2．方法能力

（1）具备基本程序设计的实际工作经验；

（2）具备程序设计的工作过程性知识；

（3）能够理论联系实际，自主学习提高；

（4）善于观察、总结规律，积累经验，并在工作中推广应用；

（5）相应的程序设计方法和应用拓展能力。

3．社会能力

（1）具备良好的协调和沟通能力；

（2）具备严谨细致的工作作风；

（3）具备良好的职业规范、职业素质及团队合作精神。

9.7.3　课程内容与要求

学习情境规划和学习情境设计如表 9.35 所示。

表 9.35 学习情境规划和学习情境设计

学习情境	情境描述	职业能力（知识、技能、态度）	课时
1．搭建开发环境	初学者学习了解 Struts2 的基本概念后，在开发工具中搭建 Struts2 的基本运行环境，运行一个简单的 Hello world 程序	Struts2 基础概念 开发环境搭建 沟通学习能力 理论联系实际能力	6
2．项目 MVC 架构搭建	初学者了解 Struts2 的基本原理后，在开发环境中能够使用 Struts2 进行 MVC 的程序流程控制	Struts2 运行原理 开发环境搭建 沟通学习能力 理论联系实际能力	10
3．前台界面设计	初学者了解 Struts2 的表单控件，在开发环境中能够使用表单控件生成系统需要使用的各种界面原型	Struts2 表单控件 开发环境搭建 沟通学习能力 理论联系实际能力	16
4．浏览用户功能模块设计实现	具备 Struts2 基本知识的学生根据数据库结构完成浏览用户的功能	Struts2 运用 沟通学习能力 理论联系实际能力 程序设计能力 团队协作能力	8
5．添加用户功能模块设计实现	具备 Struts2 基本知识的学生根据数据库结构完成添加用户的功能	Struts2 运用 沟通学习能力 理论联系实际能力 程序设计能力 团队协作能力	8
6．查看用户详细信息功能模块设计实现	具备 Struts2 基本知识的学生根据数据库结构完成查看用户详细信息的功能	Struts2 运用 沟通学习能力 理论联系实际能力 程序设计能力 团队协作能力	8
7．修改用户信息功能模块设计实现	具备 Struts2 基本知识的学生根据数据库结构完成修改用户信息的功能	Struts2 运用 沟通学习能力 理论联系实际能力 程序设计能力 团队协作能力	8
8．删除用户信息功能模块设计实现	具备 Struts2 基本知识的学生根据数据库结构完成删除用户信息的功能	Struts2 运用 沟通学习能力 理论联系实际能力 程序设计能力 团队协作能力	8

9.7.4 课程实施

1. 教学条件

（1）软硬件条件。

校内实训基地条件，课程对校内生产性或物理仿真（实物模拟仿真）、半物理仿真（混合仿真）和计算机仿真（数字仿真）实训基地条件的要求，主要配套的教学仪器设备与媒体要求。

校外实训基地及条件要求，工学结合、社会资源等。

网络资源建设，如精品课程网站、网络课程资源等。

（2）师资条件。

对任课教师的职业能力和知识结构的要求。

专职教师和兼职教师组成的具有"双师"结构特点的教学团队要求。

2. 教学方法建议

针对具体的教学内容和教学过程需要，可采用项目教学法、任务驱动法、讲授法、角色扮演法、案例教学法、情境教学法、实训作业法等相结合的教学方法。

3. 教学评价、考核要求

课程的评价应根据课程标准的目标和要求，实施对教学全过程和结果的有效监控。采用形成性评价与终结性评价相结合的方式，既关注结果，又关注过程，使对学习过程和学习结果的评价达到和谐统一。

其中形成性评价注重平时表现和实践能力的考核。平时考核成绩根据学生完成每个学习情境的情况，进行综合评分。

平时成绩包括平时上课的表现和各任务的完成情况，占总成绩的 40%；最终考核成绩所用考核方式为机考，占总成绩的 60%。考核题目为学习情境中的同类型任务之一，根据考核题目任务完成情况给出成绩。

4. 教材编写

（1）教学目标：培养学生进行 Struts2 应用程序开发的职业核心能力；

（2）工作任务：通过对本课程的学习，使学生掌握创建 Struts2 应用的相关技能，了解 Struts2 应用程序开发的工业过程，并能够独自完成企业级的常规 Struts2 应用程序的开发；

（3）实践操作（相关实践知识）：Struts2 数据访问与表示、开发 Struts2 应用程序的界面、开发和使用 Struts2 拦截器、配置管理和部署 Struts2 应用程序；

（4）问题探究（相关理论知识）：Struts2 应用的理论基础、全球化与本地化、个性化和主题；

（5）知识拓展（选学内容）：性能调优与跟踪检测技术、Struts2 Ajax 应用开发；

（6）练习：实训习题能结合相关知识点。

9.7.5 课程资源开发与利用

1. 学习资料资源

推荐教材：《轻松掌握 Struts2》，郝玉龙，迟健男著，清华大学出版社，2010-7，ISBN 9787512101340。

推荐参考书：

（1）《基于 Struts2+Hibernate+Spring 实用开发指南》，高洪岩著，化学工业出版社，2010-5，ISBN 9787122080967。

（2）《Struts2 实战》，马召译，人民邮电出版社，2010-2，ISBN 9787115219336。

2. 信息化教学资源

多媒体课件、网络课程、多媒体素材、电子图书和专业网站的开发与利用。

9.8　Web 应用系统开发（JSP）课程标准

9.8.1 课程定位和课程设计

1. 课程性质与作用

课程的性质：《Web 应用系统开发（JSP）》课程是软件技术专业的核心课程，是校企合作开发的基于工作过程的课程，属 IT 技术的编程系列课程。

课程的作用：通过学习本门课程，使学生了解软件信息系统项目开发的基本流程，能够综合运用 Java 语法知识、数据库设计知识、UML 建模技术、MVC 设计框架，同时结合 Java Web 中其他相关技术，如 HTML、CSS、JavaScript、Ajax、JSTL、JDBC、XML、Hibernate、Spring 等开发小型项目，为训练学生基于 Java EE 平台下的综合技能提供了良好的实践教学平台。

本学习领域主要定位于培养学生的 Web 项目开发技能和作为一个程序员的职业素养，为武汉及周边地区 IT 行业培养合格的 Java 软件工程师。

本学习领域先修学习领域：《Java 高级程序设计》、《数据库原理及 SQL 程序设计》、《Web 应用程序设计基础——JSP》。

2. 课程基本理念

《Web 应用系统开发（JSP）》是一门实践性很强的课程，课程最终的目的是能够开发 Web 应用项目。

（1）准确定位，确定明确的培养目标。

本课程以企业需求为导向，以培养学生的实际技能为目标，针对 Web 应用开发领域，明确课程目标及定位。将课程定位为突出技术实用性与再学习能力的培养。通过本课程的学习，使学生具有作为程序员所应具备的职业素质，启发学生的创新意识，提高学生的程序设计能力和开发能力。

（2）在教学内容、教学方式、考试方式的组织上，既要求学生掌握最基本的语法知识，又要求学生具有实际上机操作和调试能力。

（3）教学过程中积极推行"项目导向，任务驱动"的教学模式。

以"工学结合"为切入点，精选真实项目，提炼出以职业能力培养为特色的教学内容，突出技术实用性。充分考虑高职学生认知能力，对每个知识点的讲解采用"任务驱动+启发式教学"的方法，通过"提出任务→分析任务→完成任务→边学边做→总结"的过程，体现出互动创新、提倡个性、重在应用、团结协作的教学风格，有效地提高了学生的实践能力和职业素质。

（4）改革课程考核方式，注重过程考核和能力考核。

改革考试考核方式，注重对动手能力的考核。除了采用常规考试之外，还设计了上机考试、实习实训考试、答辩式考试等多种不同的方法，努力做到"概念理解和实际操作相结合，知识掌握和能力培养相结合"的考核模式，突出过程考核和能力考核。

3. 课程设计思路

（1）设计理念。

本学习领域以专业能力培养为主线，兼顾社会能力、方法能力培养的设计理念，着重发展学生的实践技能。整个课程教学设计紧紧围绕高技能人才培养的目标展开，选取一个实用常见的任务作为学习载体，以任务的开发过程为主线，将知识的讲解贯穿于任务的开发过程中，随着任务的进展来推动知识的扩展。根据开发过程中需要的知识与技能规划教学进度，组织课堂教学，确定学生实训任务。在循序渐进完成任务开发的同时实现教学目标，做到学习与工作的深度融合。

（2）内容组织。

在课程内容的选择上，遵循学生职业能力培养的基本规律，以教学管理平台为教学载体，采用"项目驱动"的教学方式，边讲解边编写程序的模式，科学地设计了学习情境。通过学习情境的构建将传统的教学内容进行重构、重组，并融入到任务开发的过程中，随着情境的进展，知识由易到难，能力的培养由窄到宽，课程内容和任务开发内容相一致，理论与实践一体化。同时，为了适应行业发展的需要，适度提升课程内容的深度和广度，为学生可持续发展奠定良好的基础。

（3）课程设计安排。

课程设计安排如表 9.36 所示。

表 9.36　课程设计安排

项目名称	目的和要求	主要内容	教学环境	检验形式	学时数	支撑项目的知识点
教学管理平台	实践完整 Web 应用开发过程	需求捕获 分析业务模型 需求建模 Web 应用架构设计 数据库设计实现 Web 应用编码实现 测试并部署 Web 应用	综合课程实训室	项目答辩	51	数据库设计与实现；基于 JSP/Servlet 技术、MVC 设计模式的的 Java Web 应用设计与实现

9.8.2　课程目标

课程工作任务目标：学生能用规范的 Java 编码技术实现软件系统模型，能以个体或团队协作的形式开发小型项目，了解项目开发全过程，充分运用与 Java Web 开发相关的各种编码技术，熟练使用 Java 开发工具，熟练运用 Java 软件开发技能及技巧。

本课程职业能力目标如表 9.37 所示。

表 9.37　职业能力目标

专业能力	方法能力	职业素质
需求获取能力 需求分析能力 软件开发需求文档书写能力 基本软件设计能力 文档阅读能力 Hibernate 数据库编码能力 Spring 编码能力 Ajax 编码能力	延伸学习 制定计划 管理控制 交流学习 独立思考 开拓创新 分析判断 比较评价 综合应用	团队协作 沟通交流 工作责任心 职业道德观 服务意识 保密意识

9.8.3 课程内容与要求

学习情境规化和学习情境设计如表 9.38 所示。

表 9.38 学习情境规化和学习情境设计

学习情境	情境描述	职业能力（知识、技能、态度）	课时
1. 获取需求愿景	制定需求会谈计划 需求获取与整理 掌握需求获取阶段的工作计划制定 理解交流与沟通在工作中的作用 掌握访谈记录的抽象与整理能力	基本逻辑分析能力 信息收集能力 交流与沟通技巧	10
2. 需求分析	根据愿景文档绘制用例图 根据愿景文档编写需求规格说明书 对需求愿景文档理解能力 掌握用例图的绘制 掌握需求规格说明书的编写	基本逻辑分析能力 绘制用例图 语言组织能力	10
3. 系统设计	概要设计 详细设计 掌握数据库建模技巧 掌握文档到模型的抽象过程 掌握面向对象建模技巧 掌握建模图形绘制方法 掌握功能设计方法	基本逻辑分析能力 数据库建模能力 面向对象建模能力 常用开发语言基础 功能数据流向分析能力 功能时序图分析能力 常用开发语言基础 MVC 设计思想	15
4. 数据访问层编码与单元测试	数据访问层编码 数据访问层单元测试 掌握数据库基础知识 掌握 JDBC 编程 掌握预处理编程 掌握 Hibernate 编程 掌握 JUNIT	JDBC 编程能力 Hibernate 数据库访问能力 SQL 基础知识 单元测试 JUNIT 测试案例设计	10
5. 控制层编码与单元测试	控制层编码 控制层单元测试 掌握 Spring 编程 掌握 JUNIT	Spring 编程能力 单元测试 JUNIT 测试案例设计	10
6. 自动化测试	自动化测试 掌握功能测试软件 掌握测试用例设计	功能测试软件使用 性能测试软件使用 测试用例设计	10
7. 课程设计	完成教学管理平台中指定子模块		51

9.8.4 课程实施

1. 教学条件

（1）软硬件条件。

本课程所属软件技术专业为省级教育教学改革试点专业、中央财政支持的高等职业教育实训基地、省高等职业教育实训基地、"楚天技能名师"设岗专业、省高等学校教学团队。软件技术专业构建了"工学交替"、"课堂与项目部"一体化的人才培养模式，带动了其他专业的人才培养模式改革。

（2）师资条件。

对任课教师的职业能力和知识结构的要求：任课教师能将课程体系、教学内容与企业对应岗位直接对接，实现企业开发团队与实际项目应用于教学过程，课程学习与项目开发实训合二为一。

专职教师和兼职教师组成的具有"双师"结构特点的教学团队要求：专职教师100%为双师素质教师，专兼结合的教学团队中包含软件企业研发一线的行业专家，直接承担专业课程的实践教学，成为专业教学团队的重要组成部分，教学团队成员80%同时具备学院讲师、企业工程师双重资格。

2. 教学方法建议

以"项目导向，任务驱动"的教学模式为主，通过引入实用的任务，以任务的开发过程为主线，贯穿于每个知识点的讲解，随着任务的不断拓展来推动整个课程的进展。对于每个知识点的讲解采用以实际工作中软件开发的过程和步骤为出发点，采用"五步"教学法，整个教学过程分为任务描述、计划、实施、检测、评价五大步骤，分别对应软件开发的需求分析、设计、编码、测试、验收5个工作环节。使得学生在学习的过程中自然而然地了解程序开发的步骤和流程，为将来参加实际工作进行项目开发打下良好的基础。同时通过采用"教、学、做"三位一体的教学法，教师边示范、边讲解、边提问，学生边做、边学、边思考，从而实现在做中教，在做中学，提高学生的实践能力和专业水平。

3. 教学评价、考核要求

（1）本课程考核类别为考试，采用机考的形式。

（2）总评成绩的计算。

考试成绩60%；平时成绩40%（含出勤20%和课内实验20%）。

【课程设计】

内容：学生根据选题完成一个完整的 Web 应用项目，即业务建模→分析需求（需求建模）→系统分析→系统设计→系统的物理实现。

目的：掌握 Web 应用开发方法；了解软件开发全过程；熟练使用相关工具软件；锻炼学生综合运用所学知识与技术的能力。

学习课程考核评价标准和教学效果评价分别如表 9.39 和表 9.40 所示。

表 9.39　学生课程考核评价标准

评价等级	典型工作任务完成情况	专业技能标准	综合素质体现	备注
A（100～90）	项目功能达到验收标准，文档详细准确	能按照软件开发生命周期的要求进行开发；代码清晰；框架运用正确；功能实现完整；技术运用全面	学生体现出很强的自主学习能力；具有一定的创新精神	建议将项目组验收与学生自评相结合，通过取均值给出等级
B（89～70）	项目功能基本达到验收标准、文档基本准确	能按照软件开发生命周期的要求进行开发；代码清晰；使用框架；基本功能实现	学生具有自主学习能力；有一定的团队协作精神；对所学知识融会贯通使用	
C（69～60）	项目基本达到验收标准，文档规范性不符合要求	能基本按照软件开发生命周期的要求进行开发；各个阶段会应用建模技术；基本功能实现	有一定的自主学习能力；对所学知识融会贯通使用	
D（59～0）	项目达不到验收标准	不能按照软件开发生命周期的要求进行开发；基本功能没有实现		

表 9.40　教学效果评价

教学效果等级	标准	
	学生合格率	学生优秀率
优秀	90%以上	30%以上
良好	80%以上	20%以上
合格	70%以上	5%以上
不合格	低于70%	5%以下

4. 教材编写

（1）教学目标：培养学生进行 Web 应用程序开发的职业核心能力；

（2）工作任务：通过对本课程的学习，使学生掌握创建 Web 应用的相关技能，了解 Web 应用程序开发的工业过程，并能够独自完成企业级的常规 Web 应用程序的开发；

（3）实践操作（相关实践知识）：数据访问与表示、Web 状态管理、Web 认证与授权、开发 Web 应用程序的界面、开发和使用 XML Web Service、配置管理和部署 Web 应用程序、Web 应用程序的安全性；

（4）问题探究（相关理论知识）：Web 应用的理论基础、全球化与本地化、个性化和主题；

（5）知识拓展（选学内容）：性能调优与跟踪检测技术、Web 移动应用开发；

（6）练习：实训习题能结合相关知识点。

9.8.5　课程资源开发与利用

学习资料资源

推荐教材：《Java Web 应用程序设计》，栗菊民编著，机械工业出版社，2007-8，ISBN 9787111220268。

推存参考书：

（1）《精通 JSP-Web 开发技术与典型应用》，张新曼编著，人民邮电出版社，2007-2，ISBN 9787115138354。

（2）《JSP 应用开发详解（第三版）》，刘晓华，张健，周慧贞编著，电子工业出版社，2007-1，ISBN 9787121028425。

第 10 章　计算机网络技术专业课程标准

10.1　高级路由与交换技术课程标准

10.1.1　课程定位和课程设计

1. 课程性质与作用

课程的性质：本课程是计算机网络技术专业的专业核心课程，其主要任务是培养学生使用 GNS3 平台来规划和配置适合大型计算机网络的能力，使学生了解计算机网络技术的应用领域，掌握配置路由器和交换机的高级技术，达到高素质劳动者和商务级专门人才所必需具备的大型网络规划和配置核心知识的基本技能，并为就业和继续学习的打下良好的基础。

课程的作用：本课程在与实际计算机网络规划过程高度仿真的"教、学、做"一体化的情境教学中，使学生学习并掌握大型网络规划的过程、配置路由器和交换机高级技术的使用方法、模块化网络的搭建配置与测试等操作技术，达到网络规划设计师岗位、网络维护岗位的技术水平。学生通过对大型计算机网络规划和配置工作过程的实践，积累解决实际问题的工作经验并学习深入的专业理论知识，本课程对学生职业能力培养和职业综合素质培养起重要的支撑作用。

本课程主要学习使用 GNS3 平台，规划和配置高级路由与交换技术，其先导课程为《计算机网络基础》、《网络互联技术》。

2. 课程基本理念

"设计导向"的职教观：课程开发遵循"设计导向"的现代职业教育指导思想，课程的目标是职业能力开发，课程教学内容的取舍和内容排序遵循职业性原则，课程实施"行动导向"的教学模式是为了行动而学习、通过行动来学习等。在模拟实际项目的过程中，培养学生独立处理问题的能力、综合能力、团队协作能力，使学生不仅具有技术适应能力，而且有能力"本着对社会、经济和环境负责的态度，参与设计和创造未来的技术和劳动世界"。

"过程导向"的课程观：本课程开发的关键是从大型网络规划和配置职业工作出发选择课程内容及安排教学顺序。课程要回归社会职业，建设以岗位典型工作过程逻辑为中心的行动体系课程，强调的是获取自我建构的隐性知识——过程性知识，主要解决"怎么做"（经验）和"怎么做更好"（策略）的问题。按照从理论到实践再回归理论的顺序组织每一个知识点，学生通过理论掌握技术，通过项目应用来加深对技术的掌握，最后总结对该理论的理解以提高水平。

"行动导向"的教学观：课程教学遵循"案例、分析、讲解、演示、实训、评估"这一"行动"过程序列；在基于职业情境的学习过程中，通过师生及生生之间的互动合作，学生在自己"做"的实践中，掌握职业技能和实践知识，主动建构真正属于自己的经验和知识体系。课程强调"为了项目工作而学习"和"通过项目工作来学习"，工作过程与学习过程相统一。学生作为学习的行动主体，在解决职业实际问题时应具有独立地计划、实施和评估的能力。

"能力本位"的质量观：课程的目标是职业能力开发，通过工作过程系统化课程学习，使学生在个人实践经验的基础上，完成从初学者到胜任大型网络规划设计师、网络维护岗位人才的职业能力发展。要培养学生成为社会需要的网络技术专业的"岗位人"和"职业人"，更要成为能生存能发展的"社会人"和能参与中外合作的"国际人"。学生不仅要获得就业实用的职业技能和职业资格，更要获得内化的职业能力，在今后变动的职业生涯中有能力不断获得新的职业技能和职业资格，创造更广阔的发展空间。

"终身学习"的教育观：本课程要把学生变成自己教育自己的主体，而教师从传授者变为引导者，教师是《高级路由与交换技术》学习过程的组织者和协调人。重视学生的学习权，使"教学"向"学习"转换。改变传统的以"教"为中心的教学方法，做到以"学"为中心，让学生在自己"动手"的实践中，建构属于自己的经验和知识体系，适应计算机网络技术的不断更新，具有终身学习的能力。

3. 课程设计思路

典型任务确定学习内容：与计算机网络一线实践专家进行研讨，以网络设计师、网络管理员在岗需要完成的典型工作任务确定学习内容。

任务驱动引领教学：以任务引领教学，在完成项目任务的过程中，实现理论与实践一体化和相关的多学科知识一体化。

工学结合实施情境教学：基于大型网络规划和配置工作过程，设计教学情境，以企业真实项目为载体，基于实际工作过程实施教学，课程强调"为了项目工作而学习"和"通过项目工作来学习"。学生在课程结束后可直接在企业就业或校外实习基地进行顶岗实习，实现学生零距离就业。

多元能力考核：建立科学的考核制度，改变过去老师一人评价的"一言堂"制度，建立以学生为中心的综合评价模式，包括自我评价、成果呈现、学生互评、师生互评等多种形式。将课程考核与企业招聘面试融合在一起，形成课程与招聘一体的多元能力考核评价体系。

10.1.2　课程目标

依据企业职业岗位需求和专业培养目标，确定本课程的培养目标为：通过课程学习，使学生掌握组建大型计算机网络和相应配置路由器交换机的技术，在职业技能上达到熟练组建和配置大型计算机网络、配置路由器和交换机的要求，同时，将自学能力和兴趣的培养全面贯穿于教学全过程，培养学生的综合职业素质。

职业能力目标从以下三个方面进行描述：

1．专业能力

（1）掌握课程中所介绍的有关的网络基本术语、定义和功能，掌握相关操作的要求和技巧，掌握主流网络技术的使用方法，在今后的学习和工作中应能较熟练地应用这些技术元素。

（2）能够对解决同一问题的不同方法进行区别与总结。

（3）对最新网络设计技术和路由器交换机的性能发展有所了解。

2．方法能力

（1）通过理论实践一体化课堂学习，使学生获得较强的实践动手能力，使学生具备必要的基本知识，具有一定的资料收集整理能力、技术学习和迁移能力、实施工作计划和自我学习的能力。

（2）通过该课程各项实践技能的训练，使学生经历基本的工程技术工作过程，形成尊重科学、实事求是、与时俱进、服务未来的科学态度。

（3）在教学实训过程中，注重培养学生发现问题和解决问题的能力。养成勤思考，勤总结的好习惯。

培养学生提出问题、独立分析问题、解决问题和技术创新的能力，使学生养成良好的思维习惯，掌握基本的思考与设计的方法，使其在未来的工作中敢于创新、善于创新。

3．社会能力

（1）对所从事工作和所专注的领域充满热情。

（2）有较强的进取心和解决问题的决心。

（3）具有实事求是的科学态度，乐于通过亲历实践检验、判断各种技术问题。

（4）善于和同学讨论，敢于提出与别人不同的见解，也勇于放弃或修正自己的错误观点。

10.1.3　课程内容与要求

学习情境安排及课时分配如表 10.1 所示。

表 10.1　学习情境安排及课时分配表

学习领域	学习情境	子学习情境	分配学时（H）	学习环境
高级路由与交换技术	情境一：网络规划和交换机工作原理	网络规划	2	GNS3
		交换机工作原理	2	GNS3
	情境二：VLAN、Trunk 和 VTP	VLAN 和 Trunk	2	GNS3
		VTP	2	GNS3
	情境三：聚合交换机链路	聚合交换机链路	2	GNS3
	情境四：传统的生成树协议和生成树定制	传统的生成树协议	2	GNS3
		生成树定制	2	GNS3
	情境五：保护生成树协议拓扑和高级生成树	保护生成树协议拓扑	2	GNS3
		高级生成树	2	PT
	情境六：交换机接入安全和 VLAN 的安全	交换机接入安全	2	GNS3
		VLAN 的安全	2	真实设备演示
	情境七：多层交换	VLAN 间路由	2	GNS3
		DHCP 和 DHCP 中继	2	GNS3
	情境八：路由器冗余	HSRP	6	GNS3
		VRRP	4	GNS3
		GLBP	4	GNS3
	情境九：OSPF 多区域与虚链路	OSPF 多区域	2	GNS3
		虚链路	2	GNS3
	情境十：路由重分发	RIP 和 OSPF 重分发	2	GNS3
		RIP 和 EIGRP 以及 OSPF 和 EIGRP 重分发	2	GNS3
	情境十一：策略路由	基于源 IP 的策略路由	2	GNS3
		基于数据包大小和应用的策略路由	2	GNS3
	情境十二：QOS	WFQ 和 QW	2	GNS3
		PW 和 CWFQ56	2	GNS3

续表

学习领域	学习情境	子学习情境	分配学时（H）	学习环境
情境十三：复习		IP 和 VLAN 规划	2	GNS3
		交换机的高级技术配置	4	GNS3
		路由器的高级技术配置	4	GNS3
		网络连通性测试	2	GNS3
总计			72	

10.1.4　课程实施

1. 学生基础条件

《高级路由与交换技术》是计算机网络技术专业的一门专业学习领域核心课程，学习该课程之前要求学生必须学习过《计算机网络基础》、《网络互联技术》课程。

2. 教师职业条件

由于本课程所具有的独特特征，所以要求最好有两名以上一线的专职教师讲解本课程，专职教师需教学经验丰富、课堂掌控能力强、教法先进灵活，具有丰富的理论知识和良好的实践经验，以便在教学过程中互相探讨。

3. 教学方法建议

针对具体的教学内容和教学过程需要，采用不同的教学方法，如项目教学法、任务驱动法、讲授法、案例教学法、情境教学法、实训练习法等。

4. 教学评价、考核要求

本课程的教学评价分为期末成绩和平时成绩两部分，其中期末成绩占总评成绩的 60%，平时成绩占总评成绩的 40%。由于本课程的实践性较强，期末考试主要采用上机操作的考试方式，强调培养学生的动手能力。

（1）期末成绩。

期末考试主要考察学生对理论知识的掌握程度，采用上机考试的方式。主要检验学生对课程知识点的掌握和动手操作的能力。

（2）平时成绩。

平时成绩包括学生平时的考勤情况和实践性环节。考勤记录学生是否旷课、请假等，按照学校的规章制度执行，实践性环节主要记录学生课堂实验的完成情况。其中，考勤和实践性环节各占平时成绩的 50%。

10.1.5 课程资源开发与利用

1. 选用教材

（1）教材应充分体现任务引领、实践导向课程的设计思想。

（2）教材应将本专业职业活动分解成若干典型的工作项目，按完成工作项目的需要和岗位操作规程，结合职业技能证书考证组织教材内容。

（3）教材应图文并茂，提高学生的学习兴趣。表达必须精炼、准确、科学。

（4）教材内容应体现先进性、通用性、实用性，要将本专业的新技术、新方法、新成果及时地纳入教材，使教材更贴近本专业的发展和实际需要。

（5）教材中的活动设计的内容要具体，并具有可操作性。

2. 参考资料

（1）《思科网络实验 CCNP（交换机技术）实验指南》，王隆杰编著，电子工业出版社，2012-5，ISBN 9787121169045。

（2）《思科网络实验 CCNP（路由技术）实验指南》，梁广民，王隆杰编著，电子工业出版社，2012-3，ISBN 9787121160714。

（3）《CCNP Switch（642-813）认证考试指南》，（美）赫科比著，王兆文译，人民邮电出版社，2010-8，ISBN 9787115232540。

（4）《CCNP Route（642-902）认证考试指南》王兆文译，人民邮电出版社，2010-8，ISBN 9787115232823。

10.1.6 其他说明

（1）主讲教师根据本课程标准制定具体的授课计划。

（2）课程的重难点及解决方案。

本课程的重点：本课程的开设目的在于通过对路由器和交换机高级技术的学习，掌握计算机网络规划基础，熟练配置路由器和交换机的高级技术。最终目标是学习完路由器和交换机高级技术以后，学生能够掌握大型计算机网络的规划与配置能力，为以后的学习和工作做准备，采用"任务驱动，案例教学"的形式，注重实践应用环节的教学训练。达到知识和技能升华的最终目的，完成岗位就业前的系统训练过程。

本课程的难点：保护生成树协议拓扑、高级生成树协议、交换机接入安全、VLAN 的安全等。

解决办法：在设计教学内容时注重实践操作和现实生活现象的结合，将较为抽象的操作融合于实际的应用，以激发学生的学习兴趣。此外，教师要不停学习当前的新技术、新方法，这样才能保证知识的更新，让学生学到当前最新的应用技术。教师要和学生讨论和沟通，同时借助网络来不断学习。

10.2　网络综合布线技术课程标准

10.2.1　课程定位和课程设计

1. 课程性质与作用

课程的性质：本课程是计算机网络技术专业学习领域课程，通过学习综合布线技术，培养学生组网能力。要求学生熟悉综合布线的七个子系统，掌握相关施工技术及技能。

网络综合布线是高职计算机网络技术专业的专业课程，是网络工程技术人员、网络组建及管理人员必学的课程。本课程的主要任务是使学生学会网络组建过程中的布线方法和网线的测试，培养实际动手能力，提高分析及解决网络布线过程中遇到的各种问题的能力。

课程系统完整地介绍了网络综合布线系统的基本概念、综合布线子系统间的关系及其设计指标和设计等级；同时系统介绍水平、干线子系统的拓扑结构和布线方案，设备间、配线间设置原则；建筑群布线方案，管理线缆及配线架标记方法，设备间、配线间的供配电和电气保护措施，以及综合布线拓扑结构的应用系统可靠性设计；其次讨论了敷设线缆的方法和安装连接件工艺，常用线缆及相关连接件的种类、传输特性及性能指标。最后介绍电缆测试仪、光缆测试仪的性能和操作方法及其测试综合布线的步骤。

基本内容：布线标准、常用布线器材特点、布线工程设计、布线工程施工、布线系统的保护与安全隐患、工程测试与验收、工程案例。

本课程主要学习使用 Packet Tracer 软件，规划和配置路由与交换技术，其先导课程为《计算机网络基础》。

2. 课程基本理念

课程教学内容的取舍和内容排序遵循职业性原则，课程实施"行动导向"的教学模式，为了行动而学习，通过行动来学习，校企合作开发课程等。在开发实际项目的过程中，培养学生的综合能力和团队协作能力。使学生不仅具有技术适应能力，而且要有能力"本着对社会、经济和环境负责的态度，参与设计和创造未来的技术和劳动世界"。

"过程导向"的课程观：本课程开发的关键是从网络综合布线设计与施工的

典型工作对从业者的技能需求出发，选择课程内容及安排教学顺序。课程要回归社会职业，建设以岗位典型工作过程逻辑为中心的行动体系课程，强调的是获取自我建构的隐性知识——过程性知识，主要解决"怎么做"（经验）和"怎么做更好"（策略）的问题。按照从理论到实践再回归理论的顺序组织每一个知识点，学生通过理论掌握技术，通过项目应用来加深对技术的掌握，最后总结对该理论的理解以提高水平。

"行动导向"的教学观：课程教学遵循"案例、分析、讲解、演示、实训、评估"这一"行动"过程序列；在基于职业情境的学习过程中，通过师生及生生之间的互动合作，学生在自己"做"的实践中，掌握职业技能和实践知识，主动建构真正属于自己的经验和知识体系。课程强调"为了项目工作而学习"和"通过项目工作来学习"，工作过程与学习过程相统一。学生作为学习的行动主体，在解决职业实际问题时应具有独立地计划、实施和评估的能力。

"能力本位"的质量观：课程的目标是职业能力开发，通过工作过程系统化课程学习，学生在个人实践经验的基础上，完成从初学者到胜任网络综合布线岗位人才的职业能力发展。要培养学生成为社会需要的网络技术专业的"岗位人"和"职业人"，更要成为能生存能发展的"社会人"和能参与中外合作的"国际人"。学生不仅要获得就业实用的职业技能和职业资格，更要获得内化的职业能力，在今后变动的职业生涯中有能力不断获得新的职业技能和职业资格，创造更广阔的发展空间。

"终身学习"的教育观：本课程要把学生变成自己教育自己的主体，而教师从传授者变为引导者，教师是《网络综合布线技术》学习过程的组织者和协调人。重视学生的学习权，使"教学"向"学习"转换。改变传统的以"教"为中心的教学方法，做到以"学"为中心，让学生在自己"动手"的实践中，建构属于自己的经验和知识体系，适应计算机网络技术的不断更新，掌握终身学习的能力。

3. 课程设计思路

典型任务确定学习内容：与网络综合布线一线实践专家进行研讨，以网络综合布线设计师、网络综合布线施工人员在岗需要完成的典型工作任务确定学习内容。

任务驱动引领教学：以任务引领教学，在完成项目任务的过程中，实现理论与实践一体化和相关的多学科知识一体化。

工学结合实施情境教学：基于网络综合布线设计及施工的工作过程，设计教学情境，以企业真实项目为载体，基于实际工作过程实施教学，课程强调"为了项目工作而学习"和"通过项目工作来学习"。学生在课程结束后可直接在企业就业或校外实习基地进行顶岗实习，实现学生零距离就业。

多元能力考核：建立科学的考核制度，改变过去老师一人评价的"一言堂"制度，建立以学生为中心的综合评价模式，包括自我评价、成果呈现、学生互评、师生互评等多种形式。将课程考核与企业招聘面试融合在一起，形成课程与招聘一体的多元能力考核评价体系。

10.2.2 课程目标

依据企业职业岗位需求和专业培养目标，确定本课程的培养目标为：通过本课程的学习，使学生理解并掌握综合布线系统的基本概念，工程项目招、投标，工程需求分析，产品选型，方案设计，施工图设计，安全施工，施工监理，工程质量检验，工程预算和设计文档整理等内容和操作技能等。同时，将自学能力和兴趣的培养全面贯穿于教学全过程，培养学生的综合职业素质。

职业能力目标从以下三个方面进行描述：

1. 专业能力

（1）掌握课程中所介绍的有关的网络综合布线的基本术语、定义和功能，掌握相关操作的要求和技巧，掌握主流技术的使用方法，在今后的学习和工作中应能较熟练地应用这些技术元素。

（2）能够根据不同的实际施工环境灵活设计布线方案。能够在客户需求、施工环境限制和成本控制中找到相对平衡的解决方案。

（3）对最新网络综合布线设计与施工技术有所了解。

2. 方法能力

（1）通过理论实践一体化课堂学习，使学生获得较强的实践动手能力，使学生具备必要的基本知识，具有一定的资料收集整理能力、技术学习和迁移能力、实施工作计划和自我学习的能力。

（2）通过该课程各项实践技能的训练，使学生经历基本的工程技术工作过程，形成尊重科学、实事求是、与时俱进、服务未来的科学态度。

（3）在教学过程中，注重培养学生发现问题和解决问题的能力。养成勤思考，勤总结的好习惯。

培养学生提出问题、独立分析问题、解决问题和技术创新的能力，使学生养成良好的思维习惯，掌握基本的思考与设计的方法，使其在未来的工作中敢于创新、善于创新。

3. 社会能力

（1）对所从事工作和所专注的领域充满热情。

（2）有较强的进取心和解决问题的决心。

（3）具有实事求是的科学态度，乐于通过亲历实践检验、判断各种技术问题。

（4）善于和同学讨论，敢于提出与别人不同的见解，也勇于放弃或修正自己的错误观点。

10.2.3　课程内容与要求

学习情境规划和学习情境设计如表 10.2 所示。

表 10.2　学习情境规划和学习情境设计

学习领域	学习情境	子学习情境	分配学时（H）	学习环境
网络综合布线技术	情境一：认识综合布线系统	综合布线概述	2	机房或实训室
		国内、外主要综合布线标准	2	机房或实训室
	情境二：认识布线缆线系统常用器材和工具	网络传输介质、布线用管槽和器材、布线工具和测试工具	2	机房或实训室
	情境三：综合布线系统端接技术	配线端接技术原理	2	机房或实训室
		RJ-45 水晶头端接原理和方法、模块端接原理和方法	4	机房或实训室
		五对连接块端接原理和方法	2	机房或实训室
		机柜内部配线端接	2	机房或实训室
	情境四：工作区子系统工程技术	工作区子系统的基本概念和设计原则	4	机房或实训室
		工作区子系统工程技术	4	机房或实训室
	情境五：水平子系统工程设计	水平子系统的基本结构和设计原则	4	机房或实训室
		水平子系统的设计实例和工程技术	4	机房或实训室
	情境六：垂直系统工程设计	垂直子系统的基本结构和设计原则	4	机房或实训室
		垂直子系统的设计实例和工程技术	4	机房或实训室
	情境七：管理间子系统工程技术	管理间子系统的基本结构和设计原则	2	机房或实训室
		管理间子系统的设计实例和工程技术	2	机房或实训室
	情境八：设备间子系统工程技术	设备间子系统的基本结构和设计原则	2	机房或实训室
		设备间子系统的设计实例和工程技术	2	机房或实训室
	情境九：进线间和建筑群子系统工程技术	进线间和建筑群子系统的基本结构和设计原则	2	机房或实训室
		进线间和建筑群子系统的设计实例和工程技术	2	机房或实训室

续表

学习领域	学习情境	子学习情境	分配学时（H）	学习环境
网络综合布线技术	情境十：光纤熔接工程技术	光纤的传输原理和工作过程	2	机房或实训室
		光纤熔接工程技术	2	机房或实训室
	情境十一：综合布线系统工程测试	相关概念及技术参数、永久链路测试	2	机房或实训室
		信道测试、综合布线系统工程的测试	2	机房或实训室
	情境十二：综合布线系统工程预算	综合布线工程量计算原则和程序	2	机房或实训室
		综合布线系统的预算设计方式	2	机房或实训室
	情境十三：综合布线系统工程招投标	综合布线系统工程招标	2	机房或实训室
		综合布线系统工程投标	2	机房或实训室
	情境十四：综合布线系统工程管理	现场管理制度与要求	2	机房或实训室
		质量与成本控制管理、施工进度控制	2	机房或实训室
总计			72	

10.2.4　课程实施

1. 学生基础条件

《网络综合布线技术》是计算机网络技术专业的一门专业学习领域课，学习该课程之前要求学生前期必须学习过《计算机网络基础》课程。

2. 教师职业条件

由于本课程所具有的独特特征，所以要求最好有两名以上一线的专职教师讲解本课程，教师需教学经验丰富、课堂掌控能力强、教法先进灵活，具有丰富的理论知识和良好的实践经验，以便在教学过程中互相探讨。

3. 教学方法建议

针对具体的教学内容和教学过程需要，采用不同的教学方法，如项目教学法、任务驱动法、讲授法、案例教学法、情境教学法、实训练习法等。

4. 教学评价、考核要求

本课程的教学评价分为期末成绩和平时成绩两部分，其中期末成绩占总评成绩的 60%，平时成绩占总评成绩的 40%。由于本课程的实践性较强，期末考试主要采用上机操作的考试方式，强调培养学生的动手能力。

（1）期末成绩。

期末考试主要考察学生对理论知识的掌握程度，采用上机考试的方式。主要检验学生对课程知识点的掌握和动手操作的能力。

（2）平时成绩。

平时成绩包括学生平时的考勤情况和实践性环节。考勤记录学生是否旷课、请假等，按照学校的规章制度执行，实践性环节主要记录学生课堂实验的完成情况。其中，考勤和实践性环节各占平时成绩的 50%。

10.2.5　课程资源开发与利用

1．选用教材

（1）教材应充分体现任务引领、实践导向课程的设计思想。

（2）教材应将本专业职业活动分解成若干典型的工作项目，按完成工作项目的需要和岗位操作规程，结合职业技能证书考证组织教材内容。

（3）教材应图文并茂，提高学生的学习兴趣。表达必须精炼、准确、科学。

（4）教材内容应体现先进性、通用性、实用性，要将本专业的新技术、新方法、新成果及时地纳入教材，使教材更贴近本专业的发展和实际需要。

（5）教材中的活动设计的内容要具体，并具有可操作性。

2．参考资料

（1）《综合布线系统工程技术实训教程》，王公儒著，机械工业出版社，2010-8，ISBN 9787111378310。

（2）《综合布线》，杜思深著，清华大学出版社，2010-7，ISBN 9787302228110。

10.2.6　其他说明

（1）主讲教师根据本课程标准制定具体的授课计划。

（2）课程的重难点及解决方案。

本课程的重点：通过对本课程的学习，使学生理解并掌握综合布线系统的基本概念，工程项目招、投标，工程需求分析，产品选型，方案设计，施工图设计，安全施工，施工监理，工程质量检验，工程预算和设计文档整理等内容和操作技能等。课程内容理实结合，使学生在边学边操作中掌握综合布线系统的基础知识和布线技能，学以致用，实现教学与就业岗位的零距离对接，以完成岗位就业前的系统训练过程，更好地服务于社会对网络技术人才的需求。

本课程的难点：信息点计算、负责永久链路、各子系统工程技术等。

解决办法：在设计教学内容时注重实训内容和现实工程施工的结合，将较为抽象的操作融合于实际的应用，以激发学生的学习兴趣。同时教师要不断提升自身的专业知识和操作技能。这样才能保证将最新的知识和工程技术传授给学生。

10.3　网络安全课程标准

10.3.1　课程定位和课程设计

1. 课程性质与作用

课程的性质：本课程是计算机网络技术专业的专业核心课程，通过该门课程的学习，使学生掌握网络安全技术研究的内容以及网络安全应用领域的相关基本知识和实践技能，为从事网络安全的应用、管理等岗位工作奠定坚实的基础。

课程的作用：本课程以《网络互联技术》、《网络架构与活动目录》、《数据库》和《网络操作系统》等专业课程为基础，是一门综合性较强、内容涵盖较广的计算机网络技术专业的核心课程。本课程主要培养学生掌握网络安全体系设计、安全产品的选择和实施能力，以及利用工具软件对企业网络安全性分析、测试、评价和故障排除的能力。

该门课程能使学生胜任企业网络安全管理、系统维护、网络安全防御等相关专业技术岗位的工作，还为学生通过计算机网络管理员等技能证书的考核起到良好的支撑作用。通过本课程的学习，能培养学生的实际动手能力和自主学习、分析问题、解决问题的能力，同时也能培养学生团队协作和组织能力，使学生具备良好的职业素养。

2. 课程基本理念

以网络安全技术行业岗位要求为依据，遵循"工学结合"的现代职业教育指导思想，以企业用人需求为培养依据，以学生职业综合素质培养为目标，以学生就业为导向，以实践动手能力培养为目的，着重培养网络技术专业学生的专业能力、社会能力和学习能力。

3. 课程设计思路

以职业能力培养为中心，以企业真实工作项目为载体，构建"工学结合"理念的课程模块，建立与真实工作情境一致的教学情境，设计网络攻击与防御、主机部署与实施安全、网络通信安全管理与实现等若干学习情境，在实践教学环节中以"情境教学"为主线，将教、学、做有机结合在一起。

10.3.2　课程目标

课程任务目标：经过课程学习，学生应能够掌握相关知识点，完成的具体工作任务。了解有关安全体系结构与模型、网络中存在的安全威胁及防范措施，掌握黑客攻击的防御技术，包括：密码知识和应用、身份认证技术、网络防火墙技术、入侵检测系统、服务器系统的安全防护技术等。

职业能力目标从以下三个方面进行描述：

1．学习能力

通过该课程课堂实验教学和各项实践技能的训练，使学生具备分析问题、解决问题的能力，同时培养学生的继续学习能力和创造能力。

2．专业能力

通过理论实践一体化课堂学习，使学生具备网络安全基础知识和较强的动手操作能力，同时在实践环节中使学生具备较强团队合作、信息交流、组织协调等能力。

3．社会能力

使学生具备在企事业单位 IT 领域内从事计算机及网络设备的技术支持能力，网络组建与技术服务能力，网络安全管理与维护能力，计算机软硬件及网络应用实施与维护技术服务能力。

10.3.3 课程内容与要求

学习情境规划和学习情境设计如表 10.3 所示。

表 10.3 学习情境规划和学习情境设计

学习情境	情境描述	职业能力（知识、技能、态度）	课时
1．网络嗅探应用	针对企事业单位网络的各主机数据流嗅探和分析	掌握各种常见协议的协议结构和工作原理； 会嗅探计算机网络数据流； 能掌握分析网络协议的方法和步骤	6
2．扫描应用	针对企事业单位网络的主机系统扫描危险端口和漏洞，根据存在漏洞的安全级别和端口的作用实施防御和补救措施	了解漏洞存在的原因和危害； 能学习多种不同的端口扫描和漏洞扫描方法； 掌握不同端口对应的协议和服务； 能针对扫描结果采取相应的防御措施	6
3．计算机病毒和木马攻击及防御	针对企事业单位网络中的病毒感染和木马攻击，要能快速查杀，并能采取相应防御措施	掌握各种病毒和木马的工作原理、发作状态、查杀方法以及防御和清除手段	8
4．网络攻击与防御	针对企事业单位网络中的可能出现的攻击，掌握其攻击原理，及时采取相应保护措施	掌握各种网络主动攻击的工作原理和防御方法，包括：漏洞攻击、后门攻击、脚本攻击、口令攻击、ARP攻击、DNS 攻击、IP 攻击等	16

续表

学习情境	情境描述	职业能力（知识、技能、态度）	课时
5. 主机部署与实施安全	针对企事业单位网络中的计算机能采取相应的加固措施	针对不同的计算机角色进行加固，包括安全策略设置、屏蔽端口、安装补丁包等	6
6. 防火墙技术应用	针对企事业单位的网络拓扑结构，放置软硬件防火墙，并对防火墙进行设置	掌握防火墙的工作原理 了解防火墙的不同类型 设计防火墙的放置位置 针对防火墙的功能进行过滤规则设置，让相应的数据流经过防火墙	8
7. 网络通信安全管理与实现	针对企事业单位的网络数据传输实现安全通信	掌握各种网络安全通信方法的工作原理，例如采用证书服务或者 VPN 等方法，对传输的数据进行加密；能过滤掉传到危险端口的数据包	8
8. 加密与身份验证技术应用	针对企事业单位的网络中关键数据进行加密存储或传输，并且能对敏感数据进行数字签名以保证数据的完整性	掌握数据加密和数字签名的工作原理；使用加密软件，例如 PGP 对数据、文档、邮件进行加密或者数字签名	6
9. 入侵检测技术应用	针对企事业单位的网络拓扑结构，放置入侵检测系统，并对入侵检测系统进行设置	掌握入侵检测的工作原理 掌握入侵检测系统的部署方案 能使用入侵检测系统防御局域网的安全	6
10. 系统、数据备份与恢复	针对企事业单位的重要数据和计算机系统进行数据备份和恢复操作	了解数据备份和恢复的重要性 掌握不同的计算机系统和数据的备份、恢复方法	2
11. 综合实训	企业网络安全设计	网络安全规划与设计	26

10.3.4　课程实施

1. 教学条件

（1）软硬件条件。

计算机仿真机房，虚拟机软件、交换机、路由器、服务器、防火墙、入侵检测系统、相关软件。

（2）师资条件。

任课教师应为一线专职教师，应具有扎实的网络安全相关专业知识，丰富的授课经验和实践经验，能独立设计仿真的网络安全攻防实验。

2. 教学方法建议

针对具体的教学内容和教学过程需要，采用不同的教学方法，如项目教学法、任务驱动法、讲授法、案例教学法、情境教学法、实训练习法等。

3. 教学评价、考核要求

本课程的教学评价分为期末成绩和平时成绩两部分，其中期末成绩占总评成绩的70%，平时成绩占总评成绩的30%。由于本课程的实践性较强，期末考试主要采用上机操作的考试方式，强调培养学生的动手能力。

（1）期末成绩。

期末考试主要考察学生对理论知识的掌握程度，采用上机考试的方式。主要检验学生对课程知识点的掌握和动手操作的能力。

（2）平时成绩。

平时成绩包括学生平时的考勤情况和实践性环节。考勤记录学生是否旷课、请假等，实践性环节主要记录学生课堂实验的完成情况。其中，考勤和实践性环节各占平时成绩的50%。

4. 教材编写

要遵循本课程标准进行教材编写，要贴近本专业的发展和实际需要，能够体现高职高专教育的特点并体现"工学结合，项目驱动"的实践教学的方法和理念。内容上要先进、实用、通用，强调理论与实践相结合，体现实践导向的课程设计思想，突出实际应用，具有可操作性，并图文并茂，以提高学生的学习兴趣。

在教学中要系统研究网络安全课程中多课程的统一实验教学，在已有教材的基础上，编写网络安全实验指导书和课程设计指导书，完成一体化立体教材的编写工作。

10.3.5　课程资源开发与利用

教材名称：《计算机网络安全技术实验教程》，周绯菲，何文主编，北京邮电大学出版社，ISBN 9787563519590。

其他参考资料：

（1）《网络与信息安全教程》，吴煜煜，汪军，阚君满著，中国水利水电出版社，2006-10，ISBN 978750844051X。

（2）《网管员必备宝典——网络安全》，王文寿，王珂著，清华大学出版社，2007-5，ISBN 9787302149934。

（3）《网络安全的实现与管理》，微软公司编著，高等教育出版社，2005-8，ISBN 9787040181363。

10.3.6   其他说明

本课程标准适用于计算机网络技术专业。对于其他专业的专业选修课和公共选修课可参照本课程标准使用。

10.4   网络操作系统课程标准

10.4.1   课程定位和课程设计

1.   课程性质与作用

课程的性质：《网络操作系统》课程是计算机网络技术专业的专业课程，是一门偏重实践的技能型课程。该课程的主要任务是培养学生使用 Windows Server 2003 网络操作系统设计和配置局域网、进行日常规划和系统维护的技能，并使其能管理和解决网络中以及网络操作系统中的疑难问题。

课程的作用：由于该课程是一门非常实用的计算机网络应用技术，是网络管理的基础平台，有网络运行环境，就有网络操作系统（Windows 系统服务）负责网络资源的管理，因此，从职业岗位群分析，开设该课程符合广阔的网络市场对人才的需求特点，任何具备信息化建设和运行条件的企事业单位都需要具备网络操作系统技能的网络运行管理人员，该课程对学生职业能力培养和职业综合素质培养方面起重要支撑作用。

前导课程：《计算机应用基础》、《计算机网络基础》。

后续课程：《LINUX》、《网络安全》。

2.   课程基本理念

课程开发遵循"设计导向"的现代职业教育指导思想，课程的目标是职业能力开发，课程教学内容的取舍和内容排序遵循职业性原则，课程实施行动导向的教学模式，为了行动而学习、通过行动来学习，校企合作开发课程等。

"过程导向"的课程观：本课程开发的关键是从网络使用和管理技术职业工作出发选择课程内容及安排教学顺序。课程要回归社会职业，建设以岗位典型工作过程逻辑为中心的行动体系课程，强调的是获取自我建构的隐性知识——过程性知识，主要解决"怎么做"（经验）和"怎么做更好"（策略）的问题。按照从理论到实践再回归理论的顺序组织每一个知识点，学生通过理论掌握技术，通过项目应用来加深对技术的掌握，最后总结对该理论的理解以提高水平。

"行动导向"的教学观：课程教学遵循"案例、分析、讲解、演示、实训、评估"这一"行动"过程序列；在基于职业情境的学习过程中，通过师生及生生之间的互动合作，学生在自己"做"的实践中，掌握职业技能和实践知识，主动建构真正属于自己的经验和知识体系。课程强调"为了项目工作而学习"和"通过项目工作来学习"，工作过程与学习过程相统一。学生作为学习的行动主体，在解决职业实际问题时具有独立地计划、实施和评估的能力。

3. 课程设计思路

任务驱动引领教学：以任务引领教学，在完成项目任务的学习过程中，实现理论与实践一体化和相关的多学科知识一体化。

工学结合实施情境教学：基于活动目录的各知识点设计教学情境，以企业真实项目为载体，基于实际工作过程实施教学，课程强调"为了项目工作而学习"和"通过项目工作来学习"。

10.4.2 课程目标

依据企业职业岗位需求和专业培养目标，确定本课程的培养目标为：课通过该门课程学习，让学生具备使用、维护活动目录，对企业网络部设计布署合理的活动目录网络结构以及通过用活动目录的组策略管理网络资源的能力。

职业具目标从以下三个方面进行描述：

1. 专业能力

（1）掌握课程中所介绍的有关基本术语、定义和功能，掌握相关操作的要求和技巧，掌握主流技术的使用方法，在今后的学习和工作中应能较熟练地应用这些技术元素。

（2）能够对解决同一问题的不同方法进行区别与总结。

（3）对最新网站设计技术的发展有所了解。

2. 方法能力

（1）通过理论实践一体化课堂学习，使学生获得较强的实践动手能力，使学生具备必要的基本知识，具有一定的资料收集整理能力、技术学习和迁移能力、实施工作计划和自我学习的能力。

（2）通过该课程各项实践技能的训练，使学生经历基本的工程技术工作过程，形成尊重科学、实事求是、与时俱进、服务未来的科学态度。

（3）在教学实训过程中注重培养学生发现问题和解决问题的能力。养成勤思考，勤总结的好习惯。

培养学生提出问题、独立分析问题、解决问题和技术创新的能力，使学生养成良好的思维习惯，掌握基本的思考与设计的方法，在未来的工作中敢于创新、善于创新。

3. 社会能力

（1）对所从事工作和所专注的领域充满热情。

（2）有较强的进取心和解决问题的决心。

（3）具有实事求是的科学态度，乐于通过亲历实践检验、判断各种技术问题。

（4）善于和同学讨论，敢于提出与别人不同的见解，也勇于放弃或修正自己的错误观点。

10.4.3 课程内容与要求

学习情境规划和学习情境设计如表 10.4 所示。

表 10.4 学习情境规划和学习情境设计

学习情境	情境描述	职业能力（知识、技能、态度）	课时
1. 计算机网络基础知识和虚拟机环境的使用	讲解网络基础相关知识。讲解VMware 环境的搭建和使用	掌握网络基础相关知识 掌握虚拟机的安装和使用	8
2. Windows Server 2003 的安装和配置	讲解 Windows Server 2003 的版本安装过程及基本配置	掌握 Windows Server 2003 的安装	4
3. Windows 网络操作系统管理基础	讲解用户和组的管理、文件权限的限制、文件的压缩和加密	掌握用户和组的使用，掌握文件及文件夹的权限设定，学会使用文件加密和压缩	4
4. 网络寻址服务	讲解 WINS 服务和 DNS、DHCP 服务的配置	掌握 WINS 服务和 DNS、DHCP 服务的配置和管理，学会在网络环境中规划 WINS 服务和 DNS、DHCP 服务	6
5. Web 服务	讲解 WEB 服务的配置和管理	掌握基于 IIS 和 Apache 的 Web 服务的配置和管理	6
6. FTP 服务	讲解 FTP 的服务的配置和管理	掌握基于 IIS 和 FTP Serv-U 的 FTP 的配置和管理	4
7. 邮件服务	讲解邮件服务的工作原理、Windows Server 2003 的邮件服务的配置和管理、Foxmail Server 的管理	掌握 Windows Server 2003 邮件服务器的配置，学会使用 Foxmail Server 的使用	6
8. 流媒体服务	讲解流媒体服务的工作原理、流媒体服务的配置和管理	掌握 Windows 流媒体服务器和 REAL 流媒体服务器的配置和对流媒体资源的管理	6

续表

学习情境	情境描述	职业能力（知识、技能、态度）	课时
9. 数字安全和证书服务	讲解证书服务的工作原理以及证书服务的配置和管理	掌握基于 PKI 的数字证书解决方案，学会配置证书服务器并使用证书构建安全网站	6
10. 活动目录应用	讲解活动目录的基本概念、域控制器、林、站点、信任类型、账户管理、组策略	掌握活动目录的安装与卸载林信任的创建、站点的管理、账户管理、组策略的基本使用	12
11. 路由和 RAS 服务	讲解路由和远程访问在 Windows Server 2003 中的配置	掌握 VPN 的配置和使用，学会配置路由以及 DHCP 中继代理，同时掌握 Radius 服务器的配置和使用	10

10.4.4　课程实施

1. 教学条件

（1）软硬件条件。

针对本课程实践性强的特点，课堂教学安排在配有投影仪的机房，学生可以在老师演示指导的同时进行练习。课堂演示和实例实验可以同时进行，使得理论方法的介绍和实际应用融为一体。

具体软硬件条件如下：

硬件条件：计算机需要至少 1GB 以上内存，CPU 达到 2GHz 以上。

软件条件：需要安装 VMware5 或者 VPC2007 软件以达到对主机和网络的仿真。

（2）师资条件。

由于本课程所具有的独特特征，所以要求最好有两名以上一线的专职教师讲解本课程，教师需教学经验丰富、课堂掌控能力强、教法先进灵活；具有丰富的理论知识和良好的实践经验，以便在教学过程中互相探讨。

2. 教学方法建议

（1）项目驱动法。

为了突出专业技能需求，在项目教学中采取项目驱动法进行教学。项目驱动法来源于构建主义学习理论，鼓励学生通过社会上真实的工程项目涉及的课程内容主动地形成问题，从而激发他们的好奇心，然后再去探索，寻找答案，得到对知识的正确认知。本课程采用一个项目贯穿整个教学过程的方法，学生期末时已经独立完成了一个项目的分析、设计和开发。

（2）任务驱动法。

任务驱动教学法是一种建立在建构主义学习理论基础上的教学法，它将以往以传授知识为主的传统教学理念，转变为以解决问题、完成任务为主的多维互动式的教学理念；将再现式教学转变为探究式学习，使学生处于积极的学习状态，每一位学生都能根据自己对当前问题的理解，运用已有的知识和自己特有的经验提出方案、解决问题。本课程采取一个项目贯穿教学活动始终的方法，这个项目又由若干个任务组成，每个任务都是工作过程中的典型工作任务。学生在完成任务的同时，掌握了相关的知识和技能。

3. 教学评价、考核要求

本课程的实践性较强，主要考察学生对实践技能的掌握情况，同时在平常的教学中布置一定量的实践练习来考察学生平时掌握知识的情况。

（1）期末考试。

期末考试主要考察学生对实践知识的掌握程度，采用上机考试的方式。占总评成绩的 70%。

（2）平时考勤。

平时考勤主要是学生平时的考勤情况，是否旷课、请假等。占总评成绩的 15%。

（3）作业。

以平常学生的操作视频为作业，检查学生对知识的掌握程度。占总评成绩的15%。

4. 教材编写

教材的编写要遵循本课程标准，要符合人才培养方案的要求，能够体现高职高专教育的特点并体现"工学结合，项目驱动"等教学方法和理念。教材应将本专业职业活动分解成若干典型的工作项目，按完成工作项目的需要和岗位操作规程，结合职业技能证书考证组织教材内容。教材应图文并茂，提高学生的学习兴趣。表达必须精炼、准确、科学。教材内容应体现先进性、通用性、实用性，要将本专业的新技术、新方法、新成果及时地纳入教材，使教材更贴近本专业的发展和实际需要。教材中活动设计的内容要具体，并具有可操作性。

10.4.5　课程资源开发与利用

1. 选用教材

《Windows Server 2003 网络操作系统》，刘永华，孟凡楼著，清华大学出版社，2012-9，ISBN 9787302293675。

2. 参考资料

（1）《网络操作系统—Windows Server 2003 配置与管理》，陈景亮著，人民邮电出版社，2011-12，ISBN 9787115273437。

3. 信息化教学资源

多媒体课件、网络课程、多媒体素材、电子图书和专业网站的开发与利用。

10.5　数据库原理及应用课程标准

10.5.1　课程定位和课程设计

1. 课程性质与作用

课程的性质：《数据库原理及应用》课程是计算机网络技术专业的一门重要职业技术课，是必修课程。在信息时代的今天，所有应用系统的开发和维护都需要数据库知识的支持。因此数据库课程是本专业知识构架中的一个重要基石。

课程的作用：本课程主要介绍数据库原理的基本知识和 SQL Server 数据库管理系统的基本应用。通过该课程学习，使学生掌握数据库原理及应用的基本知识，培养学生数据库管理技能和数据库应用系统开发的数据库设计与服务器端程序设计的技能，为进一步学习专业课并为日后的实际工作奠定基础。

前导课程：《计算机基础》、《C 语言程序设计》。

后续课程：《信息系统开发》、《ASP.NET 程序设计》等。

2. 课程基本理念

课程开发遵循"设计导向"的现代职业教育指导思想，课程的目标是职业能力开发，课程以企业人才标准作为培养目标，注重培养学生的职业能力。通过该门课程学习，让学生理解和掌握数据库原理和某种数据库平台的应用方法，能够进行应用系统开发的数据库模式设计与服务器端的数据库程序设计。

课程教学内容的取舍和内容排序遵循职业性原则，课程内容适应当前数据库平台的发展趋势，针对一定的实际应用环境需求来培养学生的数据库运用能力。

课程内容在数据库原理方面主要包括数据模型、关系运算、关系完整性约束、函数依赖、关系规范化理论、数据库设计等内容；应用方面以 SQL Server 数据库管理系统为操作平台，介绍数据库、数据表、数据查询、视图、索引、游标、事务、自定义函数、存储过程、触发器、数据安全性、数据恢复、导入导出、复制以及数据库应用系统案例等内容。

3. 课程设计思路

以学生就业技能为出发点与落脚点，力求让学生通过学习掌握数据库的基本原理，学到并扎实掌握最有用的数据库管理与开发技能。

遵循从实际到理论、从具体到抽象、从个别到一般的人类认识客观事物的方法：提出问题，介绍解决问题的方法，归纳规律和概念。

着眼点是应用，侧重"怎么做"，对于"为什么"也略作一些系统地理论讲解。

10.5.2 课程目标

通过对该门课程学习，让学生理解和掌握数据库原理和某种数据库平台的应用方法，能够进行应用系统开发的数据库模式设计与服务器端的数据库程序设计。

职业目标从以下三个方面进行描述：

1. 专业能力

（1）数据库原理的基本知识：如数据库系统的基本概念，数据模型，数据库系统的组成与体系结构；关系模型的术语、关系运算、关系完整性规则；了解函数依赖、关系规范化理论；概念结构设计和逻辑结构设计方法，了解数据库设计全过程。

（2）使用 SQL Server 管理平台技能：熟练掌握使用管理平台创建、查看、修改和删除数据库、数据表（包括完整性约束定义）、查询、视图、存储过程、触发器和自定义函数；理解数据库访问安全性机制，掌握使用管理平台进行数据库访问安全性设置：登录账户、数据库用户、角色、权限设置；了解数据库索引技术，初步掌握使用管理平台创建、维护索引技能，了解索引优化和全文索引技术。

（3）使用 T-SQL 编程技能：熟练掌握 T-SQL 编程基础：数据类型、常量、变量、常用函数、表达式、流控制语句；使用 T-SQL 语句创建和删除数据库、数据表（特别是完整性约束定义）、视图、存储过程、触发器和自定义函数；熟练掌握使用 T-SQL 语句查询，掌握使用 T-SQL 语句进行游标设计、事务设计；掌握使用 T-SQL 存储过程进行数据库访问安全性设置：登录账户、数据库用户、角色、权限设置。

2. 方法能力

（1）通过理论实践一体化课堂学习，使学生获得较强的实践动手能力，使学生具备必要的基本知识，具有一定的资料收集整理能力、技术学习和迁移能力、实施工作计划和自我学习的能力。

（2）通过该课程各项实践技能的训练，使学生经历基本的工程技术工作过程，形成尊重科学、实事求是、与时俱进、服务未来的科学态度。

（3）在教学实训过程中注重培养学生发现问题和解决问题的能力。养成勤思考，勤总结的好习惯。

培养学生提出问题、独立分析问题、解决问题和技术创新的能力，使学生养成良好的思维习惯，掌握基本的思考与设计的方法，使学生在未来的工作中敢于创新、善于创新。

3. 社会能力

（1）对所从事工作和所专注的领域充满热情。

（2）有较强的进取心和解决问题的决心。

（3）具有实事求是的科学态度，乐于通过亲历实践检验、判断各种技术问题。

（4）善于和同学讨论，敢于提出与别人不同的见解，也勇于放弃或修正自己的错误观点。

10.5.3 课程内容与要求

学习情境规划和学习情境设计如表 10.5 所示。

表 10.5 学习情境规划和学习情境设计

学习情境	情境描述	职业能力（知识、技能、态度）	课时
1. 数据库系统导论	数据库系统的基本概念；数据库管理系统的功能和组成；各种数据模型	理解数据库系统三级模式/两级映像的体系结构；掌握实体、属性、联系等基本概念，能根据给定环境画 E-R 图	4
2. 关系数据库理论与数据库设计	关系数据模型的术语；关系的完整性规则；概念模型到关系模型的转换	能够设计简单的概念模型；熟练掌握逻辑结构设计方法，能够将概念模型转化为相应的关系模型	4
3. 数据库与数据表的创建与使用	界面方法创建和管理数据库和数据表；T-SQL 语言创建数据库和数据表	掌握数据库创建与操作；能够根据要求设计数据表中的约束；熟练掌握 T-SQL 语句创建与管理数据表，熟练掌握使用 T-SQL 语句进行表数据的插入、删除和修改	18
4. 数据查询与视图	Transact-SQL 的 SELECT 语句的各种用法；视图的概念，方法	熟练掌握单表查询中 SELECT 语句中所有子句的各种用法；熟练掌握多表查询中连接查询的方法；熟练掌握各种子查询的概念和实现方法；准确掌握视图的概念，熟练掌握创建、修改、删除视图的方法	20
5. 数据完整性与索引	数据完整性实现途径；索引的创建和管理	掌握约束、默认和规则的使用方法；掌握索引的概念和索引的类型，掌握索引的创建和管理方法	4

续表

学习情境	情境描述	职业能力（知识、技能、态度）	课时
6. Transact-SQL 程序设计	T-SQL 流程控制语句；函数、存储过程、触发器	掌握常用语句特别是流程控制语句的使用；熟练掌握自定义函数与其调用方法，熟练掌握存储过程的创建与执行；熟练掌握触发器创建和使用	10
7. 游标、事务与锁	游标、事务的概念和三种事务的使用方法	掌握游标的概念和 SQL Server 游标的类型，掌握游标的使用方法；准确掌握事务的概念和三种事务的使用方法	4
8. SQL Server 管理与维护	SQL Server 的安全机制，数据备份与恢复概念	熟练掌握服务器登录、服务器角色的创建和管理方法，熟练掌握 SQL Server 数据库用户、数据库角色和权限管理的方法；掌握数据备份与恢复的概念和方法	8

10.5.4　课程实施

1. 教学条件

（1）软硬件条件。

校内实训基地条件，课程要求有专业的实训室，所有实训室设备按企业实际运行拓扑结构组建，设置数据服务器。主要配套的教学仪器设备与媒体要求如下：

硬件要求：所有计算机必须具备 P4 2.4 以上主频，512MB 以上内存。

软件要求：操作系统为 Windows XP 及后续版本；开发工具为 IIS 6 及后续版本，SQL Server 2005 及后续版本。

（2）师资条件。

由于本课程所具有的独特特征，所以要求最好有两名以上一线的专职教师讲解本课程，教师需教学经验丰富、课堂掌控能力强、教法先进灵活，具有丰富的理论知识和良好的实践经验，以便在教学过程中互相探讨。

2. 教学方法建议

针对具体的教学内容和教学过程需要，采用不同的教学方法，如项目教学法、任务驱动法、讲授法、引导文教学法、角色扮演法、案例教学法、情境教学法、实训作业法等。

3. 教学评价、考核要求

教学评价由同行、督导和学生共同参与，进行综合评价，查漏补缺。

考核方式采用分小组多课题综合课程设计的考核方式，培养学生的团队协作精神。最后验收的时候分小组和个人讲解程序的功能，分析和实现过程并演示程序，对学生的知识与技能、过程与方法、情感态度与价值观等进行全面评价。

10.5.5　课程资源开发与利用

学习资料资源包括教材、实训指导书、学习参考书、网络资源。信息化教学资源包括多媒体课件、网络课程。

附录 中国职业技术教育学会科研规划项目校企结合、双证融通的职业教育电子信息类专业教学实施规范的研究子课题列表

校企合作、双证融通的职业教育应用电子技术专业教学实施规范的研究

周福平 杨玲玲

校企合作、双证融通的职业教育物联网应用技术专业教学实施规范的研究

于继武 闫应栋

高等职业教育移动互联技术专业教学标准实施规范研究

罗保山 周雯 龚丽

校企合作、双证融通的职业教育计算机信息管理专业教学实施规范的研究

库波 郭俐

校企合作、双证融通的职业教育软件技术（中高职衔接）专业教学实施规范的研究

鄢军霞 陈娜

校企合作、双证融通的职业教育软件测试技术专业教学实施规范的研究

罗炜 杨国勋

校企合作、双证融通的职业教育计算机网络技术专业教学实施规范的研究

徐凤梅 张松慧

校企合作、双证融通的职业教育软件技术专业教学实施规范的研究

谢日星 李文蕙

校企合作、双证融通的职业教育通信技术专业教学实施规范的研究

曾令慧 耿晶晶

校企合作、双证融通的职业教育电子信息工程技术专业教学实施规范的研究

朱小祥 游家发

校企合作、双证融通的职业教育移动互联技术专业教学实施规范的研究

李云平 张扬

校企合作、双证融通的职业教育计算机信息管理专业教学实施规范的研究

张扬 沈强

校企合作、双证融通的职业教育计算机应用技术专业教学实施规范的研究

刘颖　张东亮

校企合作、双证融通的职业教育新能源电子技术专业教学实施规范的研究

岳学庆　李会新

校企合作、双证融通的职业教育电子信息工程技术专业教学实施规范的研究

鲁妍　王华

校企合作、双证融通的职业教育应用电子技术专业教学实施规范的研究

王冬云　常建刚

校企合作、双证融通的职业教育软件技术专业教学实施规范的研究

龚赤兵

参考文献

[1] 姜大源. 职业教育类型与层次辨[J]. 中国职业技术教育，2008（1）.

[2] 任聪敏. 近二十年高等职业教育研究综述[J]. 中国职业技术教育，2008（8）.

[3] 王江涛，俞启定. 职业能力培养的历史研究[J]. 教育与职业，2013（3）.

[4] 王士南，周晓伟. 培养学生的综合职业能力[J]. 机械职业教育，2007（2）.

[5] 郭炯. 职业能力研究的文献综述[J]. 高等职业教育，2009（2）.

[6] 张敏强. 大学生职业规划与就业指导[M]. 广州：广东高等教育出版社，2005.

[7] 葛道凯. 以就业为导向推进高职高专教育迈上新台阶[J]. 中国高等教育，2003（增刊）.

[8] 刘春生，马振华，张宇. 以就业为导向发展职业教育的理论思考[J]. 吉林工程技术师范学院学报，2005（2）.

[9] 李东君. 关于高职创新人才培养模式的探讨[J]. 职教论坛，2010（11）.

[10] 徐朔，吴霏. 职业能力及其培养的有效途径[J]. 职业技术教育，2012（10）.

[11] 马庆发. 中国职业教育研究新进展·2008[M]. 上海：华东师范大学出版社，2010.

[12] 袁华，郑晓鸿. 职业教育学[M]. 上海：华东师范大学出版社，2010.

[13] 薛立军，张立珊. 当代职业教育创新与实践[M]. 北京：知识产权出版社，2011.

[14] 齐兰芬. 国家职业教育改革试验区研究[M]. 天津：天津社会科学院出版社，2009.

[15] 谭家德，熊毅. 职业教育半工半读的工学交替模式——基于多维视野的分析[M]. 成都：西南财经大学出版社，2009.

[16] 许世建，张翌鸣，陶军明. 职业教育预测与规划[M]. 成都：四川出版集团巴蜀书社，2010.

[17] 王登亮，陈京雷，李永. 如何建设企业大学[M]. 北京：中国劳动社会保障出版社，2008.

[18] 王璐. 德国"双元制"职业教育法律法规研究[D]. 天津大学，2009.

[19] 胡昌荣. "校企合作"与"订单培养"研究综述[J]. 专家论坛，2009（15）.

[20] 鲁昕. 全面建设现代职业教育体系切实承担职业教育历史使命——在第3、4期职业学校校长培训班上的讲话，2012年7月9日.

[21] 薛春江．职业技能鉴定是推动职业教育的重要手段[J]．职业．2013（09）.

[22] 朱士明，王君丽．日本与职业教育相关的立法特点[J]．中国职业技术教育，2007.

[23] 米靖．现代职业教育论[M]．天津：天津大学出版社，2010.

[24] 许勤．校企合作下的高等职业教育模式创新研究[J]．科技信息，2010（31）.

[25] 崔玉隆．职业教育校企合作法规制定中几个基本问题的思考[J]．高教论坛，2010（11）.

[26] 王军华．高职院校推行"双证书"制度的必要性及问题思考[J]．中国职业教育，2007（8）.